現代基礎数学 8
新井仁之・小島定吉・清水勇二・渡辺 治 編集

微積分の発展

細野 忍 著

朝倉書店

まえがき

本書では，ベクトル解析入門とその応用を目標にして，多変数関数の微分積分を学ぶ.「ベクトル解析とその応用を目標」にするが，これによって証明を省略して手っ取り早くということは意図していない．その代わり目標に必要と思われる事柄に焦点を絞って学ぶことにする．

数学では，定義をなるべく一般的に，また同じ定義や定理を別の形で述べ直したりすることがよく行われる．その作業は，扱う数学の内容を深めていく上でとても大切な作業であるが,「何かを学ぶために」という動機をもって臨む者には戸惑うことが多い．一方で，解析学を実際に使う立場を強調して計算処方のみを学んだのでは，教養として不十分であることはもちろん，将来の現場で行き当たる問題に対処するには心もとない．そこで，本書では扱う事柄を選択し，取り扱う事柄についてはなるべく詳しく解説を付け加えるという方針をとることにした.

第 1 章，第 2 章では，数列や関数の極限など 1 変数関数に関する微積分の基礎はすでにひと通り学んでいることを仮定して，多変数関数の微分積分を学ぶ.たとえば，実数の性質に関わる上限 (sup) や下限 (inf) には，ある程度馴染みがあるものとして簡単な説明のみ加えていくつかの箇所で用いてある．また,「有界な閉区間 (閉領域) 上の連続関数は最大値および最小値をもつ」,「有界な閉区間 (閉領域) 上の連続関数は一様連続である」という事実は証明なしで用いることにした．これらの性質は，巻末の参考文献などを参照されたい．これらの基本的な性質はたびたび登場して用いられるが，本書ではこれらを証明することに手間をかけるのはやめ，その代わりに多変数関数の積分やそれの変数変換の公式の証明を省略することなく取り扱うことにした.

第 3 章では，逆関数定理とそれを用いた陰関数定理の証明を行う．解析学の多くの教科書では ε-δ 論法で先に陰関数定理を示し，その後に逆関数定理を示すという手順の議論がなされるが，本書では「有界な閉区間 (閉領域) 上の連続関数は最大値および最小値をもつ」という性質は認めるという立場から，逆関数定理を先に示すことにする．逆関数定理の証明は，少し手順を踏んで長くなるので，最初は定理の内容を理解することに努めてとばして先へ進むのがよいかもしれない．

第 4 章，第 5 章がベクトル解析とその応用に関する内容である．第 4 章では，空間ベクトルを用いて曲線や曲面の定義を与え，ベクトル値関数の微分をこれらの接ベクトルという幾何学的直観とともに学ぶ．その後，ベクトル場の考え方を導入しベクトル場の線積分・面積分を用いて，ガウスの発散定理およびストークスの定理を書き表す．さらに，ベクトル場と外微分形式との関係を学びこれらの定理を微分形式で統一的に表す．第 5 章では，ベクトル解析で現れるベクトル演算子とともにグリーンの定理を取り上げ，これを用いてポアソンの方程式の解を調べる．その後，ベクトル演算子を用いてマクスウエル方程式を表しその性質を調べる．マクスウエル方程式は電磁気学の基礎方程式であるが，この基礎方程式の解析が「ベクトル解析そのものである」といって過言でないほどベクトル解析との結びつきが深い．ここでは，中学校以来おなじみの電磁気学の基礎法則が，ベクトル解析の手法を用いて，マクスウエル方程式から見事に導出される様子が再現されるように努めた．

全体を通して，取り上げる題材を絞る一方で，取り上げた題材には丁寧な説明を付けるという方針で執筆を心がけたつもりである．解析学のテキストとして良書が多く見受けられる昨今であるが，このような方針で執筆された本書が何らかの意義をもつならば幸いである．

最後に，朝倉書店編集部には本文中の語句の誤りにとどまらず式の誤り，また演習問題の解答に至って細かく目を通していただいた．ここに感謝の意を表したい．

2008 年 5 月

細 野　忍

目　　次

第1章

多変数関数の微分

CHAPTER 1

1 変数の関数 $f(x)$ を拡張して，2 変数の関数 $f(x,y)$，3 変数の関数 $f(x,y,z)$，$\cdots$ などと，一般に n 変数の関数 $f(x_1,x_2,\cdots,x_n)$ が考えられる．このような多変数関数の微分とその応用について考えよう．

1.1　偏微分と全微分

高等学校以来，関数 $f(x)$ はそのグラフ $y=f(x)$ とともに考える習慣である．この習慣の下で，1 変数関数 $f(x)$ の微分とそのグラフ上での幾何学的な意味については何度も学んでいる．それらの知識に基づいて多変数関数の微分を考えることにしよう．議論は一般の n 変数関数へ容易に拡張されるので，ここでは 2 変数関数を主に考えることにする．

1.1.1　連 続 関 数

一般に関数 $f(x)$ というと，実数 x に対して対応する実数の値 $f(x)$ を決める写像のことで，たとえば

$$f(x)=\begin{cases}1 & x\text{ は有理数}\\ 0 & x\text{ は無理数}\end{cases} \tag{1.1}$$

などのようなものも「れっき」とした関数である．したがって，微積分学では最初に微分や積分が考えられるような関数の特徴づけが行われる．すでに学んでいるように，この特徴づけには関数の極限が用いられ，連続関数や微分可能な関数が定義されたのであった．2 変数関数の場合にも，そのような関数の極限に基づいて連続関数や微分可能な関数などの定義が与えられることになる．

ここで本題に入る前に，関数の定義域について少し言及しておこう．1 変数関数 $f(x)$ について，x としてどの範囲を考えているのかを明確にしたいときには「区間 I 上の関数 $f(x)$」などと書いて関数の定義される範囲すなわち定義域を明示した．そこで具体的に区間 I として，閉区間 $I_{[a,b]}=[a,b]$ とか開区間 $I_{(a,b)}=(a,b)$ などを考えた．2 変数関数 $f(x,y)$ の場合，定義域は xy 平面内に指定されることになるが，それは一般にいろんな形状をもつので区間 I のように簡単に述べることは困難である．xy 平面内の開集合 D であってどの 2 点も D 内の連続曲線で結ぶことができるような D を**領域**と呼んでいるが，関数 $f(x,y)$ の定義域としてはこのような領域を考え，「領域 D 上の関数 $f(x,y)$」などという．たとえば不等式

$$a_1<x<a_2, \qquad b_1<y<b_2$$

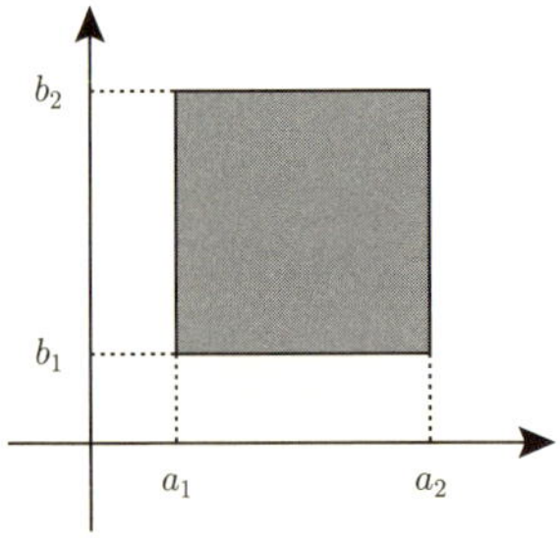

図 1.1 閉領域 $I_{[a_1,a_2]}\times I_{[b_1,b_2]}$

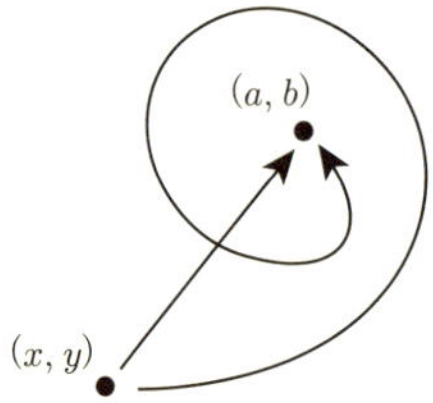

図 1.2 極限 $(x,y)\to(a,b)$

を満たす平面の部分は領域である．この領域は 2 つの開区間の直積と呼ばれるもので $I_{(a_1,a_2)}\times I_{(b_1,b_2)}$ などと書かれる．ここですべての不等号を等号付きのものに置き換えるときは，閉区間の直積となりこのような場合を (有界な) **閉領域**と呼ぶ．領域は定義によって開集合であるが，特にそれを強調するために開領域と表現することもある．また，積分と合わせて領域が出てくるときには慣用的に積分領域を指し，これは閉領域なので用語に注意が必要となる．開集合・閉集合などの定義に立ち入ると大変になるので，領域 D といったときには $I_{(a,b)}\times I_{(c,d)}$ のようなものと理解することにする．

さて，2 変数関数 $f(x,y)$ の極限を定義しよう．1 変数関数の極限にならって，領域 D 上の関数 $f(x,y)$ が $(x,y)\to(a,b)$ のとき極限値 α をもつことを lim 記号を用いて表しその意味を次のようにする．

$$\lim_{(x,y)\to(a,b)} f(x,y) = \alpha \quad \Leftrightarrow \quad$$ 「点 $(x,y) \neq (a,b)$ が点 (a,b) に限りなく近づくとき $f(x,y)$ はαに限りなく近づく」

ここで，(x,y) は D 内の点であるが (a,b) は必ずしもそうである必要はないことを注意しておく．この定義を ε-δ 論法でより正確に表すなら

$$\forall\varepsilon > 0, \exists\delta > 0 \text{ s.t. } 0 < \mathrm{dis}((x,y),(a,b)) < \delta \quad \Rightarrow \quad |f(x,y) - \alpha| < \varepsilon \tag{1.2}$$

となる．ただし $\mathrm{dis}((x,y),(a,b)) = \sqrt{(x-a)^2+(y-b)^2}$ である．この極限の定義は 1 変数の場合と同じであるが，2 変数の場合「限りなく近づく」といってもその近づき方は，直線的に，渦を巻くように，…などと多様であることに注意したい．極限値 α をもつとは，それらのうちどのような近づき方をしても $f(x,y) \to \alpha$ となるときをいうのである．

この関数の極限を用いて，連続関数は次のように定められる．

定義 1.1　領域 D 上の関数 $f(x,y)$ と $(a,b) \in D$ に対し，

$$\lim_{(x,y)\to(a,b)} f(x,y) = f(a,b)$$

が成り立つとき $f(x,y)$ は点 $(a,b) \in D$ において**連続**であるといい，そうでないとき**不連続**であるという．また，D 内の各点で連続であるとき，$f(x,y)$ は D 上で連続であるという．

連続であるという性質は，関数のグラフが「破れ」のない曲面を表すこととして理解できるが，その様子を $f(x,y)$ の形から推察することは 1 変数関数の場合と比べて一般に複雑である．

例題 1.2　xy 平面上の関数

$$f(x,y) = \begin{cases} \frac{x^2y}{x^4+y^2} & (x,y) \neq (0,0) \\ 0 & (x,y) = (0,0) \end{cases}$$

は原点で不連続であることを示せ．

(解答)　原点への近づき方として，たとえば $(x,y)=(t,mt^2)$ と置いて $t\to 0$ とするような極限を考えてみる．$f(t,mt^2)=\frac{mt^4}{t^4+m^2t^4}=\frac{m}{1+m^2}$ であるから極限値は定数 m の取り方によってしまう．したがって $(x,y)\to(0,0)$ の極限が存在せず，原点で連続になることはない．　□

1.1.2 偏　微　分

2変数関数 $f(x,y)$ について，$z=f(x,y)$ の表すグラフを考えよう．$z=f(x,y)$ のグラフは座標空間での曲面であるが，その様子をイメージすることはそれほど容易ではない．そこで，これを $y=b$ が定める xz 平面に平行な平面で「切り出し」て $z=f(x,b)$ で表される1変数関数のグラフを考える．この1変数関数について $x=a$ での微分 (係数) が存在するときその値を

$$\frac{\partial f}{\partial x}(a,b)=\lim_{x\to a}\frac{f(x,b)-f(a,b)}{x-a}$$

と書いて点 (a,b) における x 方向の**偏微分係数**と呼ぶ．同様に $x=a$ が定める平面で「切り出す」と $z=f(a,y)$ が現れるが，これについて $y=b$ での微分が存在するとき，これを点 (a,b) における y 方向の偏微分係数と呼ぶ．ここまでは点 (a,b) を固定して考えたが，点 (a,b) を動かして考えるときは偏微分係数を

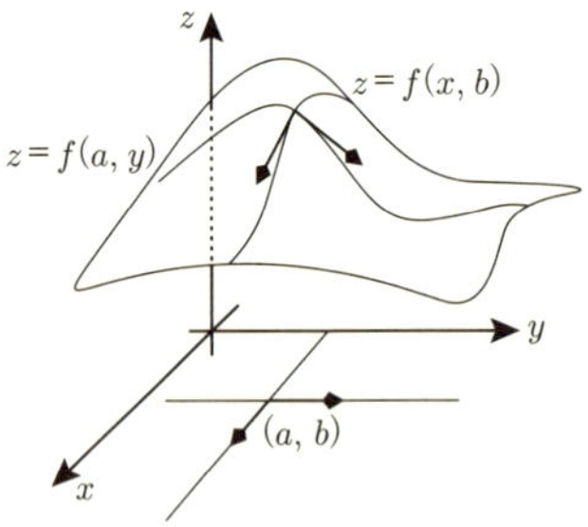

図 1.3　偏微分係数

$$\frac{\partial f}{\partial x}(x,y),\qquad \frac{\partial f}{\partial y}(x,y) \tag{1.3}$$

のように x,y の関数と考えて $f(x,y)$ の**偏導関数**または単に**偏微分**と呼ぶ．式 (1.3) において，偏微分の記号 $\frac{\partial}{\partial x}$ は，「$f(x,y)$ の y は単にパラメータだと思って x について普通の微分をしなさい」という演算である．$\frac{\partial}{\partial y}$ も同様である．偏微分を $\frac{\partial f}{\partial x},\frac{\partial f}{\partial y}$ のように省略して表すとき，これらは x,y の関数と理解する．また，偏微分を f_x,f_y などのように添字を使って表示することもしばしば行われる．

領域 D 上の関数 $f(x,y)$ について，$\frac{\partial f}{\partial x}$ および $\frac{\partial f}{\partial y}$ が決まるとき $f(x,y)$ は**偏微分可能**であるという．また，2つの偏微分 $\frac{\partial f}{\partial x},\frac{\partial f}{\partial y}$ どちらも D 上の連続関数となるとき，$f(x,y)$ を1回連続 (偏) 微分可能な関数といい C^1 級であると記す．

例題 1.3　xy 平面上の関数

$$f(x,y)=\begin{cases}\frac{xy}{x^2+y^2} & (x,y)\neq(0,0)\\ 0 & (x,y)=(0,0)\end{cases}$$

は原点で不連続であるが，偏微分可能であることを示せ．また，すべての点で偏微分可能であるが C^1 級ではないことを示せ．

(解答)　順にこれらの性質をみていこう．まず原点での様子をみるために，$(x,y)=(t\cos\theta, t\sin\theta)$ と置くと $f(x,y)=\sin\theta\cos\theta$ となり $t\to 0$ の極限は θ の値によってしまう．したがって原点で不連続である．次に，原点での x 方向の偏微分について

$$\frac{\partial f}{\partial x}(0,0)=\lim_{x\to 0}\frac{f(x,0)-f(0,0)}{x-0}=\lim_{x\to 0}\frac{0-0}{x-0}=0$$

と計算され，同様に y 方向についても $\frac{\partial f}{\partial y}(0,0)=0$ と計算される．原点以外では

$$\frac{\partial f}{\partial x}=\frac{y^3-x^2y}{(x^2+y^2)^2},\qquad \frac{\partial f}{\partial y}=\frac{x^3-xy^2}{(x^2+y^2)^2}$$

のように計算され，結局平面のすべての点で偏微分可能となる．しかし，原点以外で計算される偏微分 $\frac{\partial f}{\partial x}$ について，$(x,y)=(t\cos\theta, t\sin\theta)$ $(t\neq 0)$ と置いてみると，$\frac{\partial f}{\partial x}=\frac{1}{t}(\sin^3\theta-\cos^2\theta\sin\theta)$ となって $t\to 0$ の極限は存在せず，$\frac{\partial f}{\partial x}(0,0)=0$ に一致しない，したがって平面上で C^1 級ではないと結論される．　□

上の例題 1.3 が示すように，2 変数関数では不連続であるにもかかわらず偏微分可能となってしまうことが起こる (下の問 1 参照)．これは偏微分が「偏った」微分で 1 変数関数のときの微分の性質を引き継いだものになっていないためである．1 変数関数のとき，関数が微分可能であるならば微分係数はその点での接線の傾きという図形的な意味をもっていた．この図形的性質を引き継ぐのが全微分であり「偏って」いない微分である．

問 1　1 変数関数がある点で微分可能であるならば，その点で連続であることを示せ (したがってある点で不連続ならばその点で微分不可能である)．

1.1.3 全微分と方向微分・接平面

「偏って」いる偏微分を修正し，1 変数関数の微分のもつ性質をより忠実に 2 変数へ拡張することを考えよう．そのために，平均変化率の極限を用いて定義された 1 変数関数の微分を次のように言い換える：「関数 $f(x)$ が $x=a$ で微分可能であるとは，ある定数 A が存在して $|h|$ が十分小さな h について

$$f(a+h)-f(a)=Ah+o(h) \tag{1.4}$$

が成り立つことである」．ここで，$o(h)$ は h に関する高次の無限小を表し，$\lim_{h\to 0}\frac{o(h)}{h}=0$ を満たす量である．この $o(h)$ の性質から定数 A について $A=f'(a)$ であることがただちにわかる．ここに現れる $o(h)$ の具体的な形は，考える関数 $f(x)$ によっていろんなものになるであろうが，その形は問題ではなく性質 $\lim_{h\to 0}\frac{o(h)}{h}=0$ だけが問題なのである．式 (1.4) は，このような $o(h)$ という明示的に書かれていない量を用いているために少しわかりづらくなっているが，明示的に書かないことによってかえって見通しがよくなることも多い．

定義 1.4　D 上の関数 $f(x,y)$ と点 $(a,b)\in D$ について，ある定数 A,B が存在して k,l ($|k|,|l|$:十分小) に対して

$$f(a+k,b+l)-f(a,b)=Ak+Bl+o(\sqrt{k^2+l^2}) \tag{1.5}$$

と書かれるとき，$f(x,y)$ は点 (a,b) で**全微分可能**という．

上の定義で $o(\sqrt{k^2+l^2})$ は $\lim_{(k,l)\to(0,0)}\frac{o(\sqrt{k^2+l^2})}{\sqrt{k^2+l^2}}=0$ を満たす量である．前節で見たように，この極限は 2 変数の極限であり原点 $(0,0)$ への多様な近づき方がすべて含まれていることに注意したい．したがって，たとえば $(k,l)=(k,0)$ として $k\to 0$ とするものや，$(k,l)=(0,l)$ として $l\to 0$ とする極限が含まれているが，式 (1.5) の両辺を $\sqrt{k^2+l^2}$ で割って順にこれらの極限を取ると

$$A=\frac{\partial f}{\partial x}(a,b),\qquad B=\frac{\partial f}{\partial y}(a,b)$$

であることがわかる．すなわち，全微分可能ならば偏微分可能である．

定義 1.4 を明示的に言い直すことを行おう．そのために，$f(x,y)$ に対して 1 変数関数 $F(t)$ を

$$F(t)=f(a+tk,b+tl)\quad (|t|:十分小)$$

と定めよう．$F(t)$ は (a,b) からみて (k,l) 方向への関数の変化をみている．ここで，$F(t)$ が t の関数として $t=0$ で微分可能であるとき，$f(x,y)$ は点 (a,b) で (k,l) 方向微分可能といい，その微分係数 $F'(0)$ を点 (a,b) での (k,l) **方向微分**と呼ぶ．$(k,l)=(1,0)$ と取るとき，$(1,0)$ 方向微分は x に関する偏微分に一致する．

命題 1.5　$f(x,y)$ が点 (a,b) で全微分可能である必要十分条件は，「すべての $(k,l)\neq(0,0)$ について，(k,l) 方向微分可能でかつその微分係数 $F'(0)$ が k,l について1次式 $F'(0)=Ak+Bl \quad (A,B$ は定数) と表される」ことである．また，定数について $A=\frac{\partial f}{\partial x}(a,b), B=\frac{\partial f}{\partial y}(a,b)$ が成り立つ．

(証明)　まず「$\cdots$」が成り立つときの定数 A,B について，$(k,l)=(k,0)$ の場合を考えれば $F(t)=f(a+tk,b)$ であるから，$A=\frac{\partial f}{\partial x}(a,b)$ である．B についても同様である．

$\Rightarrow$) $f(x,y)$ が点 (a,b) で全微分可能であるとき, 式 (1.5) において (k,l) を (tk,tl) に置き換えれば

$$F(t)=f(a+tk,b+tl)=f(a,b)+Akt+Blt+o(t\sqrt{k^2+l^2})$$

が得られる．これより，$F'(0)=\lim_{t\to 0}\frac{1}{t}(F(t)-F(0))=Ak+Bl.$

$\Leftarrow$) 仮定より $F(t)=f(a+tk,b+tl)$ は微分可能なので，式 (1.4) より $F(t)-F(0)=F'(0)t+o(t)$ が成り立つ．また，微分は $F'(0)=Ak+Bl$ とすべての $(k,l)\neq(0,0)$ について表されている．ここで，条件 $k^2+l^2=1$ を課すことして $(tk,tl)=(k',l')$ と置けば $t=\sqrt{k'^2+l'^2}$ であり，$f(a+k',b+l')-f(a,b)=Ak'+Bl'+o(\sqrt{k'^2+l'^2})$ が得られる．すなわち，$f(x,y)$ は全微分可能であることがわかる．　□

上の命題が示すように，全微分可能であるとは大まかにいって「すべての方向について方向微分可能である」ということであるが,「方向微分が (k,l) について1次式である」という条件を忘れてはならない．

以下に,「方向微分が (k,l) について1次式である」とき $z=f(x,y)$ のグラフに接平面が決まることをみておこう．この事実によって，点 (a,b) において全微分可能であるとは，この点でグラフに接する接平面が存在することである

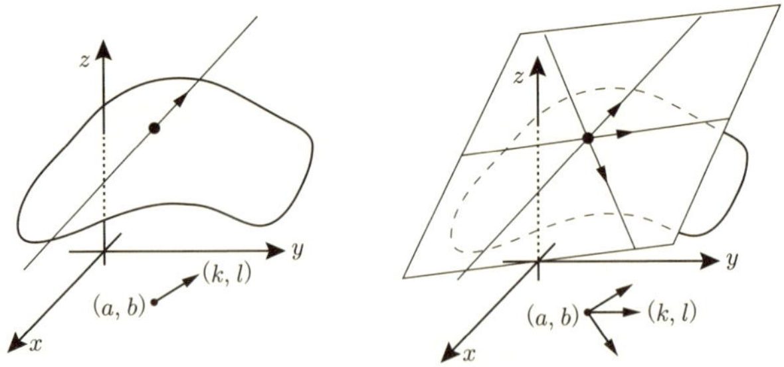

図 1.4 方向微分と接平面

としばしば説明される．

(k,l) 方向微分は偏微分をすべての方向に拡張して考えるもので，関数の値 $f(a,b)$ と点 $(a,b)+t(k,l)$ での値を比較している．この様子をみるために，xy 平面上の直線 $(a,b)+t(k,l)$ を含み z 軸と平行な平面を $H_{k,l}$ としよう．このとき，$H_{k,l}$ と $z=f(x,y)$ のグラフとの交わりは平面 $H_{k,l}$ 上に書かれた曲線で，点 $\mathrm{P}(a,b,f(a,b))$ を通っている．点 (a,b) での (k,l) 方向微分 $F'(0)$ はこの曲線の接線の傾きを与えるが，この接線を空間のベクトル方程式で表すと

$$(X,Y,Z)=(a,b,f(a,b))+t(k,l,F'(0)) \tag{1.6}$$

と表される．ここで，1 変数関数の場合，接線の傾き $f'(a)$ を表すベクトルを $(1,f'(a))$ と表したことと合わせて，式 (1.6) ではベクトル $(k,l,F'(0))$ が接線の傾きを表していることを理解されたい．$F'(0)$ を k,l を用いて表すと

$$(X,Y,Z)=(a,b,f(a,b))+t(k,l,kf_x(a,b)+lf_y(a,b)) \tag{1.7}$$

が得られる．(k,l) を変化させると点 $(a,b,f(a,b))$ を通る直線が無数に集まって，1 つの平面を決める様子がわかる．実際，(1.7) を成分で表し tk,tl を消去すると平面の方程式

$$Z-f(a,b)=f_x(a,b)(X-a)+f_y(a,b)(Y-b) \tag{1.8}$$

が得られる．これが，点 $(a,b,f(a,b))$ における $z=f(a,b)$ の接平面の方程式である．

例題 1.6 「放物曲面」$z=f(x,y)=x^2+y^2$ について，2 点 $\mathrm{P}(a,b,f(a,b))$, $\mathrm{Q}(c,d,f(c,d))$ における接平面の方程式をそれぞれ求めよ．また，2 つの平面の

交わりを xy 平面上へ射影すると，これは 2 点 $(a,b),(c,d)$ の垂直二等分線に等しいことを示せ.

(解答) 2 点 P,Q における接平面の方程式は，公式 (1.8) からただちに

$$Z+a^2+b^2=2aX+2bY, \qquad Z+c^2+d^2=2cX+2dY$$

と定められる. この 2 つの 1 次式は空間の直線を定め，その xy 平面上への射影は変数 Z を消去した式,

$$a^2+b^2-c^2-d^2=2(a-c)X+2(b-d)Y$$

で表される. 一方で，xy 平面上で 2 点 $(a,b),(c,d)$ の垂直二等分線は

$$(X,Y)=\left(\frac{a+c}{2},\frac{b+d}{2}\right)+(m,n)\,t \quad (-\infty<t<\infty)$$

と表される. ここで，(m,n) は $m(a-c)+n(b-d)=0$ を満たすベクトルである. この式から mt,nt を消去すると

$$0=tm(a-c)+tn(b-d)=(a-c)\left(X-\frac{a+c}{2}\right)+(b-d)\left(Y-\frac{b+d}{2}\right)$$

が得られ，これは上で求めた直線の xy 平面上への射影と一致することがわかる. □

放物線 $f(x)=x^2$ 上の 2 点 $(a,a^2),(b,b^2)$ それぞれで引いた接線の交点を考えるとその x 座標は中点 $\frac{a+b}{2}$ に等しい. 上の例題は，このよく知られた性質が放物曲面 $z=f(x,y)=x^2+y^2$ においても拡張して成り立つことをいうものである.

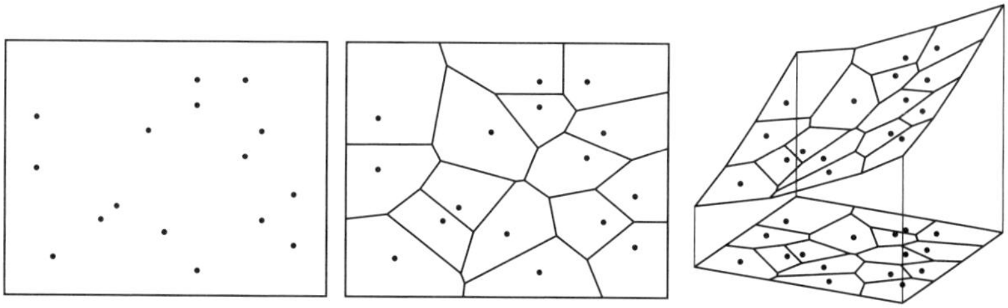

図 1.5 ボロノイ図

今 xy 平面上に n 個の点 (x_i, y_i) $(i = 1, \cdots, n)$ が散在するとしよう．各点に対して放物曲面上の点 $(x_i, y_i, f(x_i, y_i))$ で接平面を定める．これらの n 個の接平面の交わりは複雑であるが，下からみると「膨らんだ」(下に凸な) 多面体の形をしていることは容易に想像されるであろう．この多面体の線分を xy 平面上に射影して得られる線分の集まりはボロノイ図と呼ばれる．例題によると各々の線分は 2 点の垂直二等分線の上に乗っている．少し本題から脱線するが，楽しみとして図 1.5 に 1 つの例を挙げておく．ボロノイ図は，ある都市に消防署がいくつか散在したときに，最も効率的に各署の所轄分割を決める問題 (fire station problem と呼ばれる) の解として，計算アルゴリズムの分野で有名なものである．

問 2 $f(x, y)$ が点 (a, b) で全微分可能であるとき，$f(x, y)$ は (a, b) で連続であることを示せ (例題 1.3 参照).

練習問題 1.1

1 次の関数 $f(x, y)$ について極限 $\displaystyle\lim_{(x,y)\to(0,0)} f(x, y)$ は存在するか，存在する場合はその値を求めよ ($\mathrm{Sin}^{-1} x$ は逆三角関数の主値を表す).

$$(1) \quad \frac{xy^2}{x^2+y^2} \qquad (2) \quad \frac{x^4-y^2}{\sqrt{x^2+y^2}} \qquad (3) \quad x\,\mathrm{Sin}^{-1}\frac{x^2-y^2}{x^2+y^2}$$

2 次の関数の偏微分 $f_x(x, y), f_y(x, y)$ を求めよ．

$$(1) \quad \sqrt{x^2+y^2} \qquad (2) \quad (x^2+y)e^{xy} \qquad (3) \quad \mathrm{Cos}^{-1}\frac{x}{y} \qquad (4) \quad x^y$$

3 次の関数 $z = f(x, y)$ の点 $(1, 1, f(1, 1))$ における接平面，および法線の方程式を求めよ．

$$(1) \quad z = xy \qquad (2) \quad z = \log(1+x^2+y^2) \qquad (3) \quad z = \mathrm{Tan}^{-1}\frac{y}{x}$$

4 $f(x, y) = \sqrt{|xy|}$ は原点で全微分可能か調べよ．

1.2　合成関数の微分

1 変数関数 $z = f(y), y = g(x)$ の合成関数 $z = f(g(x))$ について，その微分は公式 $(f(g(x)))' = f'(g(x))g'(x)$ によって計算される．類似の公式を 2 変数関数の場合に作ろう．公式の n 変数関数 $(n \geq 3)$ への拡張は容易に推察できるであろう．

1.2.1　2 変数関数の場合

x, y を変数とする関数 $f(x, y)$ が与えられたとする．変数 x, y が u, v の関数として $x = x(u, v)$, $y = y(u, v)$ と表されるような変数変換 (座標変換) を考えることがしばしば起こる．このとき，関数 $f(x, y)$ は u, v の関数

$$F(u, v) = f(x(u, v), y(u, v))$$

を定めるが，この関数の u, v に関する偏微分を $f(x, y)$ の偏微分 f_x, f_y を用いて表すことを考えよう．そのために順に準備を行う．

命題 1.7　関数 $z = f(x)$ および $x = g(u, v)$ について，$f(x), g(u, v)$ はそれぞれ微分可能，偏微分可能であるとする．このとき合成関数 $F(u, v) = f(g(u, v))$ は偏微分可能で

$$\frac{\partial F}{\partial u} = f'(g(u, v))\frac{\partial g}{\partial u}, \qquad \frac{\partial F}{\partial v} = f'(g(u, v))\frac{\partial g}{\partial v} \tag{1.9}$$

と表される．

(証明)　偏微分の定義から，たとえば v を固定して u に関して 1 変数の微分をすればよい．式 (1.9) は 1 変数合成関数の微分公式に他ならない．　□

命題 1.8　$f(x, y)$ は C^1 級 ($\Leftrightarrow f_x, f_y$ は連続関数) であるとし，$x = x(t)$, $y = y(t)$ は t に関して微分可能であるとする．このとき $F(t) = f(x(t), y(t))$ は微分可能であり

$$\frac{dF}{dt} = \frac{\partial f}{\partial x}\frac{dx}{dt} + \frac{\partial f}{\partial y}\frac{dy}{dt} \tag{1.10}$$

と表される．

(証明)　$F(b)-F(a)$ について次のように計算する．

$$\begin{aligned}
&F(b)-F(a)\\
&=\{f(x(b),y(b))-f(x(a),y(b))\}+\{f(x(a),y(b))-f(x(a),y(a))\}\\
&=f_x(c,y(b))\{x(b)-x(a)\}+f_y(x(a),d)\{y(b)-y(a)\}
\end{aligned}$$

ここで，第 2 の等式では (1 変数関数の) 平均値の定理を用いていて，c は $x(a)$ と $x(b)$ の間の数，また d は $y(a)$ と $y(b)$ の間の数である．$b\to a$ の極限を考えるとき，$x(t), y(t)$ は連続なので $x(b)\to x(a), y(b)\to y(a)$ となる．このとき $f_x(x,y), f_y(x,y)$ は連続であるから, $f_x(c,y(b))\to f_x(x(a),y(a))$, $f_y(x(a),d)\to f_y(x(a),y(a))$ となる．以上を合わせて，平均変化率の極限 $b\to a$ を取れば式 (1.10) が得られる．　□

問 3　命題 1.8 において，$x(t)=a+tk$, $y(t)=b+tl$ の場合を考え，「関数 $f(x,y)$ が C^1 級ならば $f(x,y)$ は点 (a,b) で全微分可能である」ことを示せ．

命題 1.9　関数 $f(x,y)$ および $x=x(u,v), y=y(u,v)$ はすべて C^1 級であるとする．このとき $F(u,v)=f(x(u,v),y(u,v))$ は C^1 級で

$$\frac{\partial F}{\partial u}=\frac{\partial f}{\partial x}\frac{\partial x}{\partial u}+\frac{\partial f}{\partial y}\frac{\partial y}{\partial u},\qquad \frac{\partial F}{\partial v}=\frac{\partial f}{\partial x}\frac{\partial x}{\partial v}+\frac{\partial f}{\partial y}\frac{\partial y}{\partial v} \tag{1.11}$$

が成り立つ．

(証明)　偏微分の定義からたとえば v を固定して u に関して 1 変数の微分をすればよい．このとき，命題 1.8 が使えて上の公式が得られる．　□

問 4　命題 1.9 にならって，C^1 級関数 $f(x,y)$, $x=x(u,v,w)$, $y=y(u,v,w)$ を合成して得られる 3 変数の関数 $F(u,v,w)=f(x(u,v,w),y(u,v,w))$ を考える．このとき偏微分 F_u, F_v, F_w を表す公式を求めよ．

命題 1.9 で得られた公式 (1.11) を次の行列の形で次のように表すことができる.

$$\left(\frac{\partial F}{\partial u}, \frac{\partial F}{\partial v}\right) = \left(\frac{\partial f}{\partial x}, \frac{\partial f}{\partial y}\right)\begin{pmatrix} \frac{\partial x}{\partial u} & \frac{\partial x}{\partial v} \\ \frac{\partial y}{\partial u} & \frac{\partial y}{\partial v} \end{pmatrix} \tag{1.12}$$

ここに現れる正方行列を，変数変換 $x = x(u, v), y = y(u, v)$ に伴う**関数行列**と呼ぶ．また，関数行列の行列式は**関数行列式**または**ヤコビアン (Jacobian)** と呼ばれ，$\frac{\partial(x,y)}{\partial(u,v)}$ と表される．すなわち

$$\frac{\partial(x, y)}{\partial(u, v)} = \begin{vmatrix} \frac{\partial x}{\partial u} & \frac{\partial x}{\partial v} \\ \frac{\partial y}{\partial u} & \frac{\partial y}{\partial v} \end{vmatrix} \tag{1.13}$$

である．この関数行列式は，後に積分の変数変換に関連して登場する．

問 5　2 つの変数変換 $x = x(\xi, \eta)$, $y = y(\xi, \eta)$ と $\xi = \xi(u, v)$, $\eta = \eta(u, v)$, および それらの 合成 $x = x(\xi(u, v), \eta(u, v))$, $y = y(\xi(u, v), \eta(u, v))$ について，

$$\frac{\partial(x, y)}{\partial(u, v)} = \frac{\partial(x, y)}{\partial(\xi, \eta)}\,\frac{\partial(\xi, \eta)}{\partial(u, v)}$$

が成り立つことを示せ．

1.2.2　いくつかの例

合成関数 $F(u, v) = f(x(u, v), y(u, v))$ の微分公式 (1.11) は，一般の関係式 $x = x(u, v), y = y(u, v)$ に対して成り立つものである．ここで，関係式 $x = x(u, v), y = y(u, v)$ は変数 x, y を別の変数 u, v で表していると読んで，特にこれが u, v について解けて $u = u(x, y), v = v(x, y)$ と表されるときを考えてみよう．このような関係式 $x = x(u, v), y = y(u, v)$ を**座標変換**と呼んでいる．たとえば，x, y 座標を θ だけ回転した座標 u, v は，x, y 座標と回転行列を用いて

$$x = \cos\theta\, u - \sin\theta\, v, \qquad y = \sin\theta\, u + \cos\theta\, v$$

のように関係づけられるので 1 つの座標変換を定義する．

しばしば用いられる座標変換として平面の極座標と空間の球座標がある．これらは，「u, v について解けて $u = u(x, y), v = v(x, y)$ と表される」という条件を満たしていないため厳密には上の意味での座標変換になっていないが，応用上最も広く用いられる座標変換の例である．

例 1 (平面の極座標) xy 平面の点 (x,y) を，原点からの距離 r と x 軸となす角度 θ $(0 \leq \theta < 2\pi)$ を用いて

$$x = r\cos\theta, \qquad y = r\sin\theta \tag{1.14}$$

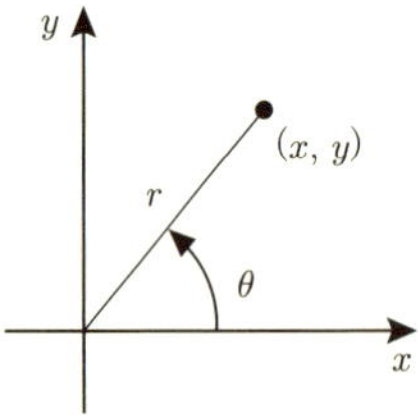

図 1.6 平面の極座標

と表すことができる．xy 平面上の関数 $f(x,y)$ は極座標を用いると合成関数は

$F(r,\theta) = f(x(r,\theta), y(r,\theta))$ となり，偏微分は

$$\begin{aligned}\frac{\partial F}{\partial r} &= \frac{\partial f}{\partial x}\frac{\partial x}{\partial r} + \frac{\partial f}{\partial y}\frac{\partial y}{\partial r}\\ \frac{\partial F}{\partial \theta} &= \frac{\partial f}{\partial x}\frac{\partial x}{\partial \theta} + \frac{\partial f}{\partial y}\frac{\partial y}{\partial \theta}\end{aligned}$$

から計算される．ここで，座標変換の関係式 (1.14) を暗に理解して，合成関数の記号 $F(r,\theta)$ を定義しないで $\frac{\partial f}{\partial r}, \frac{\partial f}{\partial \theta}$ や f_r, f_θ などの記号がしばしば用いられる．この省略を行って，上の偏微分の計算結果を表すと，

$$\begin{aligned}\frac{\partial f}{\partial r} &= \cos\theta\frac{\partial f}{\partial x} + \sin\theta\frac{\partial f}{\partial y}\\ \frac{\partial f}{\partial \theta} &= -r\sin\theta\frac{\partial f}{\partial x} + r\cos\theta\frac{\partial f}{\partial y}\end{aligned} \tag{1.15}$$

となる．このような省略は便利なので以下でもしばしば用いるが，関係式 (1.14) をしっかり頭に入れて何を独立変数に考えているのかをつねに明確にしておかないと，時に混乱をきたすので注意したい．

関係式 (1.14) を，r, θ について「無理やり」解くと $r = \sqrt{x^2+y^2}, \theta = \tan^{-1}\frac{y}{x}$ が得られる．「無理やり」と表現したのは，第 1 に原点 $(x,y) = (0,0)$ では θ が定義されないことと，第 2 に $\tan^{-1}\frac{y}{x}$ の値が π だけの不定性をもっていて厳密に決まらないからである．第 1 の原点の問題は，原点を極座標で表すと $(r,\theta) = (0,\theta)$ となって θ が定まらず，原点でよい座標になっていないことによる．この問題は極座標を用いるときにつねにつきまとうもので，注意が必要である．第 2 の問題は，(x,y) を第 1,2 象限または第 3,4 象限などと制限すれば $\tan^{-1}\frac{y}{x}$ の値は確定できるのでそれほど深刻でない．

さて，以上の注意を了解した上で関係式 $x = x(r,\theta), y = y(r,\theta)$ とそれを解いた関係式 $r = r(x,y), \theta = \theta(x,y)$ の間の関係を調べよう．後者の関係式は，前者の関係式 (が定める方程式) を解いたというのだから

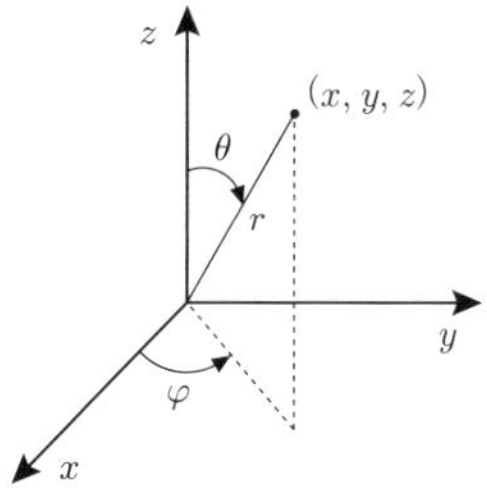

図 1.7　空間の極座標

$$x = x(r(x,y),\theta(x,y)), \qquad y = y(r(x,y),\theta(x,y))$$

が恒等式として成り立っている．そこで，定義から従う自明な関係式 $\frac{\partial x}{\partial x} = 1, \frac{\partial x}{\partial y} = 0; \frac{\partial y}{\partial x} = 0, \frac{\partial y}{\partial y} = 1$ を上の恒等式の左辺に用い，右辺には公式 (1.11) を用いて偏微分を計算してみよう．たとえば x について

$$1 = \frac{\partial x}{\partial x} = \frac{\partial x}{\partial r}\frac{\partial r}{\partial x} + \frac{\partial x}{\partial \theta}\frac{\partial \theta}{\partial x}, \qquad 0 = \frac{\partial x}{\partial y} = \frac{\partial x}{\partial r}\frac{\partial r}{\partial y} + \frac{\partial x}{\partial \theta}\frac{\partial \theta}{\partial y}$$

が得られる．y についても同様な表式が得られるが，これらは関数行列の関係として

$$\begin{pmatrix} 1 & 0 \\ 0 & 1 \end{pmatrix} = \begin{pmatrix} \frac{\partial x}{\partial x} & \frac{\partial x}{\partial y} \\ \frac{\partial y}{\partial x} & \frac{\partial y}{\partial y} \end{pmatrix} = \begin{pmatrix} \frac{\partial x}{\partial r} & \frac{\partial x}{\partial \theta} \\ \frac{\partial y}{\partial r} & \frac{\partial y}{\partial \theta} \end{pmatrix} \begin{pmatrix} \frac{\partial r}{\partial x} & \frac{\partial r}{\partial y} \\ \frac{\partial \theta}{\partial x} & \frac{\partial \theta}{\partial y} \end{pmatrix} \tag{1.16}$$

のように整理される．この関係式は $x = x(r,\theta), y = y(r,\theta)$ に伴う関数行列と $r = r(x,y), \theta = \theta(x,y)$ に伴う関数行列は互いに逆行列の関係にあることを示している．この事実は，座標変換に伴う関数行列について一般に成り立つ事柄である．

$F(r,\theta) = F(r(x,y),\theta(x,y))$ に合成関数の微分公式 (1.11) を適用すると，

$$\frac{\partial F}{\partial x} = \frac{\partial r}{\partial x}\frac{\partial F}{\partial r} + \frac{\partial \theta}{\partial x}\frac{\partial F}{\partial \theta}, \qquad \frac{\partial F}{\partial y} = \frac{\partial r}{\partial y}\frac{\partial F}{\partial r} + \frac{\partial \theta}{\partial y}\frac{\partial F}{\partial \theta} \tag{1.17}$$

となるが，これは，式 (1.15) を「反対」に表したものである．ここに現れる偏微分 $\frac{\partial r}{\partial x}$ などは，(1.16) を用いて関数行列の逆行列を計算することによって容易に決められる．また，$F(r,\theta)$ は任意の微分可能な関数であるからこれを省略して結果を表すと

$$\frac{\partial}{\partial x} = \cos\theta \frac{\partial}{\partial r} - \frac{\sin\theta}{r}\frac{\partial}{\partial \theta}, \qquad \frac{\partial}{\partial y} = \sin\theta \frac{\partial}{\partial r} + \frac{\cos\theta}{r}\frac{\partial}{\partial \theta} \tag{1.18}$$

が得られる．これは，それぞれの座標における偏微分演算の間の関係を表していると理解される (1.3 節問 6). □

例 2 (空間の極座標) 空間の点は通常 (x, y, z) で表すが，これを平面の極座標にならって (r, θ, φ) $(0 \leq \theta \leq \pi, 0 \leq \varphi < 2\pi)$ を使って表すのが空間の極座標である．関係式 $x = x(r, \theta, \varphi)$, $y = y(r, \theta, \varphi)$, $z = z(r, \theta, \varphi)$ は

$$
\begin{aligned}
x &= r \sin\theta \cos\varphi \\
y &= r \sin\theta \sin\varphi \\
z &= r \cos\theta
\end{aligned}
$$

によって与えられ座標変換となることが確かめられる．ただし，平面の極座標の場合と同様に，原点とともに z 軸 $(\theta = 0, \pi)$ ではよい座標になっていない．この場合の関数行列は

$$
\begin{pmatrix}
\frac{\partial x}{\partial r} & \frac{\partial x}{\partial \theta} & \frac{\partial x}{\partial \varphi} \\
\frac{\partial y}{\partial r} & \frac{\partial y}{\partial \theta} & \frac{\partial y}{\partial \varphi} \\
\frac{\partial z}{\partial r} & \frac{\partial z}{\partial \theta} & \frac{\partial z}{\partial \varphi}
\end{pmatrix}
=
\begin{pmatrix}
\sin\theta\ \cos\varphi & r\ \cos\theta\ \cos\varphi & -r\ \sin\theta\ \sin\varphi \\
\sin\theta\ \sin\varphi & r\ \cos\theta\ \sin\varphi & r\ \sin\theta\ \cos\varphi \\
\cos\theta & -r\ \sin\theta & 0
\end{pmatrix}
$$

と定められて，これから (1.15) や (1.18) に対応する関係が定められる．特に，(1.18) に対応する関係式として

$$
\begin{aligned}
\frac{\partial}{\partial x} &= \sin\theta\cos\varphi \frac{\partial}{\partial r} + \frac{\cos\theta\cos\varphi}{r}\frac{\partial}{\partial \theta} - \frac{\sin\varphi}{r\sin\theta}\frac{\partial}{\partial \varphi} \\
\frac{\partial}{\partial y} &= \sin\theta\sin\varphi \frac{\partial}{\partial r} + \frac{\cos\theta\sin\varphi}{r}\frac{\partial}{\partial \theta} + \frac{\cos\varphi}{r\sin\theta}\frac{\partial}{\partial \varphi} \qquad (1.19) \\
\frac{\partial}{\partial z} &= \cos\theta \frac{\partial}{\partial r} - \frac{\sin\theta}{r}\ \frac{\partial}{\partial \theta}
\end{aligned}
$$

が得られ，空間座標 x, y, z に関する偏微分演算を極座標に関する偏微分で表す公式として応用上しばしば登場する (1.3 節問 7). □

練習問題 1.2

1 次の変数変換に関する関数行列式を求めよ．

(1) $\begin{cases} x = u+v \\ y = uv \end{cases}$　(2) $\begin{cases} x = u+v^2 \\ y = u^2+v \end{cases}$　(3) $\begin{cases} x = e^u \cos v \\ y = e^u \sin v \end{cases}$

2　$x = r\cos\theta$, $y = r\sin\theta$ とするとき，関数 $f(x,y)$ について次を示せ．

(1)　$y\frac{\partial f}{\partial x} - x\frac{\partial f}{\partial y} = 0$ ならば，$f(x,y)$ は r だけの関数である．

(2)　$x\frac{\partial f}{\partial x} + y\frac{\partial f}{\partial y} = 0$ ならば，$f(x,y)$ は θ だけの関数である．

3　(1.19) 式を導出せよ．

1.3　高階の偏微分とテイラーの定理

1 変数関数 $f(x)$ の高階微分にならって多変数関数の高階の偏微分を考える．また，その応用としてテイラー (Taylor) の定理を考えよう．

1.3.1　高階の偏微分

2 変数関数の場合，2 種類の偏微分があるので 1 階の偏微分，2 階の偏微分，3 階の偏微分，$\cdots$ と

$$\frac{\partial f}{\partial x},\ \frac{\partial f}{\partial y};\ \frac{\partial^2 f}{\partial x^2},\ \frac{\partial^2 f}{\partial x\partial y},\ \frac{\partial^2 f}{\partial y\partial x},\ \frac{\partial^2 f}{\partial y^2};\ \frac{\partial^3 f}{\partial x^3},\ \frac{\partial^3 f}{\partial x^2\partial y},\ \frac{\partial^3 f}{\partial x\partial y\partial x},\ \cdots$$

などが考えられる．ここで r 階の偏微分は，偏微分の順番が区別されるので 2^r 通りだけ可能である．r 階までのすべての偏微分が連続関数であるような関数 $f(x,y)$ を r 回連続 (偏) 微分可能な関数といい，C^r 級であると表現する．特に，何回でも連続 (偏) 微分可能な関数を C^∞ 級関数，あるいは，**なめらかな関数**などと呼んでいる．偏微分の順番に関して次の定理が基本的である．

定理 1.10　関数 $f(x,y)$ が C^2 級であるならば $\frac{\partial^2 f}{\partial x\partial y} = \frac{\partial^2 f}{\partial y\partial x}$ が成り立つ．

(証明)　$f_{xy} = \frac{\partial^2 f}{\partial y\partial x}$, $f_{yx} = \frac{\partial^2 f}{\partial x\partial y}$ と表し，点 (a,b) において $f_{xy}(a,b) = f_{yx}(a,b)$ が成り立つことを示す．点 (a,b) を 1 つの頂点に取り，他の 3 点を $(a+k,b), (a,b+l), (a+k,b+l)$ とする長方形を考える ($kl \neq 0$).

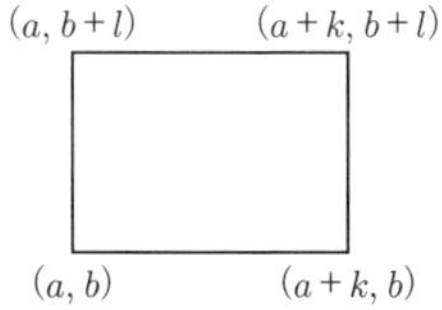

図 1.8

点 (a,b) に隣接する頂点で，関数 f の値の差を縦方向と横方向の 2 通り作り $\psi(a,b) := f(a,b+l) - f(a,b)$, $\varphi(a,b) := f(a+k,b) - f(a,b)$

と置くと，

$$\psi(a+k,b)-\psi(a,b)=\varphi(a,b+l)-\varphi(a,b)$$

が成り立つ．左辺について，1 変数関数に関する平均値の定理を 2 回用いると

$$\begin{aligned}\psi(a+k,b)-\psi(a,b) &= \psi_x(a+\theta_1 k,b)k\\ &= \{f_x(a+\theta_1 k,b+l)-f_x(a+\theta_1 k,b)\}k\\ &= f_{xy}(a+\theta_1 k,b+\theta_2 l)\,k\,l\end{aligned}$$

を満たす θ_1,θ_2 $(0<\theta_1,\theta_2<1)$ が存在する．同様に右辺についても，

$$\varphi(a,b+l)-\varphi(a,b)=f_{yx}(a+\theta_1' k,b+\theta_2' l)\,k\,l$$

とする θ_1',θ_2' $(0<\theta_1',\theta_2'<1)$ が存在する．以上により，

$$f_{xy}(a+\theta_1 k,b+\theta_2 l)=f_{yx}(a+\theta_1' k,b+\theta_2' l)$$

が得られるが，ここで $(k,l)\to(0,0)$ の極限を取ると，$f(x,y)$ は C^2 級で $f_{xy}(x,y), f_{yx}(x,y)$ は連続関数であるから $f_{xy}(a,b)=f_{yx}(a,b)$ が得られる．　□

定理 1.10 によって，C^∞ 級の関数 $f(x,y)$ の偏微分についてその順番は入れ換えてよいと結論される．

問 6　2 次元のラプラス演算子 $\Delta=\frac{\partial^2}{\partial x^2}+\frac{\partial^2}{\partial y^2}$ は C^2 級の関数 $f(x,y)$ に $\Delta f=\frac{\partial^2 f}{\partial x^2}+\frac{\partial^2 f}{\partial y^2}$ と作用する演算子である．式 (1.18) を用いて，この演算子の極座標表示 $\Delta=\frac{\partial^2}{\partial r^2}+\frac{1}{r}\frac{\partial}{\partial r}+\frac{1}{r^2}\frac{\partial^2}{\partial\theta^2}$ を求めよ．

問 7　上の問にならい例 2 の結果を用いて，3 次元のラプラス演算子 $\Delta=\frac{\partial^2}{\partial x^2}+\frac{\partial^2}{\partial y^2}+\frac{\partial^2}{\partial z^2}$ の極座標表示 (1.20) を求めよ．

$$\Delta=\frac{\partial^2}{\partial r^2}+\frac{2}{r}\frac{\partial}{\partial r}+\frac{1}{r^2}\left(\frac{\partial^2}{\partial\theta^2}+\frac{\cos\theta}{\sin\theta}\frac{\partial}{\partial\theta}+\frac{1}{\sin^2\theta}\frac{\partial^2}{\partial\varphi^2}\right) \tag{1.20}$$

1.3.2　テイラーの定理

1 変数関数 $f(x)$ が C^r 級の関数であるとき，テイラーの定理は $f(a+h)$ を

$$f(a+h)=f(a)+\frac{h}{1!}f'(a)+\cdots+\frac{h^{r-1}}{(r-1)!}f^{(r-1)}(a)+\frac{h^r}{r!}f^{(r)}(a+\theta h)$$

と表す数 θ $(0<\theta<1)$ が存在することを述べた定理であった．特に，$r=1$ の場合は平均値の定理に一致する．

2 変数関数 $f(x,y)$ が与えられたとき，(k,l) を決めて $F(t)=f(a+tk,b+tl)$ とする．この 1 変数関数 $F(t)$ にテイラーの定理を当てはめたものが，2 変数関数のテイラーの定理であり，n 変数関数の場合も同様である．テイラーの定理を具体的に書き下すために，微分演算を表す記号 $D=k\frac{\partial}{\partial x}+l\frac{\partial}{\partial y}$ を $Df=k\frac{\partial f}{\partial x}+l\frac{\partial f}{\partial y}$ を表すものとして定義する．このとき，D^2f, D^3f, $\cdots$ などはこの定義を繰り返して用いて定めることとする．このような高階微分に関して，$f(x,y)$ が十分大きな r について C^r 級であるなら定理 1.10 の結果によって，たとえば

$$D^2f=\left(k\frac{\partial}{\partial x}+l\frac{\partial}{\partial y}\right)^2 f=k^2\frac{\partial^2 f}{\partial x^2}+2kl\frac{\partial^2 f}{\partial x\partial y}+l^2\frac{\partial^2 f}{\partial y^2}$$

が成り立つ．公式 (1.10) により $F^{(n)}(0)=D^nf(a,b)$ が成り立つので，$F(t)$ にテイラーの定理を当てはめると $F(1)=F(0)+\frac{1}{1!}F'(0)+\cdots+\frac{1}{r!}F^{(r)}(\theta)$ が得られる．これを書き下すとただちに次の定理が得られる．

定理 1.11 xy 平面上 C^r 級の関数 $f(x,y)$ について，(k,l) を任意に固定するとき

$$\begin{aligned} f(a+k,b+l) &= f(a,b)+\frac{1}{1!}Df(a,b)+\frac{1}{2!}D^2f(a,b)+ \\ &\quad \cdots+\frac{1}{(r-1)!}D^{r-1}f(a,b)+\frac{1}{r!}D^rf(a+\theta k,b+\theta l) \end{aligned}$$

が成り立つような θ $(0<\theta<1)$ が存在する．

この定理で，右辺の最後に現れる項 $\frac{1}{r!}D^rf(a+\theta k,b+\theta l)$ を**剰余項**と呼ぶのは 1 変数のときと同様である．また，この定理で $r=1$ とする場合が 2 変数関数の平均値の定理である．

命題 1.12 関数 $f(x,y)$ が C^1 級ならば $f(x,y)$ は全微分可能である．

(証明) 定理 1.11 で $r=1$ とすると，ある θ $(0<\theta<1)$ を用いて

$$\begin{aligned} f(a+k,b+l) &= f(a,b)+f_x(a+\theta k,b+\theta l)\,k+f_y(a+\theta k,b+\theta l)\,l \\ &= f(a,b)+f_x(a,b)k+f_y(a,b)l+\varepsilon_1\,k+\varepsilon_2\,l \end{aligned}$$

と書かれる．ただし $\varepsilon_1 = f_x(a+\theta k,b+\theta l)-f_x(a,b)$, $\varepsilon_2 = f_y(a+\theta k,b+\theta l)-f_y(a,b)$ と置いた．ここで，$\left|\frac{\varepsilon_1 k+\varepsilon_2 l}{\sqrt{k^2+l^2}}\right| \leq |\varepsilon_1|+|\varepsilon_2|$ が成り立ち，$f_x(x,y), f_y(x,y)$ は連続関数であるから，$(k,l)\to(0,0)$ のとき $|\varepsilon_1|+|\varepsilon_2|\to 0$ である．このことから $\varepsilon_1\,k+\varepsilon_2\,l$ は $o(\sqrt{k^2+l^2})$ の量であることがわかる．すなわち，$f(x,y)$ は全微分可能である． □

C^1 級の関数ならば全微分可能であるが，逆は必ずしも正しくない例を挙げることができる．

問 8 xy 平面上の関数 $f(x,y)=\begin{cases} xy\sin\frac{1}{x} & (x\neq 0) \\ 0 & (x=0) \end{cases}$ は，原点 $(0,0)$ で全微分可能であるが C^1 級でないことを示せ．

1 変数関数のテイラーの定理は，関数 $f(x)$ をある点 $x=a$ の近くで多項式によって近似するものとして学んでいる．2 変数関数の場合も同様で，テイラーの定理は，関数 $f(x,y)$ をある点 (a,b) の近くで 2 変数の多項式によって近似する．その様子を具体的な場合に書き下しておこう．

命題 1.13 $f(x,y)$ が C^2 級であるとき，次が成り立つ．

$$\begin{aligned} f(a+k,b+l) &= f(a,b)+f_x(a,b)k+f_y(a,b)l \\ &\quad +\frac{1}{2}\left\{f_{xx}(a,b)k^2+2f_{xy}(a,b)kl+f_{yy}(a,b)l^2\right\}+o(k^2+l^2) \end{aligned}$$

(証明) $r=2$ の場合にテイラーの定理 1.11 は

$$f(a+k,b+l)=f(a,b)+f_x(a,b)k+f_y(a,b)l+R_2(k,l)$$

と表される．ここで，$\theta\ (0<\theta<1)$ および $a_\theta = a+\theta k, b_\theta = b+\theta l$ を用いて剰余項 $R_2(k,l)$ は表されるが，これをさらに次のように変形する，

$$R_2(k,l) = \frac{1}{2}\left\{f_{xx}(a_\theta,b_\theta)k^2 + 2f_{xy}(a_\theta,b_\theta)kl + f_{yy}(a_\theta,b_\theta)l^2\right\}$$
$$= \frac{1}{2}\left\{f_{xx}(a,b)k^2 + 2f_{xy}(a,b)kl + f_{yy}(a,b)l^2\right\} + \Delta R_2(k,l).$$

ここで，$\Delta f_{xx}(a,b) = f_{xx}(a_\theta,b_\theta) - f_{xx}(a,b)$ などと表して

$$\Delta R_2(k,l) = \frac{1}{2}\left\{\Delta f_{xx}(a,b)k^2 + 2\Delta f_{xy}(a,b)kl + \Delta f_{yy}(a,b)l^2\right\}$$

であるが，不等式 $|\frac{k^2}{k^2+l^2}|, |\frac{kl}{k^2+l^2}|, |\frac{l^2}{k^2+l^2}| \leq 1$ が成り立つから

$$\left|\frac{\Delta R_2(k,l)}{k^2+l^2}\right| \leq \frac{1}{2}|\Delta f_{xx}(a,b)| + |\Delta f_{xy}(a,b)| + \frac{1}{2}|\Delta f_{yy}(a,b)|$$

が得られる．ここで，$f(x,y)$ は C^2 級であるから，$(k,l) \to (0,0)$ のとき $|\Delta f_{xx}(a,b)|, |\Delta f_{xy}(a,b)|$, $|\Delta f_{yy}(a,b)| \to 0$ であり，$\frac{\Delta R_2(k,l)}{k^2+l^2} \to 0$ が結論される．このことから，$\Delta R_2(k,l) = o(k^2+l^2)$ がわかり，主張が示されたことになる． □

1.3.3　極大・極小問題

1 変数関数 $f(x)$ について，その極大値・極小値を求めることは関数の性質を知る上で大切な作業であった．その求め方は方程式 $f'(x) = 0$ の解 $x = a$ を決めることから始まったが，これをテイラーの定理を使って解釈すると $x = a$ の近くで

$$f(a+h) = f(a) + \frac{1}{2!}f''(a)h^2 + o(h^2)$$

のように $f(x)$ を近似したことになる．そこで $f''(a) < 0$ または $f''(a) > 0$ に応じて極大・極小を判定した．ただし，$f''(a) = 0$ の場合はさらに高次の項を表すテイラーの定理，すなわち $o(h^2)$ の中身をみないと判定はつかないのであった．多変数関数についても議論はまったく同じであるが，変数が多くなる分だけ複雑になる．

2 変数関数 $f(x,y)$ について，$z = f(x,y)$ のグラフからその極大値・極小値の性質は明らかであるが，次のように明確にしておこう．

定義 1.14　点 (a,b) の十分近くの点 $(x,y) \neq (a,b)$ すべてに対し $f(a,b) > f(x,y)$ (または $f(a,b) < f(x,y)$) が成り立つとき，$f(x,y)$ は点 (a,b) で**極大値**

(または**極小値**) を取るという．

$f(x,y)$ が偏微分可能で，点 (a,b) において極値 (極大値または極小値) を取っていたとすると，1 変数関数 $f(x,b)$, $f(a,y)$ もそれぞれ $x=a$, $y=b$ で極値を取るから，(a,b) は方程式

$$f_x(x,y) = f_y(x,y) = 0 \tag{1.21}$$

の解である．方程式 (1.21) の解を関数 $f(x,y)$ の臨界点，また解に対する $f(x,y)$ の値を臨界値と呼ぶことがある．臨界値は必ずしも極値ではないが，それらの中から極値を与える点 (a,b) を探すことができる．

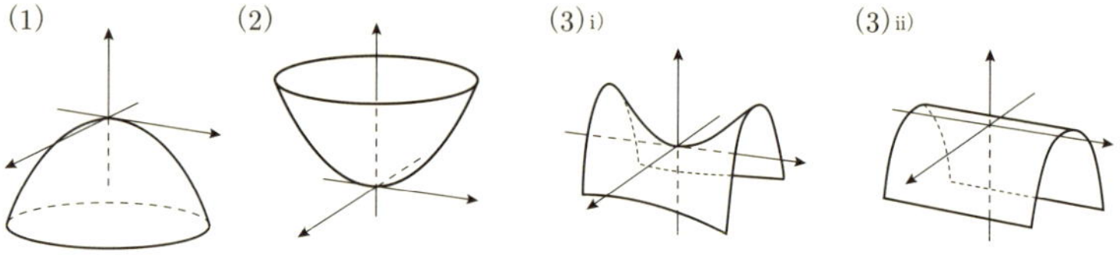

図 1.9　(1) 極大値，(2) 極小値，(3) i) 鞍点，ii) 判定には高次の項をみる必要がある

$f(x,y)$ は C^2 級であるとし，(a,b) が方程式 (1.21) の解（臨界点）であるとしよう．1 変数のときと同様に，テイラーの定理 (命題 1.13) を用いて

$$f(a+k,b+l) - f(a,b) = Q(k,l) + o(k^2+l^2) \tag{1.22}$$

と表し，点 (a,b) の近くでの関数 $f(x,y)$ の値を表す．ここで，

$$Q(k,l) = \frac{1}{2}\left\{f_{xx}(a,b)k^2 + 2f_{xy}(a,b)kl + f_{yy}(a,b)l^2\right\} \tag{1.23}$$

と定義する．ここで，原点に十分近い (k,l) のとき $o(k^2+l^2)$ は $Q(k,l)$ に比べて小さい値を取るので，$Q(k,l)$ が $f(a+k,b+l)-f(a,b)$ の振る舞いを決定する．そこで，次の 3 つの場合に分けて点 (a,b) の極大・極小を判定する:

$(k,l) \neq (0,0)$ が原点に十分近い値を動くとき

(1)　つねに $Q(k,l) < 0$ が成り立つならば点 (a,b) は極大値である．

(2)　つねに $Q(k,l) > 0$ が成り立つならば点 (a,b) は極小値である．

(3)　ある (k_0,l_0) について $Q(k_0,l_0) = 0$ となり，

　i)　$Q(k,l) > 0$, $Q(k,l) < 0$ どちらも起こるならば点 (a,b) は極値でない．

ii)　$Q(k,l) \geq 0$ または $Q(k,l) \leq 0$ のどちらかであるならば $o(k^2+l^2)$ の中身をさらに詳細に調べないと極大・極小の判定はできない．

(3) の i) が起こる場合，点 (a,b) は**鞍点**または**峠点**であるといわれる．

以下に $Q(k,l)$ の性質を詳しく調べることにしよう．その準備として，C^2 級関数 $f(x,y)$ に対し $f_{xx}(x,y)$, $f_{xy}(x,y) = f_{yx}(x,y)$, $f_{yy}(x,y)$ を成分にもつ 2×2 対称行列を

$$H_f := \begin{pmatrix} f_{xx} & f_{xy} \\ f_{yx} & f_{yy} \end{pmatrix}$$

と定義し，$f(x,y)$ の**ヘッセ (Hesse) 行列**と呼ぼう，また，その行列式 $|H_f|$ を**ヘッシアン (Hessian)** と呼ぶ．線型代数で実対称行列 $T = (t_{ij})$ について $Q(\boldsymbol{\xi}) = \frac{1}{2}\sum_{ij} t_{ij}\xi_i\xi_j$ (ξ_i は $\boldsymbol{\xi}$ の成分) なるものを考え，T の定める 2 次形式として学んでいるが，$Q(k,l)$ は，まさに $H_f(a,b)$ が定めるこの 2 次形式になっている．ここで，$H_f(a,b)$ は点 (a,b) で定めるヘッセ行列 H_f である．線型代数によると，「任意の実対称行列は実数の固有値をもち，また直交行列によって対角化される」．そこで，$H_f(a,b)$ の実固有値を λ_1, λ_2 とし直交行列 P を $H_f(a,b) = P\begin{pmatrix} \lambda_1 & 0 \\ 0 & \lambda_2 \end{pmatrix}{}^tP$ であるように取る．ここで，${}^tP\ (= P^{-1})$ は P の転置行列である．$Q(k,l)$ は

$$Q(k,l) = \frac{1}{2}(k,l)\begin{pmatrix} f_{xx}(a,b) & f_{xy}(a,b) \\ f_{yx}(a,b) & f_{yy}(a,b) \end{pmatrix}\begin{pmatrix} k \\ l \end{pmatrix} = \frac{1}{2}(k,l)H_f(a,b)\begin{pmatrix} k \\ l \end{pmatrix}$$

のように表されるので，結局 $Q(k,l) = \lambda_1 k'^2 + \lambda_2 l'^2$ と表される．ただし，$(k',l') = (k,l)P$ とする．この結果より，$Q(k,l)$ の性質は固有値 λ_1, λ_2 によって決められていることがわかる．極大・極小の判定条件 (1)～(3) はこの固有値によって場合分けされている．

補題 1.15　$(k,l) \neq (0,0)$ が動くとき，$Q(k,l)$ の値について次が成り立つ．

(1)　$|H_f(a,b)| > 0$ かつ $f_{xx}(a,b) > 0$ ならばつねに $Q(k,l) > 0$.

(2)　$|H_f(a,b)| > 0$ かつ $f_{xx}(a,b) < 0$ ならばつねに $Q(k,l) < 0$.

(3)　i)　$|H_f(a,b)| < 0$ ならば $Q(k,l) > 0, Q(k,l) < 0$ どちらも起こる．

ii)　$|H_f(a,b)| = 0$ ならば $Q(k,l) \geq 0$ または $Q(k,l) \leq 0$ が成り立ち，

また $Q(k,l)=0$ となる (k,l) が存在する．

(証明) (k,l) が原点以外を動くとき $(k',l')=(k,l)P$ で決める (k',l') も原点以外のすべての点を動き，また，$Q(k,l)=\lambda_1 k'^2+\lambda_2 l'^2$ と表される．λ_1,λ_2 はヘッセ行列 $H_f(a,b)$ の固有値で $|H_f(a,b)|=\lambda_1\lambda_2$ と表される．$|H_f(a,b)|<0$ ならば $\lambda_1,\lambda_2\neq 0$ であり互いに異符号である．したがって，$Q(k,l)=\lambda_1 k'^2+\lambda_2 l'^2$ について，$Q(k,l)>0, Q(k,l)<0$ どちらも起こり，これが (3) i) の場合である．また，$|H_f(a,b)|=0$ であるなら $\lambda_1=0$ または $\lambda_2=0$ であり，このときは (3) ii) が成り立つ．$|H_f(a,b)|>0$ のとき $\lambda_1,\lambda_2\neq 0$ は同符号であるが，これらは特性方程式 $|\lambda E-H_f(a,b)|=0$ の解であるから

$$\lambda_1+\lambda_2=f_{xx}(a,b)+f_{yy}(a,b), \qquad \lambda_1\lambda_2=f_{xx}(a,b)f_{yy}(a,b)-f_{xy}(a,b)^2$$

を満たす．第 2 式と $\lambda_1\lambda_2=|H_f(a,b)|>0$ から，$f_{xx}(a,b)$ と $f_{yy}(a,b)$ は同符号であることがわかる．第 1 式と合わせると，$f_{xx}(a,b)>0$ ならば $\lambda_1,\lambda_2>0$，$f_{xx}(a,b)<0$ ならば $\lambda_1,\lambda_2<0$ が結論され，$Q(k,l)=\lambda_1 k'^2+\lambda_2 l'^2$ について，(1),(2) が結論される． □

以上で極大・極小値の判定条件が得られたことになる．結果を次の定理に整理しておく．

定理 1.16 C^2 級の関数 $f(x,y)$ の極大・極小値は，方程式 $f_x(x,y)=f_y(x,y)=0$ の解 (a,b) で与えられ，$f(a,b)$ について次が成り立つ．

(1) $|H_f(a,b)|>0$ かつ $f_{xx}(a,b)<0$ ならば $f(a,b)$ は極大値.

(2) $|H_f(a,b)|>0$ かつ $f_{xx}(a,b)>0$ ならば $f(a,b)$ は極小値.

(3) i) $|H_f(a,b)|<0$ ならば鞍点で，$f(a,b)$ は極大・極小値ではない.

ii) $|H_f(a,b)|=0$ ならばさらに詳しく調べないと判定はできない.

例題 1.17 関数 $f(x,y)=x^3-3xy+y^3$ の極値を求めよ．

(解答) 方程式 $f_x=3x^2-3y=0, f_y=-3x+3y^2=0$ の解の中に極値は現れる．第 1 式と第 2 式から y を消去して $x-x^4=0$ が得られる．この方程式の実

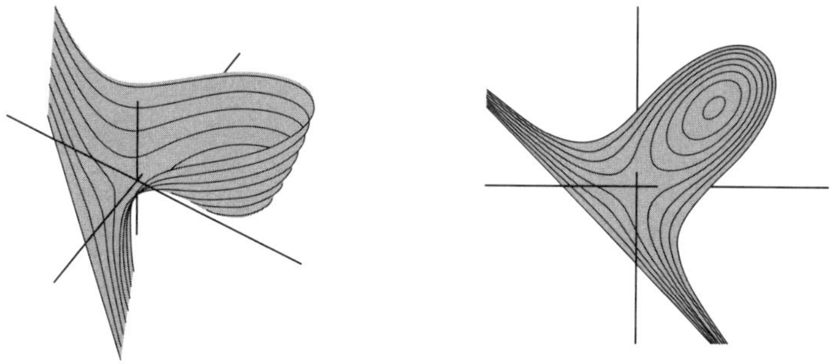

図 **1.10**　関数 $f(x,y)=x^3-3xy+y^3$ のグラフ
右は真上から見た図.

数解 $x=0,1$ それぞれに対応して，方程式の解 $(x,y)=(0,0),(1,1)$ が決まる．一方，ヘッセ行列は，$H_f=\begin{pmatrix} f_{xx} & f_{xy} \\ f_{yx} & f_{yy} \end{pmatrix}=\begin{pmatrix} 6x & -3 \\ -3 & 6y \end{pmatrix}$ と計算される．以下順に定理 1.16 に基づいて極大極小の判定を行う．

・解 $(x,y)=(0,0)$ では $|H_f(0,0)|=-9<0$．したがってこの解は鞍点を表す．
・解 $(x,y)=(1,1)$ では $|H_f(1,1)|=27>0$ であり，また $f_{xx}(1,1)>0$ である．したがって，この解は極小値 $f(1,1)=-1$ を与える．

以上より，点 $(1,1)$ において $f(x,y)$ は極小値 -1 を取りこの他に極値はない．$\square$

上の例題では，点 $(1,1)$ は極小値を与えるが，最小値にはならないことが，$f(-t,-t)\to-\infty\ (t\to+\infty)$ であることから容易にわかる．このように，極値が最大値または最小値となるかどうかを判定することは $f(x,y)$ の形に応じて個別に調べる必要がある．また関数の定義域を有界な閉領域で考えるならば，「有界閉領域上の連続関数には最大値および最小値が存在する」という事実と合わせると，最大値または最小値の判定ができる．

例題 1.18　$A\geq 1$ を定数とする関数

$$f(x,y)=(x^2-1)^2+2(x^2+1)(y^2-A)+(y^2-A)^2$$

の極値を調べよ．

(解答)　方程式 $f_x=4x(x^2+y^2-A-1)=0$, $f_y=4y(x^2+y^2-A+1)=0$ の解は，$x=0$ のとき $f_y=0$ から $y=0,\pm\sqrt{A-1}$．また，$x\neq 0$ のとき $f_x=0$ から $x^2+y^2=A+1$ となり，$f_y=0$ から $y=0$ が得られるので，$x=\pm\sqrt{A+1}$

と決まる．まとめると，

$$(x,y)=(0,0),\quad (0,\pm\sqrt{A-1}),\quad (\pm\sqrt{A+1},0)$$

となる．他方で，ヘッセ行列は $H_f=\begin{pmatrix} 4(3x^2+y^2-A-1) & 8xy \\ 8xy & 4(x^2+3y^2-A+1)\end{pmatrix}$ と計算される．定理 1.16 を用いて上の解を順に調べる．

<u>$A>1$ のとき</u>：

・解 $(0,0)$ では，$|H_f(0,0)|=16(A^2-1)>0$ かつ $f_{xx}(0,0)=-4(A+1)<0$ であるから，$(0,0)$ は極大値 $f(0,0)=(A-1)^2$ を与える．

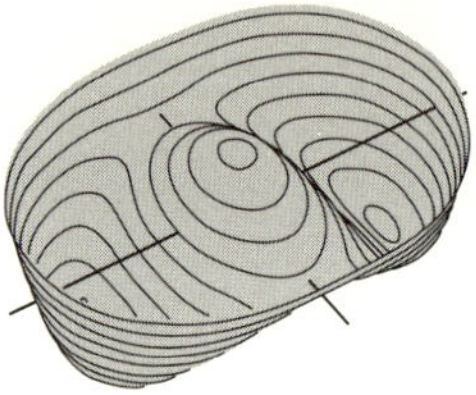

図 **1.11** $A>1$

・解 $(0,\pm\sqrt{A-1})$ では，$|H_f|=64(1-A)<0$ であるから，$(0,\pm\sqrt{A-1})$ は鞍点を与える．

・解 $(\pm\sqrt{A+1},0)$ では，$|H_f|=64(1+A)>0$ かつ $f_{xx}=8(1+A)>0$ であるから，$(\pm\sqrt{A+1},0)$ は極小値 $f(\pm\sqrt{A+1},0)=-4A$ を与える．

<u>$A=1$ のとき</u>： 解 $(\pm\sqrt{A+1},0)=(\pm\sqrt{2},0)$ は上と同様に極小値 $-4A=-4$ を与える．一方で，解 $(0,0)$ ではヘッセ行列は $H_f=\begin{pmatrix}-8 & 0\\ 0 & 0\end{pmatrix}$ となるので，定理 1.16 の (3) ii) の場合で定理からは何もいえない．しかし，今の場合テイラー展開 (1.22) の高次の項を容易に調べることができる．実際，

$$f(x,y)=-4x^2+x^4+2x^2y^2+y^4=-4x^2+(x^2+y^2)^2$$

と表されて，2 次の項は $-4x^2$ で図 1.9 の (3) ii) の形であるが，4 次の項がつねに正であり特に $f(0,y)=y^4>0$ であることがわかる．したがって，点 $(0,0)$ は鞍点であると結論される． □

上の例題 1.18 でみられるように，$H_f(a,b)=0$ であるような点 (a,b) が極値

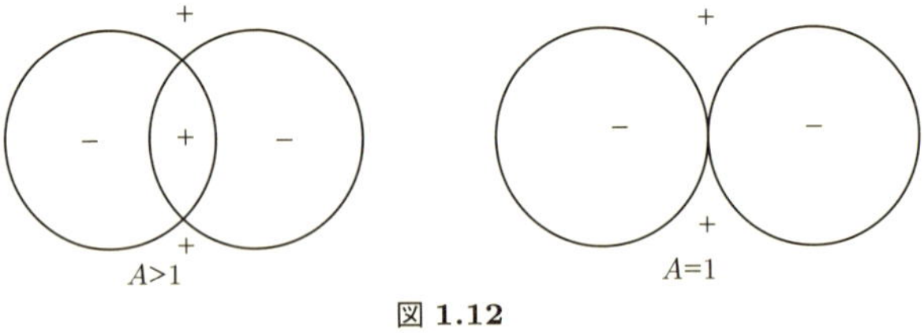

図 **1.12**
左図は図 1.11 のグラフに対応する．

かどうかの判定は関数 $f(x,y)$ の具体形に大きく依存する．例題の場合，因数分解 $f(x,y)=\{(x-1)^2+y^2-A\}\{(x+1)^2+y^2-A\}$ の形から，A の値に応じて極値が変化する様子を容易に理解することができる．

練習問題 1.3

1 $f(x,y)=e^{x-y}(x+y+1)$ について，これを命題 1.13 に従って原点の周りで 2 次までの多項式で近似せよ．

2 次の関数の極大・極小を調べよ．$(a,b>0)$

(1) $xy(x^2+y^2-1)$ (2) $x^3+y^2+2xy+y$ (3) $e^{-x-y}(ax^2+by^2)$

3 1 辺の長さを a,b,c とする三角形の面積 S は $S=\sqrt{s(s-a)(s-b)(s-c)}$ $(2s=a+b+c)$ と表される（ヘロンの公式）．周の長さ s が一定であるとき，面積を最大とする三角形はどのような三角形か．

章 末 問 題

1 $f(x,y)=\frac{x^2y}{x^4+y^2}$ $(x,y)\neq(0,0)$, $f(0,0)=0$ で定める関数 $f(x,y)$ について，原点で偏微分可能か，また原点で全微分可能か調べよ．

2 次の関数 $f(x,y,z)$ について，Δf を求めよ．

(1) $\log(x^2+y^2+z^2)$ (2) $\sqrt{x^2+y^2+z^2}$ (3) $\mathrm{Tan}^{-1}\frac{y+z}{x}$

3 $t>0$ で定義する関数 $u(x,t)=\frac{1}{2\pi t}e^{-\frac{x^2+y^2}{4t}}$ は，熱方程式 $\frac{\partial}{\partial t}u=\left(\frac{\partial^2}{\partial x^2}+\frac{\partial^2}{\partial y^2}\right)u$ を満たすことを示せ．

4 C^1 級関数 $f(x,y)$ について，「$\frac{\partial f}{\partial x}(x,y)=0$ ならば $f(x,y)=g(y)$ ($g(y)$ は C^1 級関数)」であることを平均値の定理を使って示せ．

5 C^1 級関数 $f(x,y)$，および C^2 級関数 $u(x,t)$ について次の事柄を示せ．

(1) $\frac{\partial f}{\partial x}(x,y)=\frac{\partial f}{\partial y}(x,y)$ ならば $f(x,y)=g(x+y)$ ($g(z)$ は C^1 級関数)

(2) $x\frac{\partial f}{\partial x}(x,y)=y\frac{\partial f}{\partial y}(x,y)$ ならば $f(x,y)=g(xy)$ ($g(z)$ は $z\neq0$ で C^1 級関数)

(3) $\left(\frac{\partial^2}{\partial x^2}-\frac{1}{c^2}\frac{\partial^2}{\partial t^2}\right)u(x,t)=0$ (c は定数) ならば $u(x,t)=f(x-ct)+g(x+ct)$ ($f(z),g(z)$ は C^2 級関数)

6 次の関数の極大値・極小値を求めよ．

(1) $x^3-9xy+y^3$ (2) $x^3+2x^2-1+xy^2$ (3) $x^4+y^4-2x^2+4xy-2y^2$

7 半径 r の円に内接する三角形の中で面積最大のものを求めよ．

8 体積が一定である直方体の内で，表面積が最小となるものを求めよ．

9 パラメータ s, t によって表された空間の直線 l_1 : $(1,1,-1)t+(-1,2,0)$, l_2 : $(1,2,-3)s+(-1,1,-1)$ について，l_1, l_2 の最短距離を求めよ．

10 放物曲面 $z=1-x^2-y^2$ の接平面と x, y, z 座標軸との交点を P,Q,R とする．原点 O を頂点にもつ四面体 OPQR について体積の最小値を求めよ．

第2章

多変数関数の積分

CHAPTER 2

1 変数関数の積分について復習した後，多変数 (2 変数) 関数の積分を定義する．実際に積分を計算する公式として累次積分の公式を導き，また変数変換に関する公式を導く．さらに，応用として大切なグリーンの定理やガウスの定理と呼ばれる積分定理の証明を行う．

2.1　1 変数関数の積分

区間 I 上の関数 $f(x)$ は，$x \in I$ に対する関数の値が有限の範囲に収まっているとき**有界**であると呼ばれる．ここでは，閉区間 $[a,b]$ 上で有界な関数 $f(x)$ の積分を一般的に定義し，特に $f(x)$ が連続関数であるときには区分求積法による定義に一致することをみる．

そこで，閉区間 $[a,b]$ の分割から始めよう．端点を $a_0 = a, a_n = b$ とし $a_0 < a_1 < \cdots < a_{n-1} < a_n$ を満たすような $n+1$ 個の数の列 $a_0, a_1, a_2, \cdots, a_n$ を区間 $[a,b]$ の分割と呼び

$$\triangle = \langle a_0, a_1, a_2, \cdots, a_n \rangle$$

と表す．このとき，$a_i - a_{i-1}$ $(1 \leq i \leq n)$ の最大値を分割の幅と呼び $|\triangle|$ と表す．また，各区間 $[a_{i-1}, a_i]$ を小区間と呼び $x = a_i$ を分割の分点と呼ぶ．

関数 $f(x)$ が $[a,b]$ 上で有界な関数であるとするとき，1 つの分割 $\triangle = \langle a_0, a_1, \cdots, a_n \rangle$ に対し，

$$s_\triangle(f) = \sum_{i=1}^{n} m_i(a_i - a_{i-1}), \qquad S_\triangle(f) = \sum_{i=1}^{n} M_i(a_i - a_{i-1}) \tag{2.1}$$

と定義し，それぞれ**下限和**, **上限和**と呼ぶ．ここで，m_i, M_i は

$$m_i = \inf\{\, f(x) \,|\, a_{i-1} \leq x \leq a_i \,\}, \qquad M_i = \sup\{\, f(x) \,|\, a_{i-1} \leq x \leq a_i \,\}$$

によって定める数である．ここで，inf, sup を用いたが，すぐに $f(x)$ が連続関数である場合に議論を制限するので，これらは順に min, max と置き換えて最小値, 最大値と理解して進んでも差し支えない．$f(x)$ が有界という一般的な仮定の下では，数の集合 $\{f(x) \,|\, a_{i-1} \leq x \leq a_i\}$ に最小値または最大値の存在が必ずしも保証されないためこれらの記号を用いているのである (sup, inf については巻末の参考文献を参照されたい).

$f(x)$ は有界であるとしているので，$m < f(x) < M$ $(a \leq x \leq b)$ であるような数 m, M が存在する．このとき，$s_\triangle(f), S_\triangle(f)$ の定義から不等式

$$m(b-a) < s_\triangle(f) \leq S_\triangle(f) < M(b-a)$$

がどのような分割 $\triangle$ に対しても成り立つ．このことから，可能な分割 $\triangle$ すべてを考えて，それら各々に対する和 $s_\triangle(f), S_\triangle(f)$ をすべて集めた数の集合, $\{\, s_\triangle(f) \,|\, \triangle：分割\}$, $\{\, S_\triangle(f) \,|\, \triangle：分割\}$ はともに有界であることがわかる．実数の性質に基づいて，有界な数の集合には必ず inf, sup が決まるので

$$s(f) = \sup\{\, s_\triangle(f) \,|\, \triangle : 分割\,\}, \qquad S(f) = \inf\{\, S_\triangle(f) \,|\, \triangle : 分割\,\}$$

と置いて，$s(f)$ を f の**下積分**，$S(f)$ を**上積分**と呼ぶ.

分割 $\triangle, \triangle'$ が与えられたとき，$\triangle \cup \triangle'$ を $\triangle, \triangle'$ の分点を合わせた集合を分点にもつような分割とする．このとき，定義から

$$s_\triangle(f) \leq s_{\triangle\cup\triangle'}(f) \leq S_{\triangle\cup\triangle'}(f) \leq S_{\triangle'}(f)$$

が成り立つ．したがって，任意の 2 つの分割 $\triangle, \triangle'$ について $s_\triangle(f) \leq S_{\triangle'}(f)$ がつねに成り立つことがわかる．さらに，この事実と $s(f), S(f)$ の定義 (sup, inf の性質) から $s(f) \leq S(f)$ である.

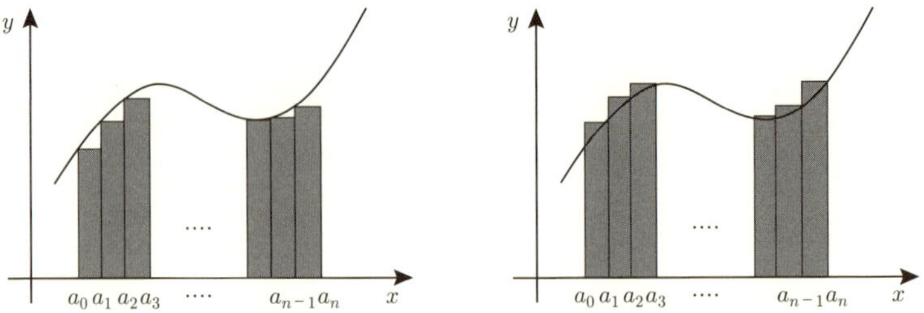

図 2.1 下限和 $s_\triangle(f)$ と上限和 $S_\triangle(f)$

定義 2.1　閉区間 $[a,b]$ 上で有界な関数 $f(x)$ について，下積分 $s(f)$ と上積分 $S(f)$ の値が一致するとき，$f(x)$ は $[a,b]$ 上で**積分可能**であるといい，その値を

$$\int_a^b f(x)\,dx \tag{2.2}$$

と書く．また，$s(f) \neq S(f)$ のとき積分不能という．

この定義は，有界な関数 $f(x)$ に対して一般に与えられていて，たとえば (1.1) のように，$[a,b]$ 上の有理数に対して 1 で，無理数に対しては 0 であるような関数についても定義を当てはめることができる．この場合，$s(f)=0$, $S(f)=b-a$ と決められるから積分不能である．

以下では，$f(x)$ が $[a,b]$ 上で連続関数である場合に議論を限って，上の定義が高等学校で学んだ区分求積法による定積分の定義に一致することを示す．そこで，**「閉区間 $[a,b]$ 上の連続関数は最大値および最小値をもつ」**という事実と，**「閉区間 $[a,b]$ 上の連続関数は一様連続である」**という 2 つの事実は認めて用いることにする．後者の一様連続という性質はなかなかイメージしづらいが，任意に $\varepsilon>0$ を定めるときに

$$x,y \in [a,b] \text{ が } |x-y|<\delta \text{ を満たすならばつねに } |f(x)-f(y)|<\varepsilon \tag{2.3}$$

となるような定数 $\delta=\delta_\varepsilon$ が存在することである．図 2.2 を眺めて，その意味を直観とともに理解されたい．

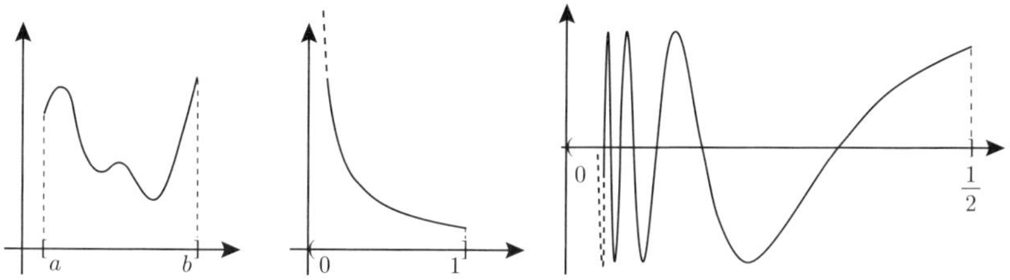

図 2.2　閉区間 $[a,b]$ 上の連続関数と，連続関数 $y=\frac{1}{x}$ $(0<x\leq 1)$ および $y=\sin\frac{1}{x}$ $(0<x\leq\frac{1}{2})$ 後者 2 つの場合，区間の端でグラフの傾きが ∞ または $\pm\infty$(確定しない) となり，その結果区間の端に近づくのに合わせて δ を小さく取らなくてはならないので，一様連続ではない．

定理 2.2　閉区間 $[a,b]$ 上の連続関数 $f(x)$ は積分可能である．また，積分の値は $\displaystyle\lim_{|\triangle|\to 0} s_\triangle(f) = \lim_{|\triangle|\to 0} S_\triangle(f)$ で与えられる．

(証明)　「$f(x)$ は閉区間 $[a,b]$ 上で連続であるから一様連続」であり，条件 (2.3) が満たされるような δ がある．そこで，分割 $\triangle = \langle a_0, a_1, \cdots, a_n \rangle$ を $|\triangle| < \delta$ を満たすように取る．このとき「$f(x)$ は連続関数であるから，各小区間 $[a_i, a_{i-1}]$ で最小値 $f(x_i)$ および最大値 $f(y_i)$ が存在」し，(2.3) より $|f(x_i) - f(y_i)| < \varepsilon$ が成り立つ．さらに，定義式 (2.1) における m_i, M_i はこの最小値, 最大値で与えられるので $m_i = f(x_i), M_i = f(y_i)$ である．したがって，不等式

$$|S_\triangle(f) - s_\triangle(f)| = \sum_{i=1}^{n} |f(y_i) - f(x_i)|(a_i - a_{i-1}) < \varepsilon(b-a)$$

を得る．ε はいくらでも小さく取れるので $S_\triangle(f) - s_\triangle(f) \to 0$ $(|\triangle| \to 0)$ である．他方で，$s(f), S(f)$ の定義から

$$s_\triangle(f) \le s(f) \le S(f) \le S_\triangle(f)$$

が成り立つ．これらを合わせて $s(f) = S(f)$ が結論され $f(x)$ は積分可能とわかる．また積分の値 $s(f)$ は $\lim_{|\triangle| \to 0} s_\triangle(f) = \lim_{|\triangle| \to 0} S_\triangle(f)$ で与えられる．　□

これまでの積分の定義が区分求積法による積分と一致することをみておこう．閉区間 $[a,b]$ の分割 $\triangle = \langle a_0, a_1, \cdots, a_n \rangle$ に対し，各小区間 $[a_{i-1}, a_i]$ の代表点 x_i を決めそれらの列を $\xi = \langle x_1, x_2, \cdots, x_n \rangle$ と表し代表点列と呼ぼう．このとき，分割 $\triangle$ とその代表点列 ξ に対し，**リーマン和**を

$$R_\triangle(f, \xi) = \sum_{i=1}^{n} f(x_i)(a_i - a_{i-1})$$

と定義すると，下積分，上積分の定義において $m_i \le f(x_i) \le M_i$ であるから

$$s_\triangle(f) \le R_\triangle(f, \xi) \le S_\triangle(f)$$

が成り立つ．したがって，定理 2.2 と合わせると次が結論される．

命題 2.3　閉区間 $[a,b]$ 上で連続な関数 $f(x)$ について，リーマン和は代表点列 ξ の取り方によらないで積分 (2.2) に収束する，

$$\lim_{|\triangle| \to 0} R_\triangle(f, \xi) = \int_a^b f(x)\, dx.$$

積分の基本的な諸性質については，すでに慣れ親しんでいるものと思われるので省略する．また，広義積分の定義についても省略することにする．必要に

応じて巻末の参考書などを参照されたい．

問 1 $[a,b]$ 上で有界な関数 $f(x)$ は，$x=c$ で不連続であるがそれ以外では連続であるとする．このとき，$f(x)$ は $[a,b]$ 上で積分可能で $\int_a^b f(x)dx = \lim_{\varepsilon\to 0}(\int_a^{c-\varepsilon} f(x)dx + \int_{c+\varepsilon}^b f(x)dx)$ が成り立つことを示せ．

練習問題 2.1

1 次の極限を求めよ．($a>0$ とする)

(1) $\lim\limits_{n\to\infty}\left(\dfrac{1}{n+1}+\dfrac{1}{n+2}+\cdots+\dfrac{1}{2n}\right)$ (2) $\lim\limits_{n\to\infty}\dfrac{1^{a-1}+2^{a-1}+\cdots+n^{a-1}}{n^a}$

2 $1\leq x<\infty$ で定義される関数 $f(x)$ は，単調減少かつ $f(x)\geq 0$ を満たすとする．このとき，$\sum\limits_{n=1}^{\infty} f(n)$ が存在することと $\lim\limits_{b\to\infty}\int_1^b f(x)dx$ が存在することは同値となることを示せ．

3 定積分 $I_n=\int_0^{\pi/2}(\sin x)^n dx=\int_0^{\pi/2}(\cos x)^n dx$ $(n=1,2,\cdots)$ について，

$$I_{2n}=\frac{(2n-1)!!}{(2n)!!}\frac{\pi}{2},\qquad I_{2n+1}=\frac{(2n)!!}{(2n+1)!!}$$

を示せ．ここで，$(2n)!!=2n\cdot(2n-2)\cdots 4\cdot 2$, $(2n-1)!!=(2n-1)\cdot(2n-3)\cdots 3\cdot 1$, また $0!!=1$ とする．

2.2 多変数関数の積分

前節で定義された 1 変数関数の積分にならって，多変数関数の積分を考えよう．議論を n 変数関数の場合に拡張することはそれほど困難を伴わないので，2 変数関数の場合を考えることにする．

2.2.1 長方形領域上の積分

1 変数関数の積分は閉区間 $[a,b]$ に対して定義されたが，これに対応する長方形 (閉) 領域上の関数 $f(x,y)$ については，1 変数関数の積分で行った議論がまったく同様に当てはまる．

閉区間の直積 $I_{[a,b]}\times I_{[c,d]}$ として書かれる xy 平面内の閉領域を長方形領域といい，E と表すことにしよう．すなわち

$$E = \{\,(x,y)\,|\,a \leq x \leq b\,,\; c \leq y \leq d\,\}$$

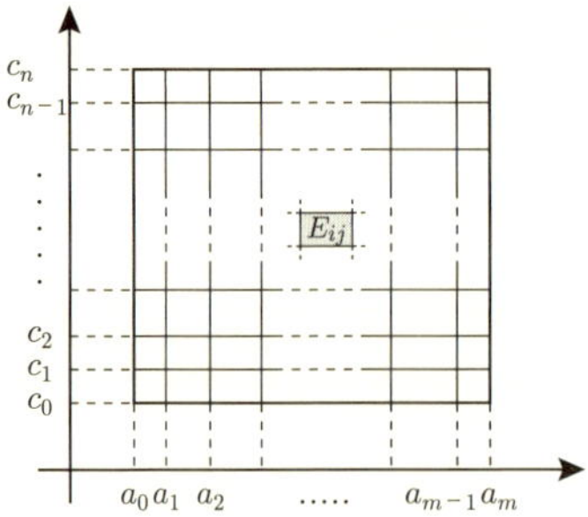

図 2.3

とする．区間 $[a,b]$ と区間 $[c,d]$ の分割をそれぞれ考えて，E の分割をそれらの対として

$$\triangle = (\langle a_0, a_1, \cdots, a_m\rangle, \langle c_0, c_1, \cdots, c_n\rangle)$$

と表す．また，ij 小方形 E_{ij} を $E_{ij} = \{\,(x,y)\,|\,a_{i-1} \leq x \leq a_i,\, c_{j-1} \leq y \leq c_j\,\}$ と定める．E および E_{ij} の面積を $|E|$, $|E_{ij}|$ と表す．小方形 $E_{ij}(1 \leq i \leq m,\, 1 \leq j \leq n)$ の対角線の長さのうち，最大の長さを分割の幅 $|E|$ とする．

1 変数関数のときとまったく同じように，E 上の有界な関数 $f(x,y)$ と分割 $\triangle$ に対し下限和，上限和をそれぞれ

$$s_\triangle(f) = \sum_{i=1}^{m}\sum_{j=1}^{n} m_{ij}(f)|E_{ij}|, \qquad S_\triangle(f) = \sum_{i=1}^{m}\sum_{j=1}^{n} M_{ij}(f)|E_{ij}| \tag{2.4}$$

と定める．ここで，

$$m_{ij}(f) = \inf\{f(x,y)\,|\,(x,y) \in E_{ij}\,\}\,,\quad M_{ij}(f) = \sup\{f(x,y)\,|\,(x,y) \in E_{ij}\,\}$$

である．ここで，$f(x,y)$ が有界であることから $m \leq f(x,y) \leq M$ がつねに成立するような定数 m, M が存在する．これより下限和・上限和について

$$m|E| \leq s_\triangle(f) \leq S_\triangle(f) \leq M|E|$$

がすべての分割 $\triangle$ に対して成立する．したがって，可能な分割 $\triangle$ すべてに対し $s_\triangle(f)$, $S_\triangle(f)$ を集めた数の集合 $\{\,s_\triangle(f)\,|\,\triangle : \text{分割}\}$, $\{\,S_\triangle(f)\,|\,\triangle : \text{分割}\}$ は有界となり，実数の性質に基づいて

$$s(f) = \sup\{\,s_\triangle(f)\,|\,\triangle : \text{分割}\,\}, \qquad S(f) = \inf\{\,S_\triangle(f)\,|\,\triangle : \text{分割}\,\}$$

という数が確定する．これらを順に**下積分**と**上積分**と呼ぶ．1 変数関数の場合と同様にして，任意の分割 $\triangle$, $\triangle'$ について $s_\triangle(f) \leq S_{\triangle'}(f)$ がつねに成り立つので，$s(f) \leq S(f)$ である．

定義 2.4 長方形領域 E 上で有界な関数 $f(x,y)$ について，下積分 $s(f)$ と上積

分 $S(f)$ の値が一致するとき，$f(x,y)$ は E 上で**積分可能**であるといい，その値を

$$\iint_E f(x,y)\,dxdy \tag{2.5}$$

と書き $f(x,y)$ の**重積分**という．また，$s(f) \neq S(f)$ のとき積分不能という．

1 変数のときと同様に，「有界な閉領域 E 上の連続関数 $f(x,y)$ は最大値および最小値をもつ」という事実と，「有界な閉領域 E 上の連続関数 $f(x,y)$ は一様連続である」いう事実を認めることにしよう．ここで，2 変数関数 $f(x,y)$ が E 上一様連続であるとは，任意に $\varepsilon > 0$ を定めるときに，2 点 $(x,y),(x',y') \in E$ が $\mathrm{dis}((x,y),(x',y')) < \delta$ を満たすならば，つねに

$$|f(x,y) - f(x',y')| < \varepsilon \tag{2.6}$$

が成り立つような定数 $\delta = \delta_\varepsilon$ が存在することである．この最大値・最小値に関する性質と一様連続性に関する性質を認めると，1 変数関数の場合と同様に次の定理が示される．証明は，定理 2.2 の証明に現れる記号を 2 変数関数に対して自明に書き換えればよいので，各自の演習に委ねることにする．

定理 2.5 長方形領域 E 上の連続関数 $f(x,y)$ は積分可能である．また，重積分の値は $\displaystyle\lim_{|\triangle|\to 0} s_\triangle(f) = \lim_{|\triangle|\to 0} S_\triangle(f)$ で与えられる．

リーマン和についても 1 変数関数の場合と同じようにしてに定義される．明示的に書き下すために，分割 $\triangle$ に対し各小方形 $E_{ij} = I_{[a_{i-1},a_i]} \times I_{[c_{j-1},c_j]}$ に含まれる代表点 (x_i, y_j) を取って代表点列を $\xi = \langle (x_i, y_j) \rangle_{1\le i\le m, 1\le j\le n}$ と表そう．$\triangle$ と代表点列 ξ に対しリーマン和 $R_\triangle(f,\xi)$ を

$$R_\triangle(f,\xi) = \sum_{i=1}^{m}\sum_{j=1}^{n} f(x_i, y_j)|E_{ij}|$$

と定める．定理 2.5 によって長方形領域 E 上で連続な関数は積分可能であることから，命題 2.3 と同様にして次が示される．

命題 2.6 長方形領域 E 上で連続な関数 $f(x,y)$ について，リーマン和は代表点列 ξ の取り方によらないで積分 (2.5) に収束する，

$$\lim_{|\triangle|\to 0} R_\triangle(f,\xi) = \iint_E f(x,y)\,dxdy.$$

以上が重積分の定義であるが，実際の重積分の計算には 1 変数関数の積分を順に行うことがなされる．このような積分を**累次積分**と呼んでいる．

命題 2.7 (累次積分の公式)　長方形領域 E 上で連続な関数 $f(x,y)$ は積分可能で，その重積分は

$$\iint_E f(x,y)\,dxdy = \int_c^d \left\{\int_a^b f(x,y)\,dx\right\} dy = \int_a^b \left\{\int_c^d f(x,y)\,dy\right\} dx$$

と計算される．

(証明)　累次積分による表示は，先に x について積分し次に y について積分するものと，先に y で次に x という 2 通りである．ここでは後者を取り上げて証明を与える．前者は単に縦横を入れ換えればよい．

まず $f(x,y)$ は 2 変数関数として連続であるから，x を固定して y の関数として閉区間 $[c,d]$ 上で連続関数である．したがって，定理 2.2 によって y について積分可能で

$$G(x) = \int_c^d f(x,y)\,dy$$

と表す．ここで，$G(x)$ が x について $[a,b]$ 上で連続であることが次のように示される．「有界な閉領域上の連続関数 $f(x,y)$ は一様連続である」という事実から，$f(x,y)$ は E 上で一様連続であり，任意の $\varepsilon>0$ に対し，条件 (2.6) を満たす $\delta=\delta_\varepsilon$ が存在する．したがって，$\mathrm{dis}((x,y),(x',y)) = |x-x'| < \delta$ である $x, x' \in [a,b]$ について $|f(x,y)-f(x',y)| < \varepsilon$ が成り立ち，

$$\begin{aligned}|G(x)-G(x')| &= \left|\int_c^d f(x,y)\,dy - \int_c^d f(x',y)\,dy\right| \\ &\leq \int_c^d \big|f(x,y)-f(x',y)\big|\,dy \leq \varepsilon(d-c)\end{aligned}$$

が成り立つ．すなわち $G(x)$ は閉区間 $[a,b]$ 上連続である．したがって，定理 2.2 より $G(x)$ は積分可能であり，また，積分の値は累次積分 $I = \int_a^b \left\{\int_c^d f(x,y)\,dy\right\} dx$

で表される．

さて，E の分割を $\triangle = (\langle a_0, a_1, \cdots, a_m\rangle, \langle c_0, c_1, \cdots, c_n\rangle)$ としよう．ここで，(2.4) 式に用いられた $m_{ij}(f), M_{ij}(f)$ の定義より，$(x_i, y) \in E_{ij}$ に対し $m_{i,j}(f) \leq f(x_i, y) \leq M_{i,j}(f)$ が成り立つ．これを小区間 $[c_{j-1}, c_j]$ で y について積分し，その後 $(a_i - a_{i-1})$ を掛けると不等式

$$m_{ij}(f)|E_{ij}| \leq (a_i - a_{i-1}) \int_{c_{j-1}}^{c_j} f(x_i, y)\, dy \leq M_{ij}(f)|E_{ij}| \tag{2.7}$$

が得られる．これを $\sum_{i=1}^{m} \sum_{j=1}^{n}$ によって足し加えると積分区間がつながって

$$s_\triangle(f) \leq \sum_{i=1}^{m} G(x_i)(a_i - a_{i-1}) \leq S_\triangle(f) \tag{2.8}$$

が得られる．$|\triangle| \to 0$ の極限を取るとき，定理 2.5 によって $s_\triangle(f), S_\triangle(f)$ は E 上の重積分に収束する．また，これらに挟まれた $G(x)$ のリーマン和は，累次積分 I に収束する．　□

例題 2.8　累次積分の公式を使って次の重積分を 2 通りに計算せよ．

$$(1) \quad \iint_{E_1} \frac{1}{(x+2y)^2} dxdy \qquad (2) \quad \iint_{E_2} x \sin(x+y) dxdy$$

ここで，$E_1 = [1,2] \times [1,3]$, $E_2 = [0,\pi] \times [0,\pi]$ とする．

(解答)　重積分を I と表すとき，(1) では

$$\begin{aligned} I &= \int_1^3 \left\{ \int_1^2 \frac{1}{(x+2y)^2} dx \right\} dy = \int_1^3 \left(\frac{1}{1+2y} - \frac{1}{2+2y} \right) dy = \frac{1}{2} \log \frac{7}{6} \\ &= \int_1^2 \left\{ \int_1^3 \frac{1}{(x+2y)^2} dy \right\} dx = \int_1^2 \frac{1}{2} \left(\frac{1}{x+2} - \frac{1}{x+6} \right) dx = \frac{1}{2} \log \frac{7}{6} \end{aligned}$$

同様に，(2) では

$$\begin{aligned} I &= \int_0^\pi \left\{ \int_0^\pi x\ \sin(x+y) dx \right\} dy = \int_0^\pi (\pi \cos y - 2 \sin y) dy = -4 \\ &= \int_0^\pi \left\{ \int_0^\pi x\ \sin(x+y) dy \right\} dx = \int_0^\pi (2x \cos x) dx = -4 \end{aligned}$$

のように計算できる．　□

累次積分の応用として次の例題が挙げられる．積分する関数がパラメータ a を含む場合に，そのパラメータに関する微分を考えることによって，類似する定積分の値を求めることができることを示すもので，便利なことが多い．

例題 2.9　$f(x,y)$ を C^1 級関数とするとき，定積分 $I(a)=\int_A^B f(x,a)dx$ は a に関して微分可能であり，

$$\frac{dI(a)}{da}=\int_A^B \frac{\partial f}{\partial y}(x,a)dx$$

が成り立つことを示せ．また，これを用いて定積分の公式

$$I_n=\int_{-\infty}^{\infty}\frac{1}{(x^2+1)^{n+1}}dx=\frac{(2n)!}{(2^n n!)^2}\pi \quad \left(=\frac{(2n-1)!!}{(2n)!!}\pi\right)$$

を導け．

(解答)　$f(x,y)$ は C^1 級であるから $f_y(x,y)$ は連続である．したがって，定積分 $G(y)=\int_A^B \frac{\partial f}{\partial y}(x,y)dx$ は存在する．このとき，命題 2.7 の証明で示されているように $G(y)$ は連続関数となる．よって $G(y)$ は積分可能であり，累次積分の公式を使うと

$$\int_{a_0}^{a} G(y)dy=\int_{a_0}^{a}\left\{\int_A^B \frac{\partial f}{\partial y}(x,y)dx\right\}dy=\int_A^B\left\{\int_{a_0}^{a}\frac{\partial f}{\partial y}(x,y)dy\right\}dx$$
$$=\int_A^B\left\{f(x,a)-f(x,a_0)\right\}dx=I(a)-I(a_0)$$

が得られる．ここで，左辺は a について微分可能であるから，したがって右辺の最後に現れる $I(a)$ も微分可能であり

$$\frac{dI(a)}{da}=\frac{d}{da}\int_{a_0}^{a} G(y)dy=G(a)=\int_A^B \frac{\partial f}{\partial y}(x,a)dx$$

が得られる．

$f(x,y)=\frac{1}{x^2+y}$, $A=-B$ の場合に結果を繰り返し当てはめると，

$$\frac{d^n}{da^n}\int_{-B}^{B} f(x,a)dx=\int_{-B}^{B}\frac{\partial^n f}{\partial y^n}(x,a)dx=\int_{-B}^{B}\frac{(-1)^n n!}{(x^2+a)^{n+1}}dx$$

が得られる．他方で，$\int_{-B}^{B}\frac{1}{x^2+a}dx=\frac{2}{\sqrt{a}}\mathrm{Tan}^{-1}\frac{B}{\sqrt{a}}$ であるので，

$$\lim_{B\to\infty}\frac{d^n}{da^n}\left(\frac{2}{\sqrt{a}}\mathrm{Tan}^{-1}\frac{B}{\sqrt{a}}\right)=\left(\frac{d^n}{da^n}\frac{1}{\sqrt{a}}\right)\pi=(-1)^n\frac{(2n-1)!!}{2^n}\frac{\pi}{a^{\frac{2n+1}{2}}}$$

が得られる．以上から

$$\int_{-\infty}^{\infty} \frac{1}{(x^2+1)^{n+1}}dx = \frac{(2n-1)!!}{2^n n!}\pi$$

が得られる．　□

2.2.2　一般領域上の積分

ここでは xy 平面上の一般の有界閉領域 D に対しその上での関数 $f(x,y)$ の重積分を議論しよう．十分大きな長方形領域に収まるものであれば，どのような形状の閉領域も有界な閉領域であるので議論が難しくなると想像される．しかし，この難しさは「面積確定な有界閉領域」という表現に押し込められ，前節と同様な議論が可能となる．

まず始めに，一般的に与えた積分の定義 2.4 は，閉領域に限らず xy 平面上の有界集合 D とその上の有界な関数 $f(x)$ についても，そのまま当てはまることをみておこう．そのために，有界集合 D を含んでしまう十分大きな長方形領域 E を選び，E 上の有界な関数を

$$f^*(x,y) = \begin{cases} f(x,y) & (x,y) \in D \\ 0 & (x,y) \notin D \end{cases} \tag{2.9}$$

と定めよう．

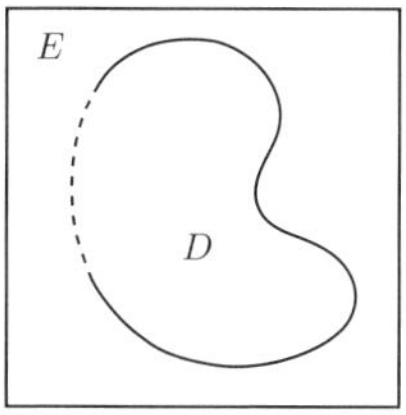

図 **2.4**

定義 2.10　有界集合 D とその上の有界な関数 $f(x,y)$ について，E 上の有界な関数 $f^*(x,y)$ が積分可能であるとき $f(x,y)$ は D 上で積分可能であるといい，その重積分の値を

$$\iint_D f(x,y)\,dxdy = \iint_E f^*(x,y)\,dxdy$$

と表す．

この定義が，十分大きな長方形領域 E の取り方によらないことは $f^*(x,y)$ の作り方から明らかである．

こうして前節と同様に積分の定義は極めて一般的になされるが，積分可能性を議論するときに，いくつか条件を課す必要が出てくる．なるべく弱い仮定の下で積分可能性を述べるのがよいが，ここでは「D は面積確定な有界閉領域」という条件と「f は D 上で連続」という 2 つの条件のもとで積分可能性を保証することにしよう．

そこで，xy 平面の有界な閉領域 D について，D 上で 1 という定数関数を考える．これに対する長方形領域 E 上の関数 1^* はしばしば φ_D と表される関数で，

$$\varphi_D(x,y) = \begin{cases} 1 & (x,y) \in D \\ 0 & (x,y) \notin D \end{cases}$$

を満たし，これを D の**特性関数**と呼ぶ．D を含む十分大きな長方形領域 E とその分割 $\triangle$ を取るとき，特性関数 φ_D の下限和・上限和を $s_\triangle(\varphi_D)$, $S_\triangle(\varphi_D)$ と表す．

定義 2.11 xy 平面の有界な閉領域 D について，

$$\lim_{|\triangle|\to 0} S_\triangle(\varphi_D) = \lim_{|\triangle|\to 0} s_\triangle(\varphi_D)$$

が成り立つとき，D は**面積確定**であるという．

これまでと同様に，「有界な閉領域上の連続関数 $f(x,y)$ は最大値および最小値をもつ」という事実と「有界な閉集合上の連続関数は一様連続である」という 2 つの事実を認めることにしよう．このとき，次の定理が示される．

定理 2.12 面積確定な有界閉領域 D 上の連続関数 $f(x,y)$ は D 上積分可能である．

(証明) D を含む十分大きな長方形領域 E を取る．$f(x,y)$ には最大値・最小値が存在するので，E 上の関数 f^* は有界で $|f^*(x,y)| \leq M$ とする M が存在する．E の分割 $\triangle$ を取るとき，f^* の下限和と上限和は定義より

$$
\begin{aligned}
s_\triangle(f^*) &= \sum_{E_{ij}\in E^0_\triangle} m_{ij}(f)|E_{ij}| + \sum_{E_{ij}\in E^*_\triangle} m_{ij}(f^*)|E_{ij}| \\
S_\triangle(f^*) &= \sum_{E_{ij}\in E^0_\triangle} M_{ij}(f)|E_{ij}| + \sum_{E_{ij}\in E^*_\triangle} M_{ij}(f^*)|E_{ij}|
\end{aligned}
\tag{2.10}
$$

と表される．ここで，D に含まれる小方形全体を $E^0_\triangle$ と表し，D に含まれないが D と空でない交わりをもつ小方形全体を $E^*_\triangle$ と表した．ここで，$m_{ij}(f) = \inf\{f(x,y)|(x,y)\in E_{ij}\}$ と定義されるが，閉領域 $E_{ij}(\subset D)$ 上で $f(x,y)$ は連続であるから E_{ij} 上での最小値 $f(x_i,y_j)$ に等しく $m_{ij}(f) = f(x_i,y_j)$ と表される．同様に $M_{ij}(f) = f(x'_i,y'_j)$ のように $E_{ij}(\subset D)$ 上での最大値で表される．また，$|m_{ij}(f^*)|, |M_{ij}(f^*)| \le M$ であることに注意すると

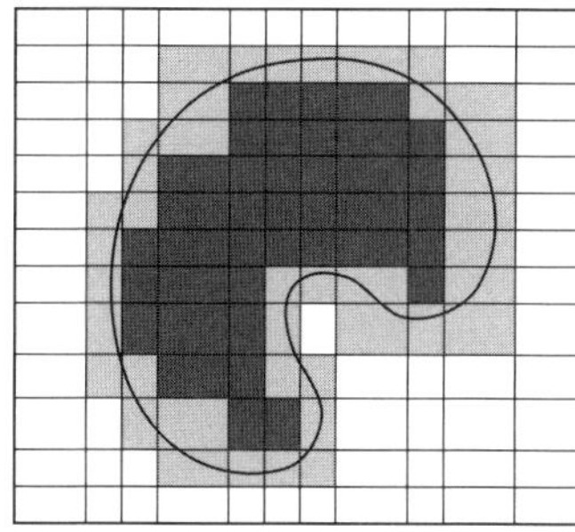

図 2.5　小方形の集合 $E^0_\triangle$(黒)，$E^*_\triangle$(灰)．

$$
|S_\triangle(f^*) - s_\triangle(f^*)| \le \sum_{E_{ij}\in E^0_\triangle} |f(x'_i,y'_j) - f(x_i,y_j)||E_{ij}| + 2M \sum_{E_{ij}\in E^*_\triangle} |E_{ij}|
$$

が得られる．

$f(x,y)$ は有界な閉領域 D 上で連続関数であるから一様連続である．したがって，任意の $\varepsilon > 0$ に対して，定数 δ を選んで $\mathrm{dis}((x,y),(x',y')) < \delta$ を満たす 2 点について $|f(x,y) - f(x',y')| < \varepsilon$ とすることができる．また，D は面積確定であるから $S_\triangle(\varphi_D) - s_\triangle(\varphi_D) = \sum_{E_{ij}\in E^*_\triangle} |E_{ij}| \to 0\ (|\triangle| \to 0)$ が成り立つ．

以上をまとめると，$|\triangle|$ を十分小さく (上の δ より小さくかつ $\sum_{E_{ij}\in E^*_\triangle} |E_{ij}| < \varepsilon$ となるように) 取れば

$$
|S_\triangle(f^*) - s_\triangle(f^*)| \le \varepsilon(|E| + 2M)
$$

となることがわかる．$\varepsilon > 0$ をいくら小さく取っても上の議論は成り立つので $S_\triangle(f^*) - s_\triangle(f^*) \to 0\ (|\triangle| \to 0)$ が結論される．ここで，不等式 $s_\triangle(f^*) \le s(f^*) \le S(f^*) \le S_\triangle(f^*)$ と合わせると，

$$
s(f^*) = S(f^*) = \lim_{|\triangle|\to 0} s_\triangle(f^*) = \lim_{|\triangle|\to 0} S_\triangle(f^*)
$$

が得られる．　□

具体的な 2 変数関数の積分では，連続関数 $\psi_1(x), \psi_2(x)$ で囲まれた閉領域

$$D = \{\,(x,y) \mid \alpha \le x \le \beta,\ \psi_1(x) \le y \le \psi_2(x)\,\} \tag{2.11}$$

のような形を取ることが多い $(\psi_1(x) \le \psi_2(x))$．このような閉領域は**縦線領域**と呼ばれる．ここで，x, y の役割を変えると同様に横線領域が定義される．縦線領域が面積確定でその面積が

$$S = \int_\alpha^\beta \{\psi_2(x) - \psi_1(x)\}\,dx$$

と表されることは面積公式として周知の事柄であるが，その証明を定義 2.11 に基づいて与えよう．

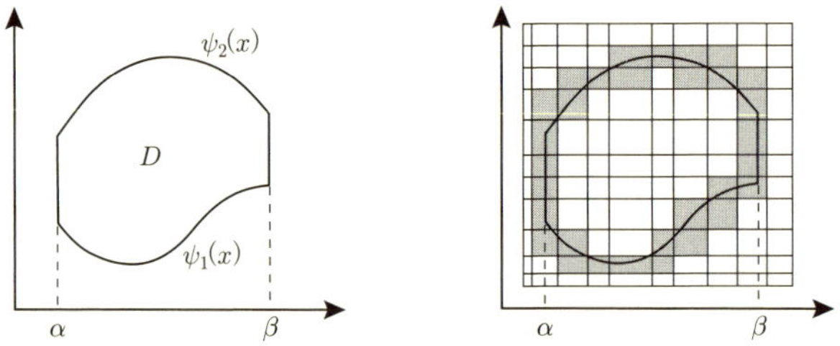

図 **2.6**　縦線領域 D とその分割

命題 2.13　縦線領域 D (2.11) は面積確定である．

(証明)　定義にしたがって，D を含む十分大きな長方形領域 $E = I_{[a,b]} \times I_{[c,d]}$ を取る．E の分割を $\triangle = (\triangle_1, \triangle_2)$ のように $[a,b]$ の分割 $\triangle_1 = \langle a_0, a_1, \cdots, a_m \rangle$ と，$[c,d]$ の分割 $\triangle_2$ で表すことにする．$\psi_1(x)$, $\psi_2(x)$ の定義域を区間 $[a,b]$ に拡げるときは $\psi_i^*(x) = \begin{cases} \psi_i(x) & (x \in [\alpha,\beta]) \\ 0 & (x \notin [\alpha,\beta]) \end{cases}$ と定めることにする．$\psi_1(x), \psi_2(x)$ は閉区間 $[\alpha,\beta]$ で連続であるから一様連続であり，任意に定める $\varepsilon > 0$ に対して $\delta = \delta_\varepsilon$ を選んで x, $x' \in [\alpha,\beta]$ について

$$|x - x'| < \delta \text{ ならば } |\psi_1(x) - \psi_1(x')|, |\psi_2(x) - \psi_2(x')| < \varepsilon$$

が成立するようにできる．そこで，分割 $\triangle=(\triangle_1,\triangle_2)$ を $|\triangle|\le\min\{\varepsilon,\delta_\varepsilon\}$ であるように取る．このとき，$\triangle_1$ の区間 $[a_{i-1},a_i]$ で $y=\psi_1^*(x)$ のグラフと交わるような小方形は高々 2 つであり，$y=\psi_2^*(x)$ についても同様である．このことに注意し，また下限和・上限和の定義を思い出すと

$$\begin{aligned}&s_{\triangle_1}(\psi_2^*)-S_{\triangle_1}(\psi_1^*)-2|\triangle_2|(\beta-\alpha)\\&\le s_\triangle(\varphi_D)\le S_\triangle(\varphi_D)\le\\&S_{\triangle_1}(\psi_2^*)-s_{\triangle_1}(\psi_1^*)+2|\triangle_2|(\beta-\alpha)\end{aligned}$$

が成立することがわかる (図 2.6 参照)．さて，$|\triangle_1|,|\triangle_2|\le|\triangle|$ であるから，$\varepsilon\to0$ とするとき $|\triangle|,|\triangle_1|,|\triangle_2|\to0$ である．また，ψ_1^*,ψ_2^* は $x=\alpha,\beta$ を除いて連続関数で積分可能であるから，このとき $s_{\triangle_1}(\psi_2^*)-S_{\triangle_1}(\psi_1^*)$, $S_{\triangle_1}(\psi_2^*)-s_{\triangle_1}(\psi_1^*)$ はともに積分 $\int_a^b\{\psi_2^*(x)-\psi_1^*(x)\}dx=\int_\alpha^\beta\{\psi_2(x)-\psi_1(x)\}dx$ に収束する（2.1 節問 1 参照）．したがって

$$\lim_{|\triangle|\to0}s_\triangle(\varphi_D)=\lim_{|\triangle|\to0}S_\triangle(\varphi_D)=\int_\alpha^\beta\Big\{\psi_2(x)-\psi_1(x)\Big\}dx$$

が得られる．□

命題 2.14 (累次積分の公式)　(2.11) 式で定める縦線領域 D 上で連続な関数 $f(x,y)$ は積分可能で，その値は

$$\iint_D f(x,y)\,dxdy=\int_\alpha^\beta\left\{\int_{\psi_1(x)}^{\psi_2(x)}f(x,y)dy\right\}dx \tag{2.12}$$

で与えられる．

(証明)　定義に従って，D を含む十分大きな長方形領域 $E=I_{[a,b]}\times I_{[c,d]}$ を取り $\iint_E f^*(x,y)dxdy$ を調べる．

x を固定して $G(x)=\int_c^d f^*(x,y)dy$ と定めるとき，

$$G(x)=\int_c^d f^*(x,y)\,dy=\int_{\psi_1(x)}^{\psi_2(x)}f(x,y)\,dy$$

が $x\in[\alpha,\beta]$ に対し成り立ち (問 1 参照)，それ以外では $G(x)=0$ となる．そこで，x,x' $(\alpha\le x,x'\le\beta)$ について

$$\begin{aligned} G(x)-G(x') &= \int_{\psi_1(x)}^{\psi_2(x)} \{f(x,y)-f(x',y)\}dy \\ &\quad + \int_{\psi_2(x')}^{\psi_2(x)} f(x',y)dy - \int_{\psi_1(x')}^{\psi_1(x)} f(x',y)dy \end{aligned} \tag{2.13}$$

と表されることを用いると，命題 2.7 の証明と同様にして $G(x)$ が $[\alpha,\beta]$ 上で連続関数であることが示される (問 2)．したがって，$G(x)$ は $[\alpha,\beta]$ 上で積分可能な関数である．$[a,b]$ 上での積分は (問 1 の性質によって)，$\int_a^b G(x)dx = \int_\alpha^\beta G(x)dx$ となって (2.12) 式の右辺で表される．

他方で，$[a,b]$ の分割 $\triangle_1$，$[c,d]$ の分割 $\triangle_2$ によって E の分割を $\triangle = (\triangle_1, \triangle_2)$ と与える．また，$\triangle_1 = \langle a_0, a_1, \cdots, a_m \rangle$ とし，その代表点列を $\xi = \langle x_1, x_2, \cdots, x_m \rangle$ とする．x_i を固定して y に関する積分を考えると，式 (2.7),(2.8) にならって E 上の関数 $f^*(x,y)$ について

$$s_\triangle(f^*) \leq \sum_{i=1}^m G(x_i)(a_i - a_{i-1}) \leq S_\triangle(f^*)$$

が示される．定理 2.12 および命題 2.13 によって $|\triangle| \to 0$ のとき $s_\triangle(f^*), S_\triangle(f^*) \to \iint_E f^*(x,y)dxdy = \iint_D f(x,y)dxdy$ である．また下限和・上限和に挟まれたリーマン和は $\int_a^b G(x)dx$ に収束するので証明が終了する． □

問 2　(2.13) 式を用いて，$G(x)$ が閉区間 $[\alpha,\beta]$ 上で連続であることを示せ．

例題 2.15　重積分 $I = \iint_D f(x,y)dxdy$ について，領域 D を縦線領域および横線領域として表しそれぞれについて累次積分として表せ．

(1) D を放物線 $y = x^2$, 直線 $x = 1$ および x 軸で囲まれた領域とするとき．

(2) D を曲線 $xy = 1$ と 2 直線 $y = x$，$x = 3$ で囲まれた領域とするとき．

(解答)　領域 D を図示しつつ不等式で表現するとわかりやすい．

(1) の場合，D を縦線領域に表す不等式とそれに対する累次積分は

$$\begin{aligned} D &= \{(x,y) \mid 0 \leq x \leq 1,\ 0 \leq y \leq x^2\}, \\ I &= \int_0^1 \Big\{ \int_0^{x^2} f(x,y)dy \Big\} dx \end{aligned}$$

と表される．これを，横線領域で書き直すと

$$D \;=\; \{(x,y) \mid 0 \le y \le 1, \sqrt{y} \le x \le 1\,\},$$
$$I \;=\; \int_0^1 \Big\{ \int_{\sqrt{y}}^1 f(x,y)dx \Big\} dy$$

のようになる．

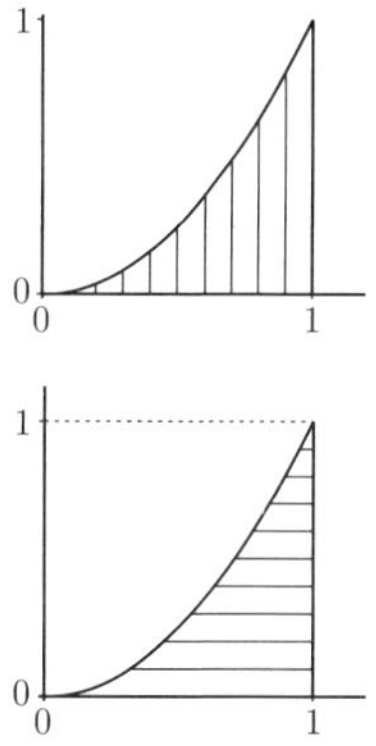

図 **2.7**

(2) の場合も同様に考えればよい．D を縦線領域に表す不等式とそれに対する累次積分は

$$D \;=\; \{(x,y) \mid 1 \le x \le 3,\ \frac{1}{x} \le y \le x\,\}$$
$$I \;=\; \int_1^3 \Big\{ \int_{\frac{1}{x}}^x f(x,y)dy \Big\} dx$$

と表される．一方，横線領域に表すには D を 2 つの部分に分ける必要が生じるが (略)，それを反映した累次積分の表式は

$$I = \int_{\frac{1}{3}}^1 \Big\{ \int_{\frac{1}{y}}^3 f(x,y)dx \Big\} dy + \int_1^3 \Big\{ \int_y^3 f(x,y)dx \Big\} dy$$

となる．□

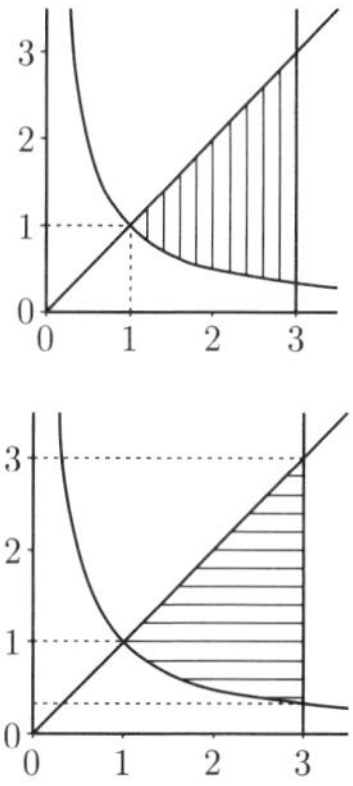

図 **2.8**

例題 2.16　次の積分の値を求めよ．

$$I = \int_0^1 \Big\{ \int_0^{1-x^2} x e^{(1-y)^2} dy \Big\} dx$$

(解答)　最初に現れる変数 y に関する積分は，(統計学などでお馴染みの) ガウス積分と呼ばれるもので有限区間の積分を初等関数で表すことはできない．そこで，積分区間から縦線領域

$$D = \{(x,y) \mid 0 \le x \le 1,\ 0 \le y \le 1 - x^2\,\}$$

を読みとって，積分を D 上の重積分とみる．D を横線領域に表すと

$$I = \int_0^1 \Big\{ \int_0^{\sqrt{1-y}} x e^{(1-y)^2} dx \Big\} dy = \int_0^1 \frac{1}{2}(1-y) e^{(1-y)^2} dy = \frac{1}{4}(e-1)$$

のように積分は実行できる．□

練習問題 2.2

1 次の累次積分について積分順序を入れ換えよ．

(1) $\displaystyle\int_0^1\left\{\int_0^{-x^2+2x} f(x,y)dy\right\}dx$ (2) $\displaystyle\int_0^1\left\{\int_{-x}^{\sqrt{x}} f(x,y)dy\right\}dx$

(3) $\displaystyle\int_1^2\left\{\int_0^{\log x} f(x,y)dy\right\}dx$ (4) $\displaystyle\int_{-\pi/4}^{\pi/4}\left\{\int_{|\tan x|}^{1} f(x,y)dy\right\}dx$

2 次の積分領域を D とする重積分を計算せよ．($a>0$ とする)

(1) $\displaystyle\iint_D (x-y)e^{-x^2+2xy}\,dxdy$ $\quad D=\{(x,y)|0\le x\le 1,\ 0\le y\le 1\}$

(2) $\displaystyle\iint_D xy\,dxdy$ $\quad D=\{(x,y)|x\ge 0, y\ge 0,\ x^2+y^2\le 4\}$

(3) $\displaystyle\iint_D (x^2+2y)\,dxdy$ $\quad D=\{(x,y)|0\le x\le 2,\ x\le y\le x^2+1\}$

(4) $\displaystyle\iint_D xy\,dxdy$ $\quad D=\{(x,y)|x\ge 0,\ y\ge 0,\ x+y\le a\}$

(5) $\displaystyle\iiint_D xyz\,dxdydz$ $\quad D=\{(x,y,z)|\,x\ge 0, y\ge 0,\ z\ge 0,\ x+y+z\le a\}$

3 定積分 $\int_{-\infty}^{\infty} e^{-x^2}dx=\sqrt{\pi}$ である (後述の例題 2.18) ことを用いて，a を正の定数とするときの積分 $I_n=\int_{-\infty}^{\infty} x^n e^{-ax^2}dx$ $(n=0,1,2,3\cdots)$ の値を求めよ．

2.3 変数変換の公式

1 変数の積分に関する積分変数の変換公式は，変数 x を変数 u で表す変換の関係式 $x=x(u)$ の下で

$$\int_a^b f(x)dx=\int_{u_a}^{u_b} f(x(u))\frac{dx}{du}du=\int_{u_1}^{u_2} f(x(u))\left|\frac{dx}{du}\right|du \tag{2.14}$$

と表された．ここで関係式 $x=x(u)$ は微分可能で，区間 $[u_1,u_2]$ を区間 $[a,b]$ に 1 対 1 に対応させるものである．また，$u_1\le u_2$ は $a=x(u_a), b=x(u_b)$ で定められる u_a, u_b を大小の順に並べたものである．たとえば，$\int_1^4 xdx$ を関係式 $x=u^2$ を用いて，区間 $[-2,-1]$ 上の積分で表してみるとよい．

上の公式を 2 変数関数の積分に拡張することを考えよう．そこで，uv 平面の座標 (u,v) と xy 平面の座標 (x,y) を結びつける関係式 $x=x(u,v), y=y(u,v)$ が u,v の関数として C^1 級で，「局所的に」1 対 1 の写像 T を定め，さらに逆の関係式 $u=u(x,y), v=v(x,y)$ が x,y の関数として C^1 級であるような状況を

考えよう．ここで，「局所的に」1 対 1 とは uv 平面のある領域 R と xy 平面のある領域 D に限れば対応が 1 対 1 になることを意味する (1 変数の場合の例として上で登場した $x=u^2$ などを考えると理解の助けとなるであろう)．このような 3 つの条件を満たす関係式を，**座標変換**といい

$$T:\begin{cases} x=x(u,v) \\ y=y(u,v) \end{cases} \qquad \text{または} \quad T:\ x=x(u,v),\ y=y(u,v)$$

と表し，座標変換 T に伴う関数行列式 (1.13) を $J_T(u,v)$ と書くことにする．したがって，関数行列式に関する次の 3 つの記号はすべて同じものを表す：

$$J_T(u,v)=\frac{\partial(x,y)}{\partial(u,v)}=\begin{vmatrix} \frac{\partial x}{\partial u} & \frac{\partial x}{\partial v} \\ \frac{\partial y}{\partial u} & \frac{\partial y}{\partial v} \end{vmatrix}.$$

1 変数関数の積分変数の変換公式 (2.14) は，2 変数関数の積分に次のように拡張される．

定理 2.17　$f(x,y)$ は面積確定な有界閉領域 D 上で連続な関数とする．座標変換 $T: x=x(u,v), y=y(u,v)$ によって，uv 平面の閉領域 R と D が 1 対 1 に対応し，R 上で $J_T(u,v)\neq 0$ とすると

$$\iint_D f(x,y)\,dxdy=\iint_R f(x(u,v),y(u,v))\,|J_T(u,v)|\,dudv \tag{2.15}$$

が成り立つ．

以下に，3 つの手順を踏んでこの定理の証明を行おう．

(1) D が縦線領域で R が長方形領域のとき：　有界な閉領域 D が縦線領域

$$D=\{\,(x,y)\,|\,a\leq x\leq b,\ \psi_1(x)\leq y\leq \psi_2(x)\}$$

として表され，これが各 $u(a\leq u\leq b)$ ごとに定める y の座標変換

$$T: x=u\,,\ y=y(u,v)$$

によって長方形領域 $R=I_{[a,b]}\times I_{[c,d]}$ と 1 対 1 に対応したとする．

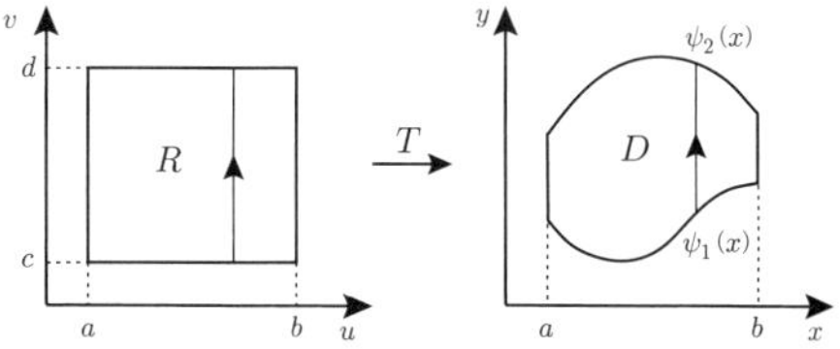

図 2.9

ここで，R 上で $J_T(u,v)=\frac{\partial y}{\partial v}\neq 0$ と仮定するので，ここでは各 u に対し $\frac{\partial y}{\partial v}>0$ の場合を考える．この場合 u を固定すると $y(u,v)$ は v に関し単調増加なので，$y(u,c)=\psi_1(u)$, $y(u,d)=\psi_2(u)$ が成り立つ ($\frac{\partial y}{\partial v}<0$ の場合は ψ_1,ψ_2 が入れ替わる)．以上の関係式を基に，(2.15) 式の左辺を累次積分の公式 (命題 2.14) で表し，u をパラメータとみなして $y=y(u,v)$ に変換公式 (2.14) を当てはめると

$$\int_a^b\left\{\int_{\psi_1(x)}^{\psi_2(x)}f(x,y)dy\right\}dx=\int_a^b\left\{\int_c^d f(u,y(u,v))\frac{\partial y}{\partial v}dv\right\}du$$

が得られる．ここで，累次積分の公式 (命題 2.7) を用いると (2.15) 式の右辺を得る．

(2) R が長方形領域で $\frac{\partial x}{\partial u}\frac{\partial y}{\partial v}\neq 0$ のとき： 条件より，$\frac{\partial y}{\partial v}\neq 0$. これより，$y=y(u,v)$ は u を固定するとき v に関して単調増加または単調減少となり，$v=h(u,y)$ のように v について解けて，恒等式 $v\equiv h(u,y(u,v))$ が成り立つ．この関数を使って座標変換を

$$T_1:\begin{cases}\xi=u\\ \eta=y(u,v)\end{cases},\qquad T_2:\begin{cases}x=x(\xi,h(\xi,\eta))\\ y=\eta\end{cases}$$

と定めると，$T=T_2\circ T_1$ である．実際，T_1 の関係式 $\xi=u,\eta=y(u,v)$ を T_2 へ代入すると $x=x(u,h(u,y))=x(u,v)$, $y=\eta=y(u,v)$ となって座標変換 T が得られる．T は 1 対 1 に領域を移すから，T_1,T_2 も 1 対 1 である．また，$J_T=J_{T_1}J_{T_2}\neq 0$ であるから J_{T_1},J_{T_2} はどちらも 0 にならない．

T_1 は (1) の座標変換の形をしており，uv 平面の長方形領域 R を $\xi\eta$ 平面の縦線領域 R' に移し，これに対しては (1) の結果が当てはまる．T_2 は長方形領域を横線領域に移し，その部分については (1) の結果が当てはまる (図 2.10)．そこで，R' を含む長方形領域 E を取り，E の分割 $\triangle$ を考えよう．このとき，R' に含まれる小方形全体を $E^0_\triangle$, R' と空でない交わりをもつが R' には含まれない小

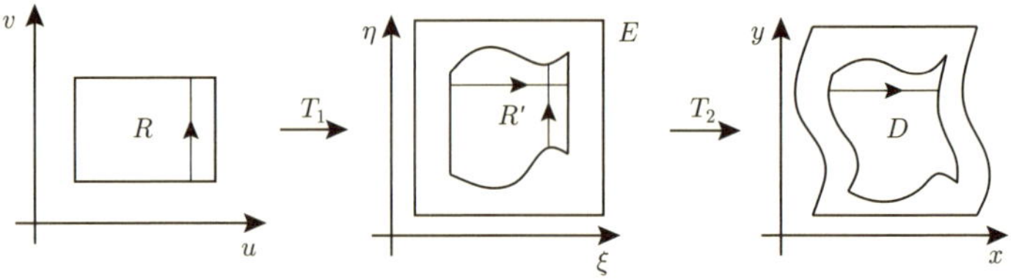

図 2.10

方形全体を $E^*_\triangle$ と表す．積分領域を小方形に分けて考え，$E_{ij} \in E^0_\triangle$ については (1) の結果が使えることを用いると

$$\begin{aligned}&\left|\iint_D f(x,y)\,dxdy - \iint_{R'} F(\xi,\eta)|J_{T_2}|d\xi d\eta\right| \\ &\quad = \sum_{E_{ij}\in E^*_\triangle}\left|\iint_{T_2(E_{ij})} f^*(x,y)dxdy - \iint_{E_{ij}} F^*(\xi,\eta)|J_{T_2}|d\xi d\eta\right|\end{aligned} \tag{2.16}$$

が得られる．ここで，$F(\xi,\eta) = f(x(\xi,\eta), y(\xi,\eta))$ を表し，F^*, f^* はそれぞれ，R' 上の関数 F の長方形領域 E への 0 による拡張，$D = T_2(R')$ 上の関数 f の領域 $T_2(E)$ への 0 による拡張を表す (式 (2.9) 参照)．$f(x,y)$ は有界閉領域 D で連続なので最大値・最小値があり，したがって有界である．また，$F(\xi,\eta)$ も，D に対応する R' 上で連続なので有界となる．よって，それぞれの定義域で $|f^*(x,y)| < M, |F^*(\xi,\eta)| < M$ となるような定数 M が存在する．これを用いて，

$$(2.16)\text{ 右辺} \le \sum_{E_{ij}\in E^*_\triangle} M\left(\iint_{T_2(E_{ij})} dxdy + \iint_{E_{ij}} |J_{T_2}|d\xi d\eta\right) \tag{2.17}$$

$E_{ij} \in E^*_\triangle$ に対しては，長方形領域 E_{ij} と横線領域 $T_2(E_{ij})$ が 1 対 1 に対応するかどうかわからないが，仮定より R' 上で $J_{T_2} \neq 0$ であるので，E_{ij} が十分小さくなるように分割を取れば，E_{ij} 内の点は R' に十分近くなり，E_{ij} 上で $J_{T_2} \neq 0$ であるようにできる．後に示す逆関数定理 (定理 3.2) によって，条件 $J_{T_2} \neq 0$ が満たされるとき，T_2 は長方形領域 E_{ij} を横線領域 $T_2(E_{ij})$ に 1 対 1 に対応することがわかるので，ここではこれを認めることにする．このとき (1) を当てはめることができて，

$$(2.17)\text{ 右辺} = 2M\sum_{E_{ij}\in E^*_\triangle}\iint_{E_{ij}} |J_{T_2}|d\xi d\eta \;\le\; 2Mm_J\sum_{E_{ij}\in E^*_\triangle}|E_{ij}|$$

が得られる．ここで，長方形領域 E 上で連続な関数 $|J_{T_2}(\xi,\eta)|$ の最大値を m_J と表した．R' は縦線領域で面積確定である (命題 2.13) ので，$\sum_{E_{ij}\in E^*_\triangle}|E_{ij}| \to 0$ $(|\triangle| \to 0)$ が結論され，(2.16) 式左辺が 0 であることがわかる．T_1 に (1) の結果を用いると，

$$\begin{aligned}\iint_D f(x,y)\,dxdy &= \iint_{R'} F(\xi,\eta)|J_{T_2}|d\xi d\eta \\ &= \iint_R f(x(u,v),y(u,v))|J_{T_2}||J_{T_1}|dudv\end{aligned}$$

が得られ，$T = T_2 \circ T_1$ の関数行列式について $|J_T| = |J_{T_2}J_{T_1}| = |J_{T_2}||J_{T_1}|$ が成り立つことから (2.15) が得られる．

(3) R が一般の領域で $J_T \neq 0$ のとき：　$J_T(u,v) = \frac{\partial x}{\partial u}\frac{\partial y}{\partial v} - \frac{\partial y}{\partial u}\frac{\partial x}{\partial v} \neq 0$ であるから，$\frac{\partial x}{\partial u}\frac{\partial y}{\partial v}$, $\frac{\partial x}{\partial v}\frac{\partial y}{\partial u}$ が同時に 0 となることはない．そこで，R を含む長方形領域 E を取り，その分割 $\triangle$ を考える．小方形 E_{ij} の集合 $E^0_\triangle, E^*_\triangle$ を (2) と同様に定義する．このとき，$\frac{\partial x}{\partial u}\frac{\partial y}{\partial v}$, $\frac{\partial y}{\partial u}\frac{\partial x}{\partial v}$ は連続関数であるから，$|\triangle|$ を十分小さく取って各 $E_{ij} \in E^0_\triangle$ 上で，どちらかが 0 とならないようにすることができる．このとき，各小方形 $E_{ij} \in E^0_\triangle$ について (2) の結果を用いることができるので (2.16) に対応して

$$\begin{aligned}&\left|\iint_D f(x,y)\,dxdy - \iint_R f(x(u,v),y(u,v))|J_T|dudv\right| \\ &= \sum_{E_{ij}\in E^*_\triangle} \left|\iint_{T(E_{ij})} f^*(x,y)dxdy - \iint_{E_{ij}} f^*(x(u,v),y(u,v))|J_T|dudv\right|\end{aligned}$$

が得られる．$|\triangle| \to 0$ のとき右辺が 0 に収束することが (2) と同様にして示されるので，左辺が 0 であることがわかる．

以上によって，定理 2.17 が示された．　□

平面の領域 D 上の重積分を極座標で表すことがしばしば行われるが，その変数変換には極座標の定義 (1.14) から得られる関係式

$$dxdy = \left|\frac{\partial(x,y)}{\partial(r,\theta)}\right| dr\,d\theta = r\,dr\,d\theta$$

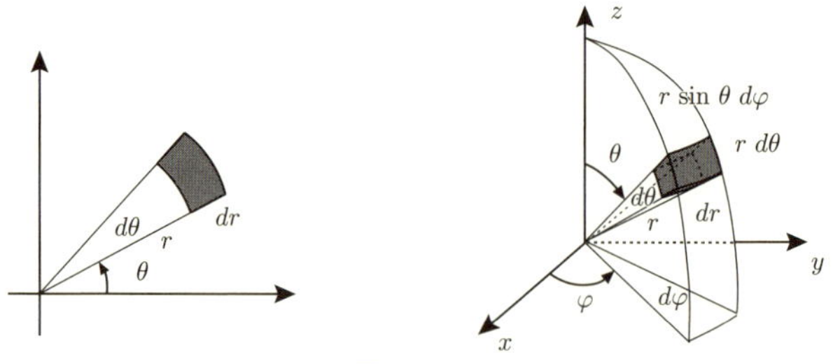

図 2.11

を定理 2.17 で用いればよい．同様に空間の極座標についても

$$dxdydz = \left|\frac{\partial(x,y,z)}{\partial(r,\theta,\varphi)}\right| dr\,d\theta\,d\varphi = r^2\sin\theta\,dr\,d\theta\,d\varphi$$

を用いればよい．これらの式は，図 2.11 に描かれた図形的な意味とともに公式として記憶しておくべきである．

例題 2.18　重積分 $I(D) = \iint_D e^{-x^2-y^2}dxdy$ を極座標で表し，積分公式

$$\int_{-\infty}^{\infty} e^{-x^2}dx = \sqrt{\pi}$$

を示せ．

(解答)　積分領域 D として次の正方形領域および円板領域を考える ($R>0$)．

$$\begin{aligned} E_R &= \{(x,y)\mid -R \le x, y \le R\} \\ S_R &= \{(x,y)\mid x^2+y^2 \le R\} \end{aligned} \tag{2.18}$$

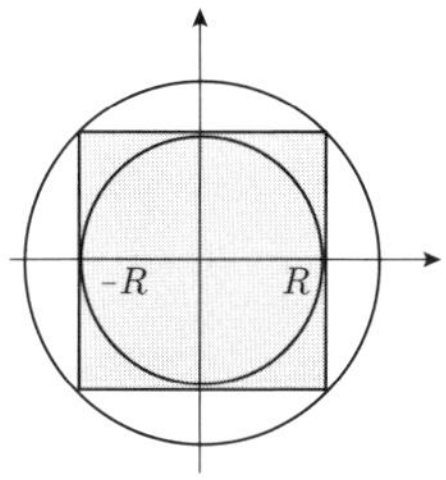

図 **2.12**

このとき，被積分関数が正であることと，積分領域の大小関係から不等式 $I(S_R) < I(E_R) < I(S_{\sqrt{2}R})$ が成り立つ．そこで，

$$\begin{aligned} I(S_R) &= \iint_{S_R} e^{-x^2-y^2}dxdy \\ &= \int_0^{2\pi}\left\{\int_0^R e^{-r^2}rdr\right\}d\theta = \pi\left(1-e^{-R^2}\right) \end{aligned}$$

と計算でき，同様に $I(S_{\sqrt{2}R})$ も求められる．他方で，$I(E_R)$ については累次積分の公式から

$$I(E_R) = \int_{-R}^{R}\left\{\int_{-R}^{R} e^{-x^2-y^2}dx\right\}dy = \left(\int_{-R}^{R} e^{-y^2}dy\right)\left(\int_{-R}^{R} e^{-x^2}dx\right)$$

が得られる．ここで，$R\to\infty$ の極限を取ると，$I(S_R), I(S_{\sqrt{2}R}) \to \pi$ となるから，はさみうちによって $I(E_R)\to\pi$. これから積分公式が得られる．　□

1 変数関数の積分でしばしば現れる無限区間 $(-\infty,+\infty)$ に関する積分は，区間の端で被積分関数の値が定義されていないような積分とともに，**広義積分**と

呼ばれ上の例題で行ったように閉区間上の積分の極限として定義される．本書では広義積分の定義は省略して取り上げないが，重積分の場合には (2.18) で与えた正方形領域 E_R (または円板領域 S_R) に制限した重積分の極限を使って定義される．次の例題からも，その扱い方についての「感じ」をつかんでおきたい．

例題 2.19 次の重積分について，

$$I = \iint_D \frac{e^{-x-y}}{1+x^2}dxdy, \qquad D = \{(x,y) \,|\, x+y \geq 0\}$$

D を $|x|, |y| \leq R$ の範囲に制限しその $R \to \infty$ の極限として I の値を求めよ．

(解答) 積分領域 D の制限 D_R は $\{(x,y) \,|\, 0 \leq x+y,\ -R \leq x, y \leq R\}$ と表される．これに対する重積分 $I(D_R)$ を累次積分で表し，極限 $R \to \infty$ を取ればよいが，累次積分を初等関数で表すことはできないことがわかる．そこで，D_R を変形して

$$\tilde{D}_R = \{(x,y) \,|\, 0 \leq x+y \leq R, -R \leq x \leq R\}$$

のように変更する．この $\tilde{D}_R$ に関する重積分 $I(\tilde{D}_R)$ は

$$\int_{-R}^{R} \left\{ \int_{-x}^{R-x} \frac{e^{-x-y}}{1+x^2} dy \right\} dx = \int_{-R}^{R} \frac{1-e^{-R}}{1+x^2} dx = 2(1-e^{-R})\mathrm{Tan}^{-1} R$$

と求められる．また，領域の包含関係 $\tilde{D}_{R/4} \subset D_{R/2} \subset \tilde{D}_R$ が成り立ち，また被積分関数が正であることから不等式 $I(\tilde{D}_{R/4}) < I(D_{R/2}) < I(\tilde{D}_R)$ が得られる．ここで，$R \to \infty$ の極限を考えると，$I(\tilde{D}_{R/4}), I(\tilde{D}_R) \to \pi$ であるから，はさみうちによって

$$\lim_{R\to\infty} I(D_{R/2}) = \lim_{R\to\infty} I(D_R) = \pi$$

を得る． □

練習問題 2.3

1 次の関数 $f(x,y)$ について積分領域 D 上の重積分を求めよ．

(1) $x, \qquad D = \{\, (x,y) \,|\, x \geq 0, y \geq 0, \sqrt{x} + \sqrt{y} \leq 1 \,\}$

(2) $\frac{y}{x(1+x^2+y^2)}, \qquad D = \{\, (x,y) \,|\, 0 \leq y \leq x, 1 \leq x^2+y^2 \leq 2 \,\}$

(3) $e^{\sqrt{|x+y|}+\sqrt{|x-y|}}, \qquad D = \{\, (x,y) \,|\, |x|+|y| \leq 1 \,\}$

(4)　$(x^2+y^2)^{\frac{1}{2}}$,　　$D=\{\,(x,y)\,|\,x^2+y^2 \leq 2y\,\}$

2　領域 $D=\{\,(x,y)\,|\,0 \leq y < x,\ 0 < x+y \leq 1\,\}$ 上の重積分

$$\iint_D \left(\frac{x-y}{x+y}\right)^s dxdy$$

が収束するような s の範囲を定めよ.

2.4　いくつかの応用

2.4.1　曲 面 の 面 積

1 変数関数 $y=f(x)$ $(a \leq x \leq b)$ のグラフについて，グラフが表す曲線の長さは

$$l=\int_a^b \sqrt{1+f'(x)^2}dx \tag{2.19}$$

と表されることはすでに学んで知っている．x 軸上で，微小な距離 Δx だけ動くとグラフ上では $(x+\Delta x, f(x+\Delta x))-(x,f(x)) \approx (1,f'(x))\Delta x$ だけ動くので，この微小なベクトルの長さ $\Delta l=\sqrt{1+f'(x)^2}\Delta x$ を集めたのが上の曲線の長さである．ここでは，この曲線の長さに対応して 2 変数関数 $z=f(x,y)$ が表す曲面の面積の定義を行おう．

2 変数関数 $f(x,y)$ は xy 平面上の閉領域 D で定義され，C^1 級であるとしよう．D を含む長方形領域 E を取り，E の分割を $\triangle$ とする．D に含まれる小方形 E_{ij} を取り，その頂点を $\mathrm{P}_0(x,y), \mathrm{P}_1(x+\Delta x,y), \mathrm{P}_2(x,y+\Delta y), \mathrm{P}_3(x+\Delta x,y+\Delta y)$ と表す．これらの 4 点に対応するグラフ $z=f(x,y)$ 上の点を Q_i $(i=0,1,2,3)$ と表す．一般に 4 点 Q_i は 1 つの平面の上にのっていないが，4 点が定める微

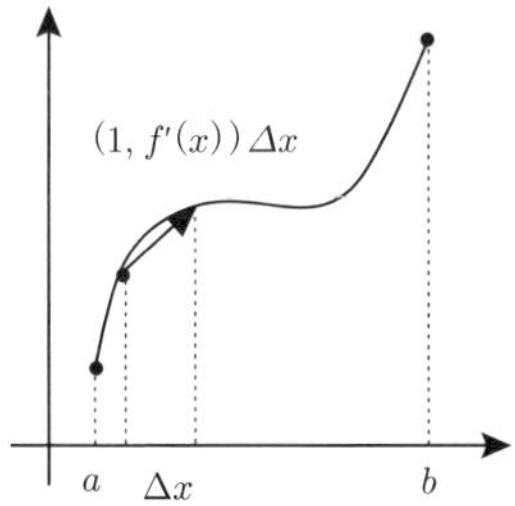

図 **2.13**

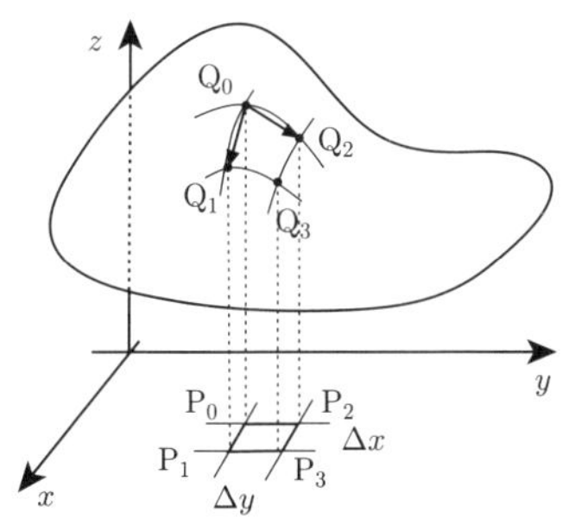

図 **2.14**

小な曲面は $\Delta x, \Delta y$ が小さいとき，$\overrightarrow{\mathrm{Q_0Q_1}}$, $\overrightarrow{\mathrm{Q_0Q_2}}$ が定める空間の平行四辺形によって近似される．ここで，

$$\overrightarrow{\mathrm{Q_0Q_1}} = (x+\Delta x, y, f(x+\Delta x, y)) - (x, y, f(x,y)) \approx (1, 0, f_x)\Delta x$$
$$\overrightarrow{\mathrm{Q_0Q_2}} = (x, y+\Delta y, f(x, y+\Delta y)) - (x, y, f(x,y)) \approx (0, 1, f_y)\Delta y$$

と表されるので，平行四辺形の面積 ΔS は

$$\Delta S = |\overrightarrow{\mathrm{Q_0Q_1}}||\overrightarrow{\mathrm{Q_0Q_2}}|\sin\theta = \sqrt{1+f_x^2+f_y^2}\,\Delta x\Delta y$$

と表される．ここで $\overrightarrow{\mathrm{Q_0Q_1}}$ と $\overrightarrow{\mathrm{Q_0Q_2}}$ のなす角を θ $(0 \le \theta \le \frac{\pi}{2})$ と置いた．$\Delta x \Delta y = |E_{ij}|$ であることに注意して ΔS を足しあげ，$|\triangle| \to 0$ の極限を取って

$$S = \lim_{|\triangle|\to 0} \sum_{E_{ij}\in E^0_{\triangle}} \sqrt{1+f_x(x_i,y_j)^2+f_y(x_i,y_j)^2}\,|E_{ij}|$$

とする．ここで，(x_i, y_j) は E_{ij} の 1 つの頂点とし，$E^0_{\triangle}$ は D に含まれる小方形全体の集合を表す．$\sqrt{1+f_x^2+f_y^2}$ は閉領域 D 上の連続関数であるので，D が面積確定ならば上のリーマン和は収束し (定理 2.12),

$$S = \iint_D \sqrt{1+f_x^2+f_y^2}\,dxdy \tag{2.20}$$

である．この積分で表された S を $z = f(x,y)$ $((x,y)\in D)$ のグラフが表す曲面の面積と定義する．

例題 2.20　球面 $x^2+y^2+z^2 = a^2$ $(a>0)$ の面積を計算せよ．

(解答)　$z \ge 0$ の半球面 $z = f(x,y)$ は $f(x,y) = \sqrt{a^2-x^2-y^2}$ と表され

$$f_x(x,y) = -\frac{x}{\sqrt{a^2-x^2-y^2}}, \qquad f_y(x,y) = -\frac{y}{\sqrt{a^2-x^2-y^2}}$$

と計算される．$z \le 0$ の半球面についても同様で，これらを合わせて

$$S = 2\iint_D \sqrt{1+f_x^2+f_y^2}\,dxdy = 2\iint_{x^2+y^2\le a^2} \frac{a}{\sqrt{a^2-x^2-y^2}}dxdy. \tag{2.21}$$

これを極座標に変換すると

$$S = \int_0^{2\pi}\left\{\int_0^a \frac{2ar}{\sqrt{a^2-r^2}}dr\right\}d\theta = 2\pi\left[-2a\sqrt{a^2-r^2}\right]_0^a = 4\pi a^2$$

となって表面積が求められる．　□

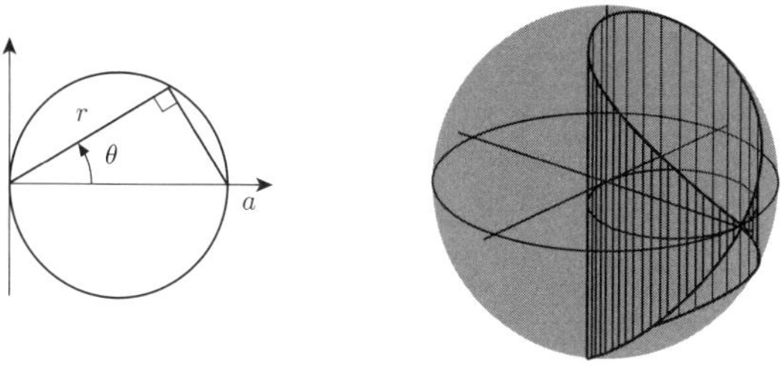

図 **2.15**

例題 2.21　半径 a の球面 $x^2+y^2+z^2=a^2$ と円柱 $x^2+y^2 \leq ax$ が交わった部分の面積を求めよ．

(解答)　上の例題 2.20 に現れた積分 (2.21) で，その積分領域を与えられた不等式の範囲に限って積分すればよい．不等式を極座標で表すと $r^2 \leq ar\cos\theta$ となるので，積分領域は

$$D=\left\{(r,\theta)\,|\,r \leq a\cos\theta,\ -\tfrac{\pi}{2} \leq \theta \leq \tfrac{\pi}{2}\right\}$$

と表される．ここで θ の範囲は不等式 $r \leq a\cos\theta$ に陰に含まれている不等式 $0 \leq \cos\theta$ から定まる (図 2.15 参照)．この積分領域に関する積分は

$$S=\int_{-\frac{\pi}{2}}^{\frac{\pi}{2}}\left\{\int_0^{a\cos\theta}\frac{2ar}{\sqrt{a^2-r^2}}dr\right\}d\theta=\int_{-\frac{\pi}{2}}^{\frac{\pi}{2}}\left[-2a\sqrt{a^2-r^2}\right]_0^{a\cos\theta}d\theta$$
$$=2\int_0^{\frac{\pi}{2}}2a^2(1-\sin\theta)d\theta=4a^2\left(\frac{\pi}{2}-1\right)$$

と計算される．　□

2.4.2　グリーンの定理

t $(\alpha \leq t \leq \beta)$ をパラメータとする平面の点 $(x(t),y(t))$ は，t が動くとき曲線を描く．そこで，次の 2 つの条件：(1) $x(t),y(t)$ はともに C^1 級の関数である，(2) $\frac{dx}{dt}$, $\frac{dy}{dt}$ $(\alpha < t < \beta)$ はともに 0 となることはない，が満たされるような関数を

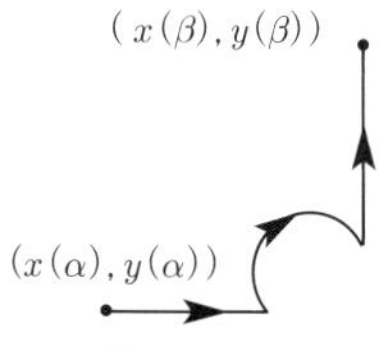

図 **2.16**

$$C:(x(t),y(t))\quad(\alpha \leq t \leq \beta)$$

と表し C^1 **級曲線**といい，始点 $(x(\alpha), y(\alpha))$ から終点 $(x(\beta), y(\beta))$ へ向かう向きを曲線 C の向きと定める．ここで，2 つ目の条件は，「速度ベクトル」$(\frac{dx}{dt}, \frac{dy}{dt})$ が零ベクトル $(0,0)$ にはならないことをいっているもので，たとえば，ある値 $t=\gamma$ で向きを反転し「引き返す」ような曲線を定義から除外するものである．

また，$x(t), y(t)$ はともに連続関数であり，有限個の t の値を除いて $x(t), y(t)$ が C^1 級曲線を定めるような $(x(t), y(t))$ を**区分的に** C^1 **級曲線**と呼ぶ．曲線 C が幾つかの点で折れ曲がっている様子を想像されたい．

区分的に C^1 級曲線 $C : (x(t), y(t))\,(\alpha \leq t \leq \beta)$ と，C を含む領域で定義された連続関数 $f(x,y)$ を考える．このとき，$f(x,y)$ の C に沿った，x についての**線積分**を

$$\int_C f(x,y)dx = \int_\alpha^\beta f(x(t), y(t))\frac{dx}{dt}dt \tag{2.22}$$

によって定義する．同様に，$g(x,y)$ について y についての線積分を

$$\int_C g(x,y)dy = \int_\alpha^\beta g(x(t), y(t))\frac{dy}{dt}dt \tag{2.23}$$

と定める．これらを用いて，より一般的に，関数の組 $(f(x,y), g(x,y))$ について**曲線** C **に沿った線積分**を

$$\int_C \big\{f(x,y)dx + g(x,y)dy\big\} \tag{2.24}$$

によって定める．

ここで，曲線 C は区分的に C^1 級なので (2.22) や (2.23) 右辺の被積分関数は有限個の点を除いて連続であり，それらの積分は存在することがわかる (2.1 節，問 1 参照)．また，曲線 C を表すパラメータはいくらでも考えられるが，線積分の値はパラメータの取り方によらないで決まることがわかる．実際，C^1 級の単調増加関数 $s = s(t)$ によってパラメータの取り換えを行い，その逆関数を $t = t(s)$ と表して $\tilde{x}(s) = x(t(s)), \tilde{y}(s) = y(t(s))$ とするとき，曲線 C は $(\tilde{x}(s), \tilde{y}(s))$ $(s(\alpha) \leq s \leq s(\beta))$ のように異なって表示される．しかし，定義式 (2.22) の積分は合成関数の微分公式と変数変換の公式により

$$\int_\alpha^\beta f(x(t), y(t))\frac{dx}{ds}\frac{ds}{dt}dt = \int_{s(\alpha)}^{s(\beta)} f(\tilde{x}(s), \tilde{y}(s))\frac{dx}{ds}ds$$

と表されるので，線積分 (2.22) は曲線 C のパラメータの取り方にはよらない定義になっている．式 (2.24) において，曲線 C のパラメータの取り方が書かれていないのはこの事情によるもので，実際の計算には適当なパラメータを入れて計算する．

平面の曲線 C について，その始点と終点が一致するとき曲線 C は閉曲線と呼ばれるが，特に始点と終点が一致する以外に自分自身と交点をもたないような閉曲線は**単純閉曲線**と呼ばれる．たとえば，円は単純閉曲線であるが 8 の字はそうでない．単純閉曲線 C について，C によって囲まれた部分を左手にみるような向きを与えることができる．この向きを単純閉曲線の**正の向き**と呼んでいる．単純閉曲線は，たとえば縦線領域 D の境界 ∂D などとして自然に現れる．

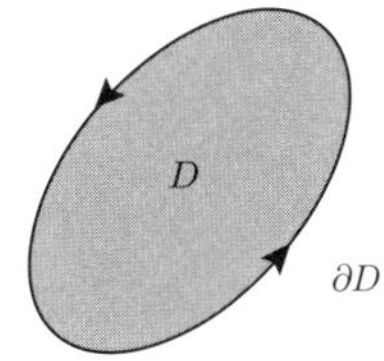

図 2.17

例題 2.22　C^1 級曲線 $C : (x(t), y(t))\ (\alpha \le t \le \beta)$ の向きを逆転し，始点を $(x(\beta), y(\beta))$ 終点を $(x(\alpha), y(\alpha))$ とする曲線を $-C$ と表す．このとき，

$$\int_{-C} \{f(x,y)dx + g(x,y)dy\} = -\int_C \{f(x,y)dx + g(x,y)dy\}$$

が成り立つことを示せ．

(解答)　曲線 C が $(x(t), y(t))\ (\alpha \le t \le \beta)$ と表されるとき，$-C$ は

$$-C : (\,\tilde{x}(t), \tilde{y}(t)\,) = (\,x(\alpha+\beta-t), y(\alpha+\beta-t)\,) \quad (\alpha \le t \le \beta)$$

と表される．$T = \alpha+\beta-t$ と表すとき，x に関する線積分 $\int_{-C} f(x,y)\,dx$ は，定義に従って表すと

$$\begin{aligned}
&\int_{-C} f(x,y)dx \\
&\quad = \int_\alpha^\beta f(x(T), y(T))\,\frac{dx(T)}{dt}\,dt = \int_\alpha^\beta f(x(T), y(T))\,\frac{dx(T)}{dT}\,\frac{dT}{dt}\,dt \\
&\quad = -\int_\alpha^\beta f(x(T), y(T))\,\frac{dx(T)}{dT}\,dT = -\int_C f(x,y)dx
\end{aligned}$$

となって C に関する線積分と符号が変わる．y に関する線積分についても同じ計算ができて積分の符号が変わる．　□

例題 2.23 閉領域 D は，縦線領域にも横線領域にも表すことができ，また ∂D は区分的に C^1 級曲線であるとする．このとき，D 上の C^1 級関数 $f(x,y), g(x,y)$ について

$$\iint_D \left(\frac{\partial g}{\partial x} - \frac{\partial f}{\partial y}\right) dxdy = \int_{\partial D} (fdx + gdy) \tag{2.25}$$

が成り立つことを示せ．ここで，境界 ∂D には正の向きを考えるものとする．

(解答) 条件から D は，区分的に C^1 級関数 $\psi_i(x), \varphi_i(y)$ $(i=1,2)$ を用いて

$$\begin{aligned} D &= \{(x,y) \mid \alpha \le x \le \beta,\ \psi_1(x) \le y \le \psi_2(x)\} \\ &= \{(x,y) \mid \alpha' \le y \le \beta',\ \varphi_1(y) \le x \le \varphi_2(y)\} \end{aligned}$$

のように 2 通りに表される．以下では，$\int_{\partial D} fdx$ については第 1 式の縦線領域の表示を用い，$\int_{\partial D} gdy$ については第 2 式の横線領域の表示を用いて線積分を調べる．

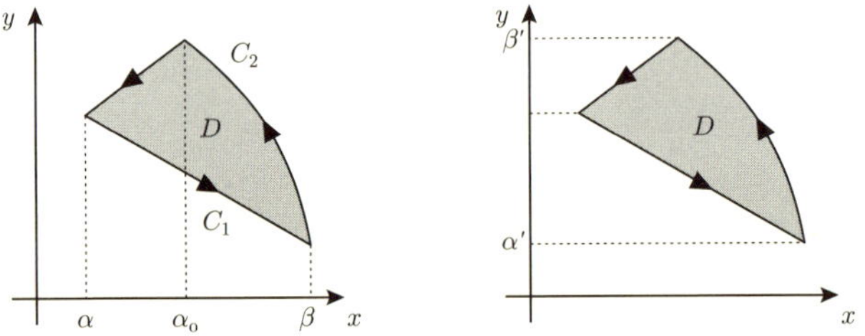

図 2.18 縦線かつ横線領域

図 2.18（左）に示すように，境界 ∂D を区分的に C^1 級曲線 C_1, C_2 で表す．C_1, C_2 を具体的に

$$\begin{aligned} C_1 &: (x(t), y(t)) = (t,\ \psi_1(t)) \quad (\alpha \le t \le \beta) \\ C_2 &: (x(t), y(t)) = (2\beta - t,\ \psi_2(2\beta - t)) \quad (\beta \le t \le 2\beta - \alpha) \end{aligned}$$

と表して，これらを用いて $f(x,y)$ の x についての線積分を定義に従って書くと

$$\begin{aligned} \int_{\partial D} f(x,y)dx &= \int_\alpha^\beta f(t, \psi_1(t))dt + \int_\beta^{2\beta-\alpha} f(2\beta - t, \psi_2(2\beta - t))(-1)dt \\ &= \int_\alpha^\beta f(x, \psi_1(x))dx + \int_\beta^\alpha f(x, \psi_2(x))dx \end{aligned}$$

$$= -\int_\alpha^\beta \left\{\int_{\psi_1(x)}^{\psi_2(x)} \frac{\partial f}{\partial y}dy\right\}dx = -\iint_D \frac{\partial f}{\partial y}dxdy$$

となる．ここで，累次積分の公式 (2.12) を用いた．$g(x,y)$ の y に関する線積分についても，D を横線領域として表し，同様に

$$\begin{aligned}\int_{\partial D} g(x,y)dy &= \int_{\alpha'}^{\beta'} g(\varphi_2(y),y)dy + \int_{\beta'}^{\alpha'} g(\varphi_1(y),y)dy \\ &= \int_{\alpha'}^{\beta'} \left\{\int_{\varphi_1(y)}^{\varphi_2(y)} \frac{\partial g}{\partial x}dx\right\}dy = \iint_D \frac{\partial g}{\partial x}dxdy\end{aligned}$$

と計算される．ここで得られた 2 式を加えると (2.25) が得られる．　□

一般の有界領域 D を考えると，これが縦線かつ横線領域であるのは特別な場合で，その境界 ∂D には多様なものが現れる (図 2.19 参照)．しかし，∂D には，D を左手にみる向きとして自然に正の向きが決まり，(2.25) 式右辺の線積分は意味をもつ．また，左辺の D 上の積分も (面積確定な) 領域 D について意味をもつ．したがって，式 (2.25) は，一般の領域についても成り立つと期待される．このことは，図 2.19(右) で示すように，領域 D をいくつかの部分に分けて 1 つ 1 つの部分が，縦線領域かつ横線領域となるようにするという考え方で，正当化される．図 2.19(右) では，D をいくつか (有限個) の縦線領域に分ける仕方の例が示されている．

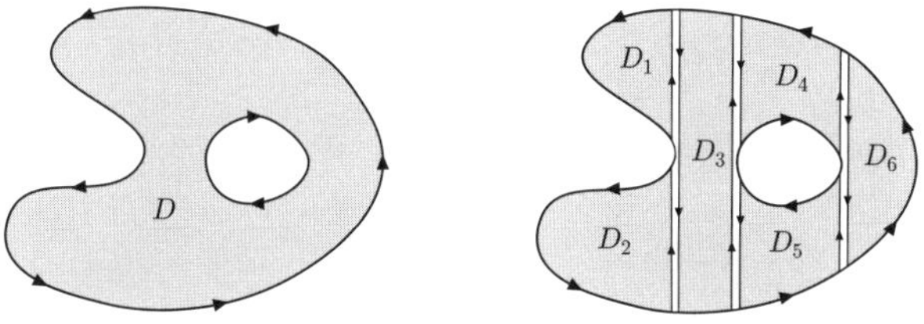

図 2.19

図 2.19 のように領域 D を n 個の部分 $D_1, D_2, \cdots, D_n$ に分けるとき，積分の加法性から，D 上の積分は各 D_i 上の積分の和と表される．一方で，∂D 上の線積分をみると，各 ∂D_i の線積分の向きが反対で打ち消し合う部分に注意すると，やはり各 ∂D_i の線積分の和として表される．図 2.19(右) の例をみて納得できるであろう．この事実に着目した上で，D を小さな縦線かつ横線領域の集

まりによって近似し，1つ1つに例題 2.23 の結果を当てはめるという方針で式 (2.25) が一般の領域 D でも成立することが示される．

補題 2.24 長方形領域 E 上の連続関数 $f(x,y)$ と，E に含まれる区分的に C^1 級の曲線 C について，

$$\left|\int_C f(x,y)dx - \int_\Gamma f(x,y)dx\right|$$

をいくらでも小さくするような，C に十分近い E 内の折れ線 Γ が存在する．

(証明) $C:(x(t),y(t))$ $(\alpha \le t \le \beta)$ と表す．区間 $[\alpha,\beta]$ の分割 $\triangle_{[\alpha,\beta]} = \langle t_0, t_1, \cdots, t_n\rangle$ を考え，$\mathrm{P}_i:(x(t_i),y(t_i))$ $(i=0,1,\cdots,n)$ と置き P_{i-1} と P_i を結ぶ曲線の弧を C_i と置く．また，折れ線 $\mathrm{P}_0\mathrm{P}_1\mathrm{P}_2\cdots\mathrm{P}_n$ を Γ と置き，各線分 $\mathrm{P}_{i-1}\mathrm{P}_i$ を Γ_i と表す．このとき折れ線 Γ は，長方形領域 E に含まれる区分的に C^1 級曲線である．以下では，弧 C_i 上の点を $\mathrm{P}_i(t):(x(t),y(t))$，線分 $\mathrm{P}_{i-1}\mathrm{P}_i$ 上の点を $\tilde{\mathrm{P}}_i(t):(\tilde{x}(t),\tilde{y}(t)) = \mathrm{P}_{i-1} + \frac{t-t_{i-1}}{t_i-t_{i-1}}(\mathrm{P}_i - \mathrm{P}_{i-1})$ と書く．

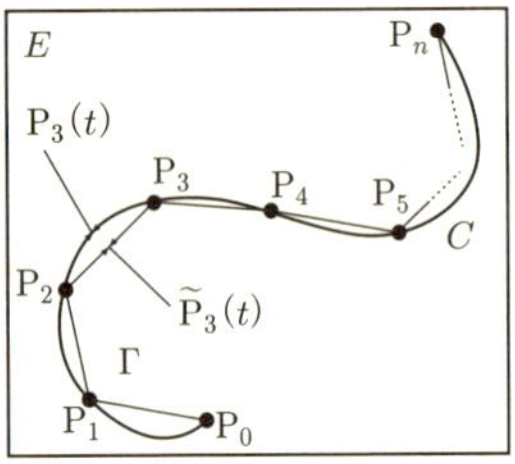

図 2.20 曲線 C と折れ線 Γ

まず最初に，$f(x,y)$ は閉領域 E 上の連続関数であるから，一様連続であり (2.6) が成り立つ．すなわち，任意に決める $\varepsilon > 0$ に対して，数 $\delta = \delta_\varepsilon$ が存在し $\mathrm{dis}(\mathrm{P},\mathrm{Q}) < \delta$ を満たす $\mathrm{P},\mathrm{Q} \in E$ すべてについて $|f(\mathrm{P}) - f(\mathrm{Q})| < \varepsilon$ が成り立つようにできることを思い出す．

さて，分割の幅 $|\triangle_{[\alpha,\beta]}|$ を十分小さくすれば，C_i および Γ_i は連続であるから，点 $\mathrm{P}_i(t), \tilde{\mathrm{P}}_i(t)$ について $\mathrm{dis}(\mathrm{P}_i(t),\mathrm{P}_{i-1}), \mathrm{dis}(\tilde{\mathrm{P}}_i(t),\mathrm{P}_{i-1}) < \frac{\delta}{2}$ とできる．このとき，$t_{i-1} \le t \le t_i$ に対して $\mathrm{dis}(\mathrm{P}_i(t),\tilde{\mathrm{P}}_i(t)) \le \mathrm{dis}(\mathrm{P}_i(t),\mathrm{P}_{i-1}) + \mathrm{dis}(\tilde{\mathrm{P}}_i(t),\mathrm{P}_{i-1}) < \delta$ が成り立つ．C_i, Γ_i 上の線積分は

$$\int_{C_i} f(\mathrm{P}_i(t))\frac{dx}{dt}dt - \int_{\Gamma_i} f(\tilde{\mathrm{P}}_i(t))\frac{d\tilde{x}}{dt}dt$$
$$= \int_{t_{i-1}}^{t_i} \left\{ \big(f(\mathrm{P}_i(t)) - f(\tilde{\mathrm{P}}_i(t))\big)\frac{dx}{dt} + f(\tilde{\mathrm{P}}_i(t))\left(\frac{dx}{dt} - \frac{d\tilde{x}}{dt}\right)\right\} dt$$

と計算される．ここで，$\mathrm{dis}(\mathrm{P}_i(t), \tilde{\mathrm{P}}_i(t)) < \delta$ であるから $|f(\mathrm{P}_i(t)) - f(\tilde{\mathrm{P}}_i(t))| < \varepsilon$ が成り立つことと，必要であれば $|\triangle_{[\alpha,\beta]}|$ をさらに小さく取ることによって，$|\frac{dx}{dt} - \frac{d\tilde{x}}{dt}| = |\frac{dx}{dt} - \frac{x(t_i)-x(t_{i-1})}{t_i - t_{i-1}}| < \varepsilon$ とできるので，

$$\left|\int_{C_i} f dx - \int_{\Gamma_i} f dx\right| < \varepsilon(m+M)(t_i - t_{i-1})$$

が得られる．ここで，$M = \max\{\,|f(x,y)|\,|\,(x,y) \in E\,\}$, $m = \max\{\,|\frac{dx}{dt}|\,|\,\alpha \leq t \leq \beta\}$ とする．積分の区間に関する加法性と，上の結果から

$$\left|\int_{C} f dx - \int_{\Gamma} f dx\right| < \varepsilon(m+M)(\beta - \alpha)$$

が得られ，2 つの線積分の値はいくらでも小さくできることがわかる．　□

問 3　区分的に C^1 級曲線 $(x(t), y(t))$ $(\alpha \leq t \leq \beta)$ に対して，曲線の長さ (2.19) は $l = \int_\alpha^\beta \sqrt{(\frac{dx}{dt})^2 + (\frac{dy}{dt})^2} dt$ と表されることを示せ．

問 4　長さ有限の単純閉曲線を境界 ∂D にもつ閉領域 D は，面積確定であることを示せ．

定理 2.25 (グリーンの定理)　$f(x,y), g(x,y)$ を長方形領域 E 上の C^1 級関数とする．D をその境界 ∂D が区分的に C^1 級曲線である E 内の閉領域とする．境界 ∂D には正の向きを与えるとき，

$$\iint_D \left(\frac{\partial g}{\partial x} - \frac{\partial f}{\partial y}\right) dxdy = \int_{\partial D} (f dx + g dy) \tag{2.26}$$

が成り立つ．

(証明)　$g(x,y) = 0$ の場合と $f(x,y) = 0$ の場合を独立に示しそれらを加えればよい．$f(x,y) = 0$ の場合は $g(x,y) = 0$ の場合と同様に示されるので，以下では $g(x,y) = 0$ の場合のみを考える．また，境界 ∂D を C と表す．補題 2.24 によって，境界 C に沿った線積分を折れ線 $\Gamma = \mathrm{P}_0\mathrm{P}_1 \cdots \mathrm{P}_n$ でいくらでもよく近似できる．このとき，折れ線 Γ で囲まれる領域を D_Γ とすると，

$$\left|\iint_D \frac{\partial f}{\partial y} dxdy - \iint_{D_\Gamma} \frac{\partial f}{\partial y} dxdy\right| \leq \sum_{i=1}^{n} \int_{\mathrm{P}_{i-1}C_i\mathrm{P}_i} \left|\frac{\partial f}{\partial y}\right| dxdy \tag{2.27}$$

が成り立つ．ここで，$\mathrm{P}_{i-1}C_i\mathrm{P}_i$ は線分 $\mathrm{P}_{i-1}\mathrm{P}_i$ と曲線弧 C_i によって囲まれた領域を表す．

補題 2.24 が成り立つような折れ線 Γ は，分割の幅 $|\triangle_{[\alpha,\beta]}|$ を十分小さくとって構成された．そこで，曲線 C の長さ l を n 等分し，このときの分点 P_i に対応する t_i を用いて分割 $\triangle_{[\alpha,\beta]} = \langle t_0, t_1, \cdots, t_n\rangle$ を定めよう．問 3 と仮定により，$C = \partial D$ の長さ l はつねに決まることに注意したい．n を十分大きく取るとき，この分割の幅は十分小さくなり，補題 2.24 に必要な性質が満たされる．他方で，C 上の 2 点 P_{i-1} と P_i の距離は $\frac{l}{n}$ 以下であるので，領域 $\mathrm{P}_{i-1}C_i\mathrm{P}_i$ は点 P_{i-1} を中心とし 1 辺が $\frac{2l}{n}$ である正方形の中に含まれる．このことから，積分 (2.27) について

$$\sum_{i=1}^{n}\int_{\mathrm{P}_{i-1}C_i\mathrm{P}_i}\left|\frac{\partial f}{\partial y}\right| dxdy \leq K\left(\frac{2l}{n}\right)^2 \times n$$

が得られる．ここで，K は連続関数 $|\frac{\partial f}{\partial y}|$ の E 上での最大値である．これより，n を十分大きく取れば，D 上の積分と D_Γ 上の積分の差 (2.27) はいくらでも小さくなることがわかる．

折れ線 Γ に囲まれた閉領域 D_Γ 上の積分は，小さな長方形領域に分けて考えればそれぞれの長方形領域では，縦線領域にも横線領域にも表されるので，例題 2.23 の結果が使えて

$$-\iint_{D_\Gamma}\frac{\partial f}{\partial y}dxdy = \int_\Gamma f dx$$

が成り立つ．上に得られた結果を合わせると $n \to \infty$ のとき，左辺は D 上の積分に収束し，右辺は補題 2.24 より C 上の線積分に収束する． □

定理 2.25，補題 2.24 では，簡単のため関数 $f(x,y)$, $g(x,y)$ の定義域 E は長方形領域であるとした．証明からわかるように，この仮定は議論の中で作る折れ線 Γ が E の中に収まっていることを保証するためにのみ用いられている．このような性質は，閉領域 D や曲線 C を内部に含むような閉領域 E' であればつねに満たされるので，上の定理はそのような E' 上の関数 $f(x,y), g(x,y)$ について一般に成り立っている．

2.4.3 ガウスの定理

前項では xy 平面上の曲線 $C:(x(t),y(t))$ と，それに関する線積分を定義した．パラメータを用いた曲線に関する線積分は，空間の曲面とそれに関する面積分へ拡張される (第 4 章)．ここでは，曲面が $z=\varphi(x,y)$ のグラフとして表される場合に限って，面積分を定義しよう．今，$\varphi(x,y)$ を閉領域 D 上の C^1 級関数とするとき，そのグラフが表す曲面を

$$S:(x,y,\varphi(x,y))\ \ ((x,y)\in D) \tag{2.28}$$

と表し，C^1 級の曲面と呼ぶ．$\varphi(x,y)$ は C^1 級であるので，グラフの各点で接平面が定まる．接平面の式 (1.8) から，その法線ベクトルの向きについて，$\vec{n}_S=(-\varphi_x,-\varphi_y,1)$ または $\vec{n}_S=(\varphi_x,\varphi_y,-1)$ の 2 通りが考えられる．各点で，前者の向きを考えるとき，曲面 S は z **軸に向かって正の向き**をもつといい，反対に各点で後者の向きを取る場合，z **軸に向かって負の向き**をもつという．これらは，グラフ $z=\varphi(x,y)$ が表す曲面に表裏を定めることに他ならない．このような，向きを定めた曲面 $S:(x,y,\varphi(x,y))$ と空間の関数 $f(x,y,z)$ が与えられたとき，積分

$$\iint_S f(x,y,z)dxdy=\pm\iint_D f(x,y,\varphi(x,y))dxdy$$

を $f(x,y,z)$ の S **上の** xy **に関する面積分**と呼ぶ．ただし，複号 $\pm$ は S が z 軸に向かって正の向きをもつときに $+$ を取り，反対の向きをもつときに $-$ を取るものとする．また，$x=a$ や $y=b$ のように z に平行な曲面は，(2.28) のように表されないが，このような z 軸に平行な曲面 S については xy に関する面積分は 0 と定める．

さて，グリーンの定理では，平面の閉領域 D とその境界 ∂D との対応で D 上の重積分と ∂D 上の線積分の関係がみられた．これを次元を上げて考えれば，空間の閉領域 V とその境界 ∂V として現れる閉曲面の関係となる．たとえば，V として球体 $x^2+y^2+z^2\leq 1$ を取れば，その境界 ∂V は球面 $x^2+y^2+z^2=1$ である．この例からもわかるように，∂V には内部から外へ

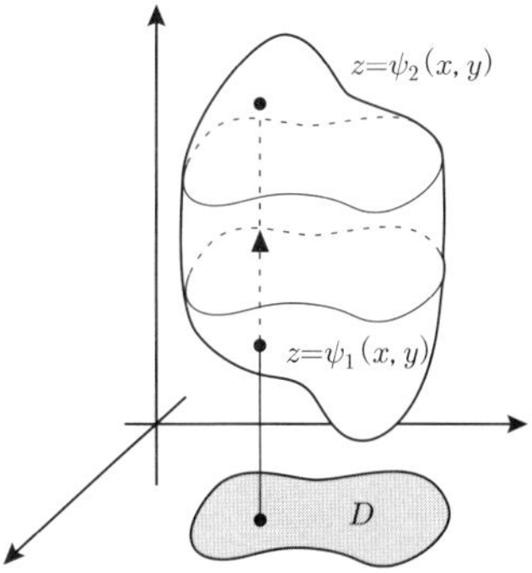

図 **2.21** xy に関する縦線領域

向かう向きが自然に定まる．

$\psi_1(x,y), \psi_2(x,y)$ を xy 平面内の領域 D 上で C^1 級関数であるとし，次の領域 V を考えよう：

$$V = \left\{ (x,y,z) \,\middle|\, \begin{array}{c} \psi_1(x,y) \leq z \leq \psi_2(x,y), \\ (x,y) \in D \end{array} \right\}.$$

領域 V は平面の縦線領域 (2.11) の空間での類似であり xy に関する縦線領域と呼ぶ．yz，zx に関する縦線領域も同様に定められる．

図からわかるように，V の境界は $z = \psi_2(x,y), z = \psi_1(x,y)$ と z 軸に平行な曲面からなり，$z = \psi_2(x,y)$ が定める曲面 S_2 は z 軸に向かって正の向きをもち，$z = \psi_1(x,y)$ の曲面 S_1 は z 軸に向かって負の向きをもつ．

このとき，C^1 級関数 $f(x,y,z)$ について

$$\begin{aligned} &\iint_{\partial V} f(x,y,z)dxdy \\ &= \iint_{S_2} f(x,y,\psi_2(x,y))dxdy - \iint_{S_1} f(x,y,\psi_1(x,y))dxdy \\ &= \iint_D \left\{ \int_{\psi_1(x,y)}^{\psi_2(x,y)} \frac{\partial f}{\partial z} dz \right\} dxdy = \iiint_V \frac{\partial f}{\partial z} dxdydz \end{aligned}$$

が得られる．これまでの議論は，変数 yz または zx についても同様に成立するので，V が変数 xy, yz, zx すべてについて縦線領域として表されるならば，C^1 級関数 f, g, h について

$$\iiint_V \left(\frac{\partial f}{\partial z} + \frac{\partial g}{\partial x} + \frac{\partial h}{\partial y} \right) dxdydz = \iint_{\partial V} (fdxdy + gdydz + hdzdx)$$

が成り立つ．この関係式は，前項例題 2.23 に対応するもので，この関係式を基に前項と同様な議論によって**ガウス (Gauss) の定理**が示される．

定理 2.26 (ガウスの定理)　X, Y, Z を直方体領域 E 上の C^1 級関数とする．V をその境界 ∂V が「区画的に」C^1 級曲面である E 内の閉領域とする．境界 ∂V に外向きの向きを与えるとき

$$\iiint_V \left(\frac{\partial X}{\partial x} + \frac{\partial Y}{\partial y} + \frac{\partial Z}{\partial z} \right) dxdydz = \iint_{\partial V} (Xdydz + Ydzdx + Zdxdy)$$

が成り立つ．

練習問題 2.4

1 次の各曲線 C について，線積分 $I=\int_C(x^2ydx-y^2dy)$ の値を求めよ．

(1) 始点 $(-1,0)$, 終点 $(2,3)$ とする直線

(2) 始点を $(-1,0)$ とし $(1,0)$ を通って終点 $(2,3)$ にいたる折れ線

(3) 始点を $(-1,0)$ とし放物線 $y=x^2-1$ 上を通って $(2,3)$ に至る曲線

2 a を定数として，平面曲線 C に関する線積分

$$I_C=\int_C\left\{(3x^2+a\,xy+4y^3)dx+(x^2+3a^2xy^2)dy\right\}$$

を考える．C を点 $(0,0)$ を始点とし $(1,1)$ を終点とする任意の曲線とするとき，I_C の値が C の取り方によらないような a の値を求めよ．

3 次の面積分を計算せよ．

(1) 曲面 S を，4 点 $(0,0,0),(1,0,0),(0,1,0),(0,0,1)$ を頂点とする四面体の表面で，外側を表と定めるときの面積分

$$\iint_S(xdydz+ydzdx+zdxdy)$$

(2) S を，球面 $x^2+y^2+z^2=1$ とし，球面の外側を表と定めるときの面積分

$$\iint_S\{(z+x)dydz-yz^2dzdx+x^2ydxdy\}$$

章末問題

1 不等式 $x_i\geq 0, x_1+x_2+\cdots+x_n\leq 1$ が定める領域 D について，体積を表す重積分 $\int\cdots\int_D dx_1dx_2\cdots dx_n$ を求めよ．

2 n 次元球体 $B_n: x_1^2+x_2^2+\cdots+x_n^2\leq r^2$ の体積 V_n が，$V_n=c_nr^n$ (c_n は定数) と表されることを示せ．また，これを用いて

$$V_{2n}=\frac{(2\pi)^n}{(2n)!!}r^{2n},\qquad V_{2n+1}=\frac{2(2\pi)^n}{(2n+1)!!}r^{2n+1}$$

であることを示せ．

3 次の領域 D について重積分 $\iint_D dxdy$ を求めよ．$(a>b>0)$

(1) $(x^2+y^2)^2\leq 2a^2(x^2-y^2)$ を満たす領域

(2) $\frac{x^2}{a^2}+\frac{y^2}{b^2}\leq 1$ かつ $\frac{x^2}{b^2}+\frac{y^2}{a^2}\leq 1$ を満たす領域

4 例題 2.9 で扱った積分 $I_n=\int_{-\infty}^{\infty}\frac{dx}{(x^2+1)^{n+1}}$ について，漸化式 $(2n+1)I_n=(2n+2)I_{n+1}\quad(n=0,1,2,\cdots)$ を示し I_n を求めよ．

5 次の領域 D について重積分 $\iiint_D dxdydz$ を求めよ．

(1) 球体 $x^2+y^2+z^2 \leq 2$ と不等式 $z \geq x^2+y^2$ を満たす部分

(2) 球体 $x^2+y^2+z^2 \leq a^2$ と円柱 $x^2+y^2 \leq ax \, (a>0)$ の交わり

(3) 放物曲面 $z=x^2+y^2$ と平面 $z=2x$ で囲まれた領域

6 次の曲面の面積を求めよ.

(1) 不等式 $x^2+y^2 \leq a^2$ かつ $x^2+z^2 \leq a^2 \, (a>0)$ が定める領域の境界

(2) 曲面 $z=xy$ の $x^2+y^2 \leq a^2$ を満たす部分

(3) 放物曲面 $z=a^2-x^2-y^2$ で $z \geq 0$ の部分

7 次の線積分の値を求めよ. $(a>0)$

(1) 円周 $x^2+y^2=a^2$ を左回りに 1 周するとき, $\int_C (xy^2dx+xydy)$

(2) 曲線 $x^{\frac{2}{3}}+y^{\frac{2}{3}}=a^{\frac{2}{3}}$ を左回りに 1 周するとき, $\int_C (ydx-xdy)$

第3章

逆関数定理・陰関数定理

n 個の関係式 $y_1 = f_1(x_1, \cdots, x_n), \cdots,\ y_n = f_n(x_1, \cdots, x_n)$ が与えられたとき，$x_1, \cdots, x_n$ それぞれを $y_1, \cdots, y_n$ の関数として表す逆関数を考える．簡単な条件の下で，微分可能な逆関数が存在することが示される (逆関数定理).

3.1　逆 関 数 定 理

1 変数の関数 $y = f(x)$ について，$f'(x)$ が連続関数で $f'(a) \neq 0$ ならば，$x = a$ の近くで $f'(x) > 0$ (または $f'(x) < 0$) であり，関数 $f(x)$ は単調増加 (または単調減少) である．したがって，$x = a$ の近くで逆関数 f^{-1} が決まって，x は y を用いて $x = f^{-1}(y)$ と表すことができる．また，逆関数 $y = f^{-1}(x)$ は微分可能で $(f^{-1}(x))' = \frac{1}{f'(x)}$ と表されることは高等学校ですでに学んでいる．

関数と逆関数の関係は，より一般的な写像と逆写像の関係という枠組みによくあてはまるので，「関数 $y = f(x)$」という代わりに「関数 $f : \mathbf{R} \to \mathbf{R}$」のように表現すると状況を把握しやすくなる．たとえば，「$f'(x)$ が連続関数で $f'(a) > 0$ だとすると，$x = a$ の近く V_a で関数 $f : V_a \to W_{f(a)}$ は単調増加となるから，逆関数 $f^{-1} : W_{f(a)} \to V_a$ が決まる」という具合である．関数 $y = x^2$ を例に取った図 3.1 を眺めて記号を理解されたい．

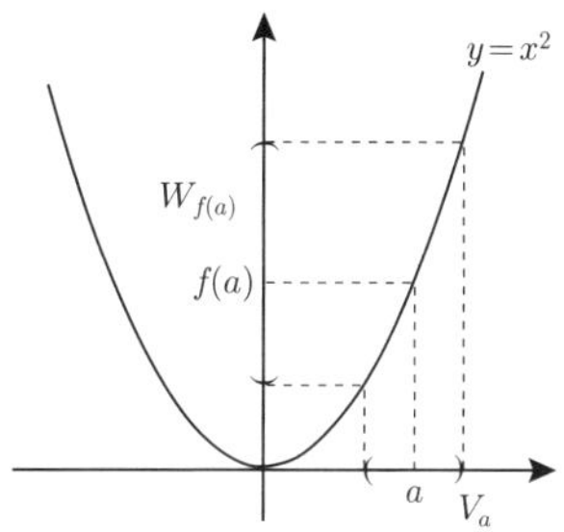

図 3.1

変数関数 $z = f(x, y)$ は，写像の記号を用いると $f : \mathbf{R}^2 \to \mathbf{R}$ と表される．逆関数が考えられるのは，当然 2 つの関係式 $y_1 = f_1(x_1, x_2),\ y_2 = f_2(x_1, x_2)$ を考える場合で，これをまとめて関数 $f : \mathbf{R}^2 \to \mathbf{R}^2$ と表す．すなわち，2

つの関係式は x_1x_2 平面上の点 (x_1,x_2) に対して y_1y_2 平面上の点 $(y_1,y_2)=(f_1(x_1,x_2),f_2(x_1,x_2))$ を対応させる写像 f を具体的な式で表現している，と理解するのである．また，2 つの関係式がどちらも 2 変数関数として C^k 級であるとき，関数 $f:\mathbf{R}^2\to\mathbf{R}^2$ は C^k 級であるという．前章で積分変数の変換公式を調べたときに扱った座標変換 $T: x=x(u,v), y=y(u,v)$ は，関数 $T:\mathbf{R}^2\to\mathbf{R}^2$ を具体的に式で表したものである．

関数 $f:\mathbf{R}^2\to\mathbf{R}^2$ が C^1 級であるとき，関係式 $y_1=f_1(x_1,x_2)$, $y_2=f_2(x_1,x_2)$ が定める関数行列を D_f と表し，関数行列式を J_f と表そう．すなわち

$$D_f=\begin{pmatrix}\frac{\partial f_1}{\partial x_1} & \frac{\partial f_1}{\partial x_2}\\ \frac{\partial f_2}{\partial x_1} & \frac{\partial f_2}{\partial x_2}\end{pmatrix},\qquad J_f=\frac{\partial(y_1,y_2)}{\partial(x_1,x_2)}=\det D_f$$

である．

問 1 関数 $f:\mathbf{R}^2\to\mathbf{R}^2$, $g:\mathbf{R}^2\to\mathbf{R}^2$ がともに C^1 級であるとき，その合成関数 $g\circ f:\mathbf{R}^2\to\mathbf{R}^2$ について，$D_{g\circ f}=D_gD_f$ が成り立つことを示せ．

C^1 級関数 $f:\mathbf{R}^2\to\mathbf{R}^2$ を表す関係式，$y_i=f_i(x_1,x_2)(i=1,2)$ は C^1 級なので全微分可能 (命題 1.12) であり，$i=1,2$ それぞれに対し

$$f_i(a+k,b+l)-f_i(a,b)=k\frac{\partial f_i}{\partial x_1}(a,b)+l\frac{\partial f_i}{\partial x_2}(a,b)+o(\sqrt{k^2+l^2})$$

が成り立つ．x_1x_2 平面の点 (a,b) について，関数 $f:\mathbf{R}^2\to\mathbf{R}^2$ によって対応する平面の点を，$f(a,b)=(f_1(a,b),f_2(a,b))$ と表すことにする．このとき，上の式は

$$f(a+k,b+l)-f(a,b)=D_f(a,b)\begin{pmatrix}k\\ l\end{pmatrix}+\begin{pmatrix}o(\sqrt{k^2+l^2})\\ o(\sqrt{k^2+l^2})\end{pmatrix} \tag{3.1}$$

のように簡単に表される．ここで，左辺は正確には転置記号を用いて ${}^tf(a+k,b+l)-{}^tf(a,b)$ と表すべきだが意味から明らかであるので省略している．

補題 3.1 $f:E\to\mathbf{R}^2$ を長方形 (閉) 領域 E 上の C^1 級関数とする．このとき，ある定数 M が存在して，任意の 2 点 $(x_1,x_2),(x_1',x_2')\in E$ について

$$\mathrm{dis}(f(x_1,x_2),f(x_1',x_2'))\le 4M\,\mathrm{dis}((x_1,x_2),(x_1',x_2')) \tag{3.2}$$

が成り立つ．ここで，$\mathrm{dis}(\mathrm{P},\mathrm{Q})$ は 2 点 P,Q の距離を表す．

(証明)　f を具体的に $y_i = f_i(x_1, x_2)$ $(i = 1, 2)$ と表すとき，$f_i(x_1, x_2)$ は C^1 級である．このことから $\frac{\partial f_i}{\partial x_j}$ $(1 \le i, j \le 2)$ はどれも有界閉領域 E 上で連続関数であり，最大値・最小値が存在する．したがって，$|\frac{\partial f_i}{\partial x_j}| \le M$ であるような定数が存在する．また，平均値の定理を用いると

$$\begin{aligned} f_i(x_1', x_2') - f_i(x_1, x_2) &= \bigl\{f_i(x_1', x_2') - f_i(x_1', x_2)\bigr\} + \bigl\{f(x_1', x_2) - f_i(x_1, x_2)\bigr\} \\ &= \frac{\partial f_i}{\partial x_2}(x_1', \tilde{x}_2)(x_2' - x_2) + \frac{\partial f_i}{\partial x_1}(\tilde{x}_1, x_2)(x_1' - x_1) \end{aligned}$$

が成り立つ．ここで，$\tilde{x}_1$ は x_1' と x_1 の間の数で，$\tilde{x}_2$ についても同様である．これらの関係式を用いると

$$\begin{aligned} \mathrm{dis}(f(x_1', x_2'), f(x_1, x_2)) &\le |f_1(x_1', x_2') - f_1(x_1, x_2)| \\ &\quad + |f_2(x_1', x_2') - f_2(x_1, x_2)| \\ &\le 2M|x_1' - x_1| + 2M|x_2' - x_2| \end{aligned}$$

が得られる．$|x_1' - x_1|, |x_2' - x_2| \le \mathrm{dis}((x_1, x_2), (x_1', x_2'))$ であるから，結局

$$\mathrm{dis}(f(x_1', x_2'), f(x_1, x_2)) \le 4M\mathrm{dis}((x_1, x_2), (x_1', x_2'))$$

が得られる． □

証明から明らかなように，不等式 (3.2) の定数 M として具体的に

$$M = \max_{(x_1, x_2) \in E} \left\{ \left| \frac{\partial f_i}{\partial x_j}(x_1, x_2) \right|,\ 1 \le i, j \le 2 \right\} \tag{3.3}$$

を取ることができる．

定理 3.2 (逆関数定理)　C^1 級関数 $f : \mathbf{R}^2 \to \mathbf{R}^2$ について，$\det D_f(a, b) \ne 0$ であるとする．このとき，点 (a, b) を含む開領域 $V_{(a,b)}$ と点 $f(a, b)$ を含む開領域 $W_{f(a,b)}$ が存在して，関数 $f : V_{(a,b)} \to W_{f(a,b)}$ の逆関数 $f^{-1} : W_{f(a,b)} \to V_{(a,b)}$ が定まる．また，このとき f^{-1} は C^1 級であり，その関数行列について

$$D_{f^{-1}}(y_1, y_2) = \{D_f(x_1, x_2)\}^{-1} \tag{3.4}$$

が成り立つ．ここで，$(y_1, y_2) = (f_1(x_1, x_2), f_2(x_1, x_2))$ とする．

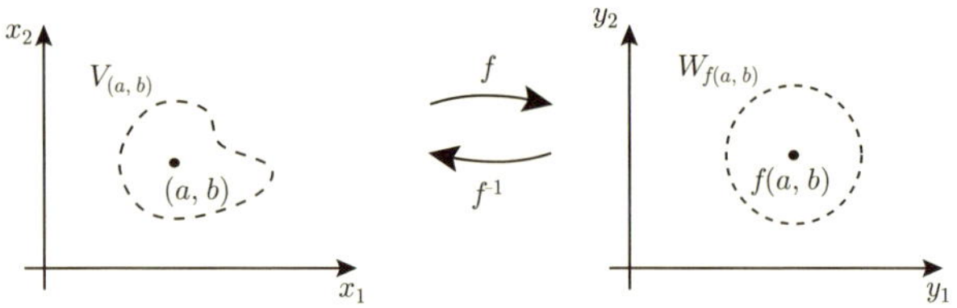

図 3.2

以下では，上の定理 3.2 の証明を 4 段階に分けて行う．証明を追うことはそれほど困難ではないと思われるが，図 3.4～6 に示す具体例と合わせて定理の内容を理解し，証明を後回しあるいは省略するのもよいかもしれない．

(証明) 関数 f を具体的に $y_i = f_i(x_1, x_2)$ $(i = 1, 2)$ と表す．また，$\det D_f(a,b) \neq 0$ であることから，$D_f(a,b)$ の逆行列を用いて線型写像 $T : \mathbf{R}^2 \to \mathbf{R}^2$ を $\binom{z_1}{z_2} = D_f(a,b)^{-1}\binom{y_1}{y_2}$ によって定める．2 つの関数の合成 $F : \mathbf{R}^2 \xrightarrow{f} \mathbf{R}^2 \xrightarrow{T} \mathbf{R}^2$ を考えると，合成関数 $F = T \circ f$ は

$$\begin{pmatrix} z_1 \\ z_2 \end{pmatrix} = D_f(a,b)^{-1}\begin{pmatrix} y_1 \\ y_2 \end{pmatrix} = D_f(a,b)^{-1}\begin{pmatrix} f_1(x_1,x_2) \\ f_2(x_1,x_2) \end{pmatrix}$$

と表される．したがって，関数 F は C^1 級でその関数行列について

$$D_F(x_1,x_2) = D_{T\circ f}(x_1,x_2) = D_f(a,b)^{-1}D_f(x_1,x_2)$$

が成り立ち (問 1)，特に $D_F(a,b) = I_2$ となる．ここで，I_2 は 2×2 の単位行列である．$F = T \circ f$ において正則行列で定義された線型写像 T には，逆関数 $T^{-1} : \mathbf{R}^2 \to \mathbf{R}^2$ がつねに存在するので，以下では F^{-1} の存在を手順を踏んで示すことにする．

(1) 長方形 (閉) 領域 $E_{(a,b)}$： 点 (a,b) を内部に含む長方形領域 $E_{(a,b)}$ で，$F(x_1,x_2) = F(a,b)$ となるような点 $(x_1,x_2) \in E_{(a,b)}$ が (a,b) 以外には存在せず，また $E_{(a,b)}$ 上で $\det D_F(x_1,x_2) \neq 0$ となるようなものを構成しよう．

関数 F について (3.1) を表すと，$D_F(a,b) = I_2$ であることから

$$F(a+k, b+l) - F(a,b) = \begin{pmatrix} k \\ l \end{pmatrix} + \begin{pmatrix} o(\sqrt{k^2+l^2}) \\ o(\sqrt{k^2+l^2}) \end{pmatrix} \tag{3.5}$$

となる．ここで，無限小ベクトル $\Delta(k,l) = (o(\sqrt{k^2+l^2}), o(\sqrt{k^2+l^2}))$ について，$(k,l) \to (0,0)$ のとき $\frac{1}{\sqrt{k^2+l^2}}\Delta(k,l) \to (0,0)$ であるから，$k^2+l^2 < r$ (r は十分小) の範囲で $\mathrm{dis}\big(\frac{1}{\sqrt{k^2+l^2}}\Delta(k,l), (0,0)\big) < \frac{1}{2}$ とすることができる．そこで，$k^2+l^2 < r$ の範囲に $F(a+k, b+l) = F(a,b)$ となる $(k,l) \neq (0,0)$ が存在したとすると，(3.5) 式から $(k,l)+\Delta(k,l) = 0$ が成り立つ一方で，

$$1 = \mathrm{dis}\Big(\frac{1}{\sqrt{k^2+l^2}}(k,l), (0,0)\Big) = \mathrm{dis}\Big(\frac{1}{\sqrt{k^2+l^2}}\Delta(k,l), (0,0)\Big) < \frac{1}{2}$$

となって矛盾するので，$k^2+l^2 < r$ の範囲にそのような $(k,l) \neq (0,0)$ は存在しない．

さらに，$\det D_F(a,b) = 1$ であり $\det D_F(x_1,x_2)$ は連続関数であるので，点 (a,b) の近くで $\det D_F(x_1,x_2) \neq 0$ である．必要であれば上で定めた r をさらに小さく取って，$k^2+l^2 < r$ の範囲で $\det D_F(a+k, b+l) \neq 0$ が成り立つとしてよい．このとき，円板領域 $\{(a+k, b+l) | k^2+l^2 < r\}$ の中に，点 (a,b) を含む長方形 (閉) 領域を取れば，目的の $E_{(a,b)}$ が構成される．

(2) $\underline{\mathrm{dis}(F(x_1,x_2), F(x_1',x_2'))}$：　ここでは，補題 3.1 を用いて，$E_{(a,b)}$ 内の 2 点 $x = (x_1,x_2), x' = (x_1',x_2') \in E_{(a,b)}$ について

$$\frac{1}{2}\mathrm{dis}((x_1,x_2),(x_1',x_2')) \le \mathrm{dis}(F(x_1,x_2), F(x_1',x_2')) \tag{3.6}$$

が成り立つことを示そう．

関数 F は C^1 級であるから，$\frac{\partial F_i}{\partial x_j}$ $(1 \le i,j \le 2)$ は連続関数である．したがって，必要であれば (1) で定めた点 (a,b) を含む長方形領域 $E_{(a,b)}$ をさらに小さく取り，

$$\left|\frac{\partial F_i}{\partial x_j}(x_1,x_2) - \frac{\partial F_i}{\partial x_j}(a,b)\right| = \left|\frac{\partial F_i}{\partial x_j}(x_1,x_2) - \delta_{ij}\right| < \frac{1}{8}$$

がすべての $(x_1,x_2) \in E_{(a,b)}$ について成り立つようにすることができる．ここで，δ_{ij} は単位行列の ij 成分を表す．長方形領域 $E_{(a,b)}$ 上の C^1 級関数 $g : E_{(a,b)} \to \mathbf{R}^2$ を，$g_i(x_1,x_2) = F_i(x_1,x_2) - x_i$ $(i = 1,2)$ によって定義すると，

$$\left|\frac{\partial g_i}{\partial x_j}\right| = \left|\frac{\partial F_i}{\partial x_j} - \delta_{ij}\right| < \frac{1}{8}$$

が満たされる．この関数 $g : E_{(a,b)} \to \mathbf{R}^2$ に，補題 3.1(および (3.3)) を用いると $(x_1,x_2), (x_1',x_2') \in E_{(a,b)}$ について

$$\mathrm{dis}(g(x_1,x_2),g(x_1',x_2')) \leq 4\frac{1}{8}\,\mathrm{dis}((x_1,x_2),(x_1',x_2'))$$

が得られる．一方で，平面ベクトルの三角不等式を使うと

$$\begin{aligned}\mathrm{dis}(g(x_1,x_2),g(x_1',x_2')) &= \mathrm{dis}((x_1-x_1',x_2-x_2'),F(x_1,x_2)-F(x_1',x_2'))\\ &\geq \mathrm{dis}((x_1,x_2),(x_1',x_2'))-\mathrm{dis}(F(x_1,x_2),F(x_1',x_2'))\end{aligned}$$

が成り立つ．上の 2 つの不等式を合わせると，求める不等式 (3.6) が得られる．

(3) $\underline{F^{-1}:W_{F(a,b)}\to V_{(a,b)}}$： 「有界閉領域上の連続関数には最大値・最小値が存在する」という事実と「有界閉領域 D の連続関数 f による像 $f(D)$ は，有界閉領域である」という連続関数のもつ性質を認めて，逆関数 F^{-1} を構成しよう (2 つの性質については巻末の文献を参照されたい).

(1),(2) で構成した長方形 (閉) 領域 $E_{(a,b)}$ および，その境界 $\partial E_{(a,b)}$ は有界閉領域である．そこで，上述 2 番目の事実を用いると，$\partial E_{(a,b)}$ の連続写像 $F:\mathbf{R}^2\to\mathbf{R}^2$ による像 $F(\partial E_{(a,b)})$ も有界な閉領域となる．ここで，$F(\partial E_{(a,b)})$ 上の連続関数 $G(z_1,z_2)$ を

$$G(z_1,z_2)=\sqrt{(z_1-F_1(a,b))^2+(z_2-F_2(a,b))^2}$$

と定める．このとき $F(\partial E_{(a,b)})$ は有界閉領域であるから，$G(z_1,z_2)$ には最大値および最小値が存在する．$G(z_1,z_2)$ の最小値を d とするとき，(1) で構成した $E_{(a,b)}$ の性質から，$F(\partial E_{(a,b)})$ 上で $G(z_1,z_2)$ は 0 にはならず $d>0$ である．点 $F(a,b)$ から距離が $\frac{d}{2}$ より小である円板領域を

$$W_{F(a,b)}=\left\{\,(z_1,z_2)\,|\,G(z_1,z_2)<\frac{d}{2}\right\}$$

と定めると，$W_{F(a,b)}$ は点 $F(a,b)$ を含む $\mathbf{R}^2$ の開領域となる．

次に, 開領域 $W_{F(a,b)}$ 内に点 (z_1,z_2) を取って, $E_{(a,b)}$ 上の C^1 級関数 $\mathcal{F}(x_1,x_2)$ を

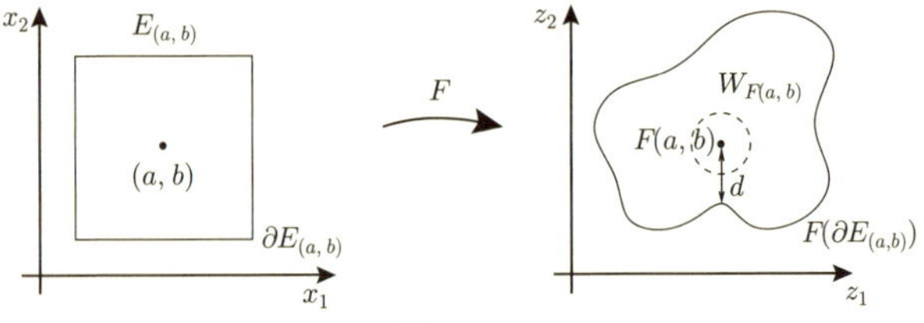

図 3.3

$$\mathcal{F}(x_1,x_2)=\sqrt{(z_1-F_1(x_1,x_2))^2+(z_2-F_2(x_1,x_2))^2}$$

と定めると，特に $\mathcal{F}(a,b)=G(z_1,z_2)$ が成り立つ．$\mathcal{F}(x_1,x_2)$ は連続関数であるから，長方形領域 $E_{(a,b)}$ 上で最小値を取るが，最小値は境界 $\partial E_{(a,b)}$ 上にはないことがわかる．実際，$(z_1,z_2)\in W_{F(a,b)}$ であるから，$\mathcal{F}(a,b)=G(z_1,z_2)<\frac{d}{2}$ が成り立ち，$\partial E_{(a,b)}$ 上の点 (x_1,x_2) について $\mathcal{F}(a,b)<\frac{d}{2}<\mathcal{F}(x_1,x_2)$ となるからである (図 3.3 参照)．最小値が境界上にないことから，極値が最小値を与えることがわかる．そこで，$\mathcal{F}(x_1,x_2)^2$ が極値を取る条件

$$\frac{\partial\mathcal{F}^2}{\partial x_i}=-(z_1-F_1(x_1,x_2))\frac{\partial F_1}{\partial x_i}-(z_2-F_2(x_1,x_2))\frac{\partial F_2}{\partial x_i}=0$$

について調べると，$E_{(a,b)}$ 上で $\det\ D_F(x_1,x_2)\neq 0$ であることから，$z_i-F_i(x_1,x_2)=0$ $(i=1,2)$ が得られる．最小値が存在することはわかっているので，これを満たすような (x_1,x_2) は存在し，また最小値は 0 である．さらに，$(z_1,z_2)=(F_1(x_1,x_2),F_2(x_1,x_2))=(F_1(x'_1,x'_2),F_2(x'_1,x'_2))$ であったとすると，不等式 (3.6) によって，$\mathrm{dis}((x_1,x_2),(x'_1,x'_2))=0$ となり，最小値 0 を与える (x_1,x_2) はただひとつに決まることがわかる．こうして，$(z_1,z_2)\in W_{F(a,b)}$ に対して，$z_i-F_i(x_1,x_2)=0$ $(i=1,2)$ を満たす $(x_1,x_2)\in E_{(a,b)}$ が 1 つ確定し，逆関数 $F^{-1}:W_{F(a,b)}\to E_{(a,b)}$ が決まることになる．

記号 F^{-1} を用いて，$(x_1,x_2)=F^{-1}(z_1,z_2)$ と表し，不等式 (3.6) へ代入すると

$$\mathrm{dis}(F^{-1}(z_1,z_2),F^{-1}(z'_1,z'_2))\leq 2\,\mathrm{dis}((z_1,z_2),(z'_1,z'_2))$$

が得られるが，これより $F^{-1}:W_{F(a,b)}\to E_{(a,b)}$ が連続関数であることがわかる ($(z'_1,z'_2)\to(z_1,z_2)$ としてみるとよい)．開領域 $W_{F(a,b)}$ の F^{-1} による像 $F^{-1}(W_{F(a,b)})$ を $V_{(a,b)}$ と表すと，F が連続関数であるから $V_{(a,b)}\subset E_{(a,b)}$ は開領域となることが示される (連続関数の性質)．$V_{(a,b)}$ は点 (a,b) を含み，

$$F:V_{(a,b)}\to W_{F(a,b)},\qquad F^{-1}:W_{F(a,b)}\to V_{(a,b)}$$

のように連続写像 F,F^{-1} によって，開領域 $W_{F(a,b)}$ と 1 対 1 に対応する．

(4) F^{-1} が C^1 級であること： 関数 $F:V_{(a,b)}\to W_{F(a,b)}$ の下で，$(z_1,z_2)=F(x_1,x_2)$，$(z'_1,z'_2)=F(x'_1,x'_2)$ であるとする．このとき，関数 F は C^1 級であるから全微分可能で

$$F(x_1',x_2')-F(x_1,x_2)=D_F(x)\begin{pmatrix} x_1'-x_1 \\ x_2'-x_2 \end{pmatrix}+\begin{pmatrix} o(\mathrm{dis}(x',x)) \\ o(\mathrm{dis}(x',x)) \end{pmatrix}$$

と表される．$D_F(x)$ は正則行列なので，F^{-1} について

$$F^{-1}(z_1',z_2')-F^{-1}(z_1,z_2)=D_F(x)^{-1}\begin{pmatrix} z_1'-z_1 \\ z_2'-z_2 \end{pmatrix}+\begin{pmatrix} o(\mathrm{dis}(x',x)) \\ o(\mathrm{dis}(x',x)) \end{pmatrix} \tag{3.7}$$

が得られる．ここで，記号 $o(\mathrm{dis}(x',x))$ が $\mathrm{dis}(x',x)$ について高位の無限小を表すことの意味を考え $D_F(x)^{-1}\begin{pmatrix} o(\mathrm{dis}(x',x)) \\ o(\mathrm{dis}(x',x)) \end{pmatrix}=\begin{pmatrix} o(\mathrm{dis}(x',x)) \\ o(\mathrm{dis}(x',x)) \end{pmatrix}$ であることを用いる．無限小 $o(\mathrm{dis}(x',x))$ について，不等式 (3.6) を用いると

$$\frac{|o(\mathrm{dis}(x',x))|}{\mathrm{dis}(z',z)}=\frac{|o(\mathrm{dis}(x',x))|}{\mathrm{dis}(x',x)}\,\frac{\mathrm{dis}(x',x)}{\mathrm{dis}(z',z)}\le\frac{|o(\mathrm{dis}(x',x))|}{\mathrm{dis}(x',x)}\times 2 \tag{3.8}$$

が得られる．$(x_1',x_2')=F^{-1}(z_1',z_2')$ において，F^{-1} は連続関数であるので，$(z_1',z_2')\to(z_1,z_2)$ のとき $(x_1',x_2')\to(x_1,x_2)$ であり，また $\mathrm{dis}(x',x)\to 0$ である．したがって，(3.8) から $o(\mathrm{dis}(x',x))=o(\mathrm{dis}(z',z))$ が結論される．(3.7) と合わせると，$F^{-1}(z_1,z_2)$ が全微分可能であることが結論される．

全微分可能な関数の微分は，その関数行列を用いて式 (3.1) のような式で表されることと式 (3.7) を合わせると，$F^{-1}(z_1,z_2)$ の関数行列について

$$D_{F^{-1}}(z_1,z_2)=D_F(x_1,x_2)^{-1} \tag{3.9}$$

であることがわかる．逆行列 $D_F(x_1,x_2)^{-1}$ は $D_F(x_1,x_2)$ の行列成分と $\frac{1}{\det D_F(x_1,x_2)}$ の積で表され，それぞれは x_1,x_2 の連続関数である．また，$(x_1,x_2)=F^{-1}(z_1,z_2)$ は連続関数なので結局 $D_F(x_1,x_2)^{-1}$ の行列成分は z_1,z_2 の連続関数である．すなわち，$D_{F^{-1}}(z_1,z_2)=D_F(x_1,x_2)^{-1}$ の行列成分は z_1,z_2 の連続関数であり，したがって逆関数 F^{-1} は C^1 級関数であることが結論される．

以上 (1)～(4) によって，定理 3.2 の証明が終了する．　□

定理 3.2 では f は C^1 級関数であると仮定したが，さらに f が C^k 級関数であると仮定すると f^{-1} は C^k 級関数であることが示される．これをみるために，(3.9) 式を関数 f $(F=T\circ f)$ について書いてみると，$D_{f^{-1}}(y_1,y_2)=D_f(x_1,x_2)^{-1}$ が得られ，その行列成分について

$$\frac{\partial f_i^{-1}}{\partial y_j}=\left(\frac{\partial f_k}{\partial x_l}\text{の多項式}\right)^{-1}\frac{\partial f_j}{\partial x_i}$$

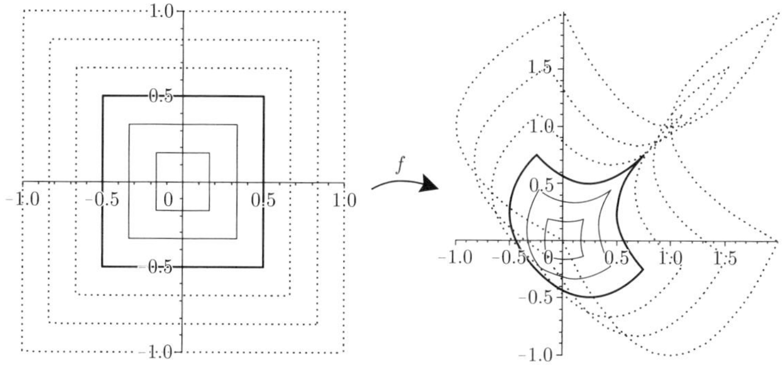

図 **3.4** 関数 $f:\mathbf{R}^2\to\mathbf{R}^2$, $(y_1,y_2)=(x_1+x_2^2,x_2+x_1^2)$ の様子

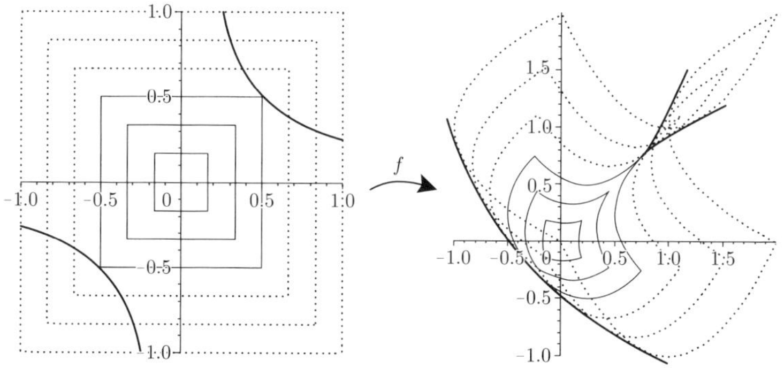

図 **3.5** 関数行列式 $\det D_f(x_1,x_2)=1-4\,x_1\,x_2$ が 0 となるところの様子

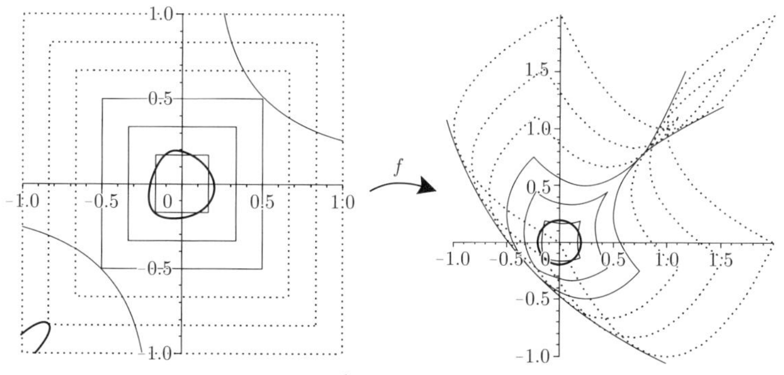

図 **3.6** $f^{-1}(W_{f(0,0)})$ の様子
中央部分が $V_{(0,0)}$ を定める

が得られる．$x_i = f_i^{-1}(y_1, y_2)$ から従う偏微分の関係 $\frac{\partial}{\partial y_k} = \sum_l \frac{\partial f_l^{-1}}{\partial y_k}\frac{\partial}{\partial x_l}$ と合わせて $\frac{\partial^2 f_i^{-1}}{\partial y_k \partial y_j}$ を計算すると，$f_i(x_1, x_2)$ が C^2 級であるとき $\frac{\partial^2 f_i^{-1}}{\partial y_k \partial y_j}$ は連続，すなわち $y_i = f_i^{-1}(x_1, x_2)$ は C^2 級であることがわかる．以下同様な議論を繰り返して，f が C^r 級であると仮定すると f^{-1} は C^r 級であることが結論される．

定理 3.2 では 2 変数関数の場合を扱ったが，これがそのまま n 変数関数の場合 $y_i = f_i(x_1, \cdots, x_n)$ $(i = 1, \cdots, n)$ の場合にも成り立つことは理解されるであろう．

逆関数定理の理解の助けとなるように，関数 $f : \mathbf{R}^2 \to \mathbf{R}^2$ が $(y_1, y_2) = (x_1 + x_2^2, x_2 + x_1^2)$ で表される場合に，$(x_1, x_2) = (0, 0)$ の近くで逆関数が作られる様子をグラフで描いてみた (図 3.4〜6)．定理 3.2 の証明で行った議論と合わせて，グラフを観察すると「感じ」がつかめると思う．

練習問題 3.1

1　$(y_1, y_2) = (x_1 + x_2^2, x_2 + x_1^2)$ が定める関数を $f : (x_1, x_2) \to (y_1, y_2)$ とする．原点 $(x_1, x_2) = (0, 0)$ の近くでは逆関数が存在することを示せ．また，原点の近くで定まる逆関数を $x_1 = f^{-1}(y_1, y_2), x_2 = f^{-1}(y_1, y_2)$ と表すとき，$\frac{\partial x_i}{\partial y_j}$ を (変数 x_1, x_2 を用いて) 表せ．

3.2　陰関数定理

円の方程式 $x^2 + y^2 = 1$ は，$-1 \leq x \leq 1$ で定義された 2 つの関数 $y = \sqrt{1 - x^2}$ と $y = -\sqrt{1 - x^2}$ を表していると思うことができる．このように，関数 $y = g(x)$ が直接表現されないで，「$f(x, y) = 0$ が定める x の関数 $y = g(x)$」のように間接的に表現されることがたびたび起こる．このように定められる x の関数 y を，関係式 $f(x, y) = 0$ によって定められた**陰関数**という．円の方程式の例が示すように，$f(x, y) = 0$ に対しいくつもの陰関数 $y = g(x)$ が定められる．

一般に，関係式 $f(x_1, \cdots, x_n, y) = 0$ に対し $f(x_1, \cdots, x_n, g(x_1, \cdots, x_n)) = 0$ が ($x_1, \cdots, x_n$ の恒等式として) 成り立つような関数 $y = g(x_1, \cdots, x_n)$ を $f(x_1, \cdots, x_n, y) = 0$ の陰関数と定義する．要するに，関係式 $f(x_1, \cdots, x_n, y) = 0$ を y の方程式と思って y について解いたものが陰関数 $y = g(x_1, \cdots, x_n)$ に

他ならない．この方程式が解ける条件を述べたものが陰関数定理である．定理を $n=1$ の場合に述べると次のようになる．

定理 3.3 (陰関数定理 1)　C^1 級関数 $f(x,y)$ について，

$$f(a,b)=0, \qquad \frac{\partial f}{\partial y}(a,b)\neq 0$$

が成立したとする．このとき，点 $x=a$ を含む開区間 U_a と，その上の C^1 級関数 $g: U_a \to \mathbf{R}$, $y=g(x)$ で

$$b=g(a), \qquad f(x,g(x))=0$$

を満たすものが存在する．また，このような関数 $g(x)$ はただひとつ定まり，その微分は

$$\frac{dg}{dx}=-\frac{\partial f}{\partial x}\left(\frac{\partial f}{\partial y}\right)^{-1}$$

を満たす．

(証明)　前節に示した逆関数定理を用いて証明する．関数 $F:\mathbf{R}\times\mathbf{R}\to\mathbf{R}\times\mathbf{R}$ を $F(x,y)=(x,f(x,y))$ によって定義すると，F の関数行列式は $\det D_F=\frac{\partial f}{\partial y}$ と計算される．仮定より $\det D_F(a,b)\neq 0$ であるから，逆関数定理 (定理 3.2) によって，点 (a,b) を含む開領域 $V_{(a,b)}$ および $F(a,b)=(a,0)$ を含む開領域 $W_{(a,0)}$ が存在して

$$F: V_{(a,b)} \to W_{(a,0)}$$

は逆関数をもち，かつ C^1 級となる．F の形から，逆関数 F^{-1} は具体的に

$$F^{-1}(x,z)=(x,h(x,z))$$

と表され，$h(x,z)$ は $W_{(a,0)}$ 上の C^1 級関数である．また，$F^{-1}(a,0)=(a,b)$ であるから，$b=h(a,0)$ である．さらに，すべての $(x,z)\in W_{(a,0)}$ について

$$(x,z)=F\circ F^{-1}(x,z)=F(x,h(x,z))=(x,f(x,h(x,z)))$$

が成り立ち，特に $z=0$ とすると $0=f(x,h(x,0))$ が成立する．そこで，

$$g(x)=h(x,0)$$

と定めれば，$g(a)=b$, $f(x,g(x))=0$ を満たす C^1 級関数である．また，作り方から $g(x)$ は $x=a$ を含む開区間上で定義されるので，これを U_a と書く．恒等式 $f(x,g(x))\equiv 0$ を合成関数の微分公式を使って x について微分すると，

$$\frac{\partial f}{\partial x}+\frac{\partial f}{\partial y}\frac{dg}{dx}=0$$

となるが，U_a 上で $\frac{\partial f}{\partial y}\neq 0$ であるから $\frac{dg}{dx}$ を表す式が得られる．

最後に，上に定めた関数 g の他に $f(x,g_1(x))=0$ を満たし $g_1(a)=b$ を満たす U_a 上の関数 g_1 があったとすると，

$$F(x,g_1(x))=(x,f(x,g_1(x)))=(x,0)=F(x,g(x))$$

が成り立つが，両辺に逆関数 F^{-1} を施せば $g_1(x)=g(x)$ が従い，関数 g が一意的に決まることがわかる． □

ここに示した 2 変数関数の関係式 $f(x,y)=0$ に関する陰関数定理は，そのまま $f(x_1,\cdots,x_n,y)=0$ の場合に対しても成立する．さらに，m 個の関係式 $f_i(x_1,\cdots,x_n,y_1,\cdots,y_m)=0$ $(i=1,\cdots,m)$ に関する場合にも拡張される．これは，m 個の連立した方程式を解いて，m 個の変数 $y_1,\cdots,y_m$ を残された変数 $x_1,\cdots,x_n$ で表す場合である．証明は $m=1$ の場合にならって，関数 $F:\mathbf{R}^n\times\mathbf{R}^m\to\mathbf{R}^n\times\mathbf{R}^m$ を考え，これに逆関数定理を当てはめれば容易に得られるので，結果のみをまとめておく．

定理 3.4 (陰関数定理 2)　C^1 級 $f_i(x_1,\cdots,x_n,y_1,\cdots,y_m)$ $(1\leq i\leq m)$ について，

$$f_i(a_1,\cdots,a_n,b_1,\cdots,b_m)=0,\qquad \det\left(\frac{\partial f_i}{\partial y_j}(a,b)\right)_{1\leq i,j\leq m}\neq 0$$

であるとする．このとき，点 $(a_1,\cdots,a_n)\in\mathbf{R}^n$ を含む開領域 $U_{(a_1,\cdots,a_n)}$ と，その上の C^1 級関数 $g:U_{(a_1,\cdots,a_n)}\to\mathbf{R}^m$, $y_i=g_i(x_1,\cdots,x_n)\,(=g_i(x))$ で

$$b_i=g_i(a_1,\cdots,a_n)\,,\quad f_i(x_1,\cdots,x_n,g_1(x),\cdots,g_m(x))=0\quad(1\leq i\leq m)$$

を満たすものが存在する．また，このような関数 $y_i=g_i(x_1,\cdots,x_n)$ はただひとつ定まり，その偏微分は

$$\frac{\partial f_i}{\partial x_j}+\sum_{k=1}^{m}\frac{\partial f_i}{\partial y_k}\frac{\partial g_k}{\partial x_j}=0$$

を満たす．

定理 3.4 のように，陰関数 $y_i = g_i(x_1, \cdots, x_n)$ を定めることを，「点 $(a_1, \cdots, a_n, b_1, \cdots, b_m)$ の近くで，関係式 $f_i(x_1, \cdots, x_n, y_1, \cdots, y_m) = 0\,(i = 1, \cdots, m)$ を y_i について解く」と表現する．

練習問題 3.2

1 方程式 $x^3-2xy+y^3=0$ は，$(x,y)=(1,1)$ の近くで y について解けることを示し，この点における $\frac{dy}{dx}$ の値を求めよ．また，点 $(1,1)$ における $\frac{d^2y}{dx^2}$ の値を求めよ．

2 方程式 $x^3-(x+y^2)z+z^4=0$ は，$(x,y,z)=(1,1,1)$ の近くで z について解けることを示し，この点における $\frac{\partial z}{\partial x}, \frac{\partial z}{\partial y}$ の値を求めよ．

3 関係式 $xu+yv=0, (x^2+y^2)uv-2u^2x^2=0$ は，点 $(x,y,u,v)=(1,1,1,-1)$ の近くで，u,v について解くことができることを示せ．また，$(x,y,u,v)=(1,1,1,-1)$ での $\frac{\partial u}{\partial x}, \frac{\partial u}{\partial y}, \frac{\partial v}{\partial x}, \frac{\partial v}{\partial y}$ の値を求めよ．

3.3 平 面 曲 線

$f(x,y)$ を C^1 級の関数として，関係式 $f(x,y)=0$ が定める平面の図形について考察しよう．陰関数定理によって，$f_y(a,b)\neq 0$ である点の近くでは「通常の」関数の形 $y=g(x)$ と表現されてしかも微分可能で接線の傾き $g'(x)$ が決まる．$f_y(a,b)=0$ のときも，$f_x(a,b)\neq 0$ であれば，x と y を入れ換えて同じことがいえるので，$f_x(a,b)$ と $f_y(a,b)$ がともに 0 になる点を除けば，$f(x,y)=0$ が定める平面の図形は「通常の」微分可能な関数のグラフをいくつか繋いだ形をしている．そこで，この平面の図形を

$$\Gamma_f=\{\,(x,y)\,|\,f(x,y)=0\,\}$$

と表し $f(x,y)$ が定める**平面曲線**と呼ぶ．また，Γ_f の点で $f_x(a,b)$ と $f_y(a,b)$ がともに 0 となるような点を平面曲線の**特異点**と呼び，特異点でない点を**通常点**と呼ぶ．

円や双曲線を表すような関数 $f(x,y)$ の具体形はお馴染みであるが，一般の $f(x,y)$ に対する平面図形 Γ_f には実に多様な形状が現れる．その様子を理解するために，平面曲線 Γ_f を曲面 $z=f(x,y)$ と xy 平面 $z=0$ の交わりであるとみることにする．さらに，グラフの交わりを xy 平面に平行な平面 $z=c$ との交わりとして Γ_f の定義を

$$\Gamma_f(c)=\{\,(x,y)\,|\,f(x,y)=c\,\}$$

のように拡張して考えよう (明らかに $\Gamma_f(0)=\Gamma_f$，$\Gamma_f(c)=\Gamma_{f-c}$ である)．$z=c$ を動かしてみると，$\Gamma_f(c)$ が曲面 $z=f(x,y)$ のグラフを等高線の集まりとして表現する様子がイメージできるであろう．関数 $f(x,y)$ を固定しても，「高さ」c によって多様な等高線が現れることは地図などの例から周知の事柄である．特に，等高線 $\Gamma_f(c)$ はいくつかの曲線からなり，また，その中には「山の頂上」のように 1 点からなるものも現れることがある．c が $z=f(x,y)$ の極値に近い値を取るときの $\Gamma_f(c)$ の形状は，図 1.9 で与えたグラフ $z=f(x,y)$ の分類と深く関わることは理解されるであろう．$\Gamma_f(c)$ を調べることは一般に容易ではないので，第 1 章 1.3 節，例題 1.17，1.18 で極値問題を調べた関数 $f(x,y)$ を例にとって，$\Gamma_f(c)$ の形状を描いておく．

例 1 $f(x,y)=x^3-3xy+y^3$ の極値は，点 $(1,1)$ において極小値 -1，点 $(0,0)$ は鞍点を定めた．これに対応して $\Gamma_f(c)$ は，c の値を変化させるとき $c=-1$ と $c=0$ でその形状を変化させる．図 3.7 では，$\Gamma_f(-1)$ と $\Gamma_f(0)$ が太線で描かれている．臨界値の近くでの平面曲線の形状が，極小，鞍点である事柄と結びついている様子を把握されたい．また，極値である，$c=-1$ に対する $\Gamma_f(-1)$ は孤立した点の他に直線 $x+y+1=0$ からなる．ここで，孤立した点は極値に対応し，直線は $f(x,y)+1$ が $(x+y+1)(x^2+y^2-xy-x-y+1)$ のように因数分解することから現れる．

例 2 $f(x,y)=\{(x-1)^2+y^2-4\}\{(x+1)^2+y^2-4\}$ は，点 $(\pm\sqrt{5},0)$ で最小値 -16，点 $(0,0)$ で極大値 9，さらに点 $(0,\pm\sqrt{3})$ で鞍点となり値 0 を取る．これらに対応して，$\Gamma_f(c)$ は $c=-16,0,9$ においてその形状を変える．図 3.8 では，$c=-16,0,9$ に対する平面曲線 $\Gamma_f(c)$ を太線で描いている．$\Gamma_f(-16)$ は孤

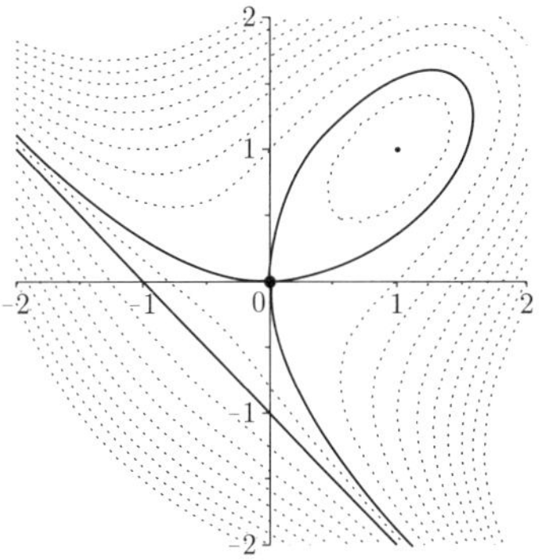

図 **3.7**

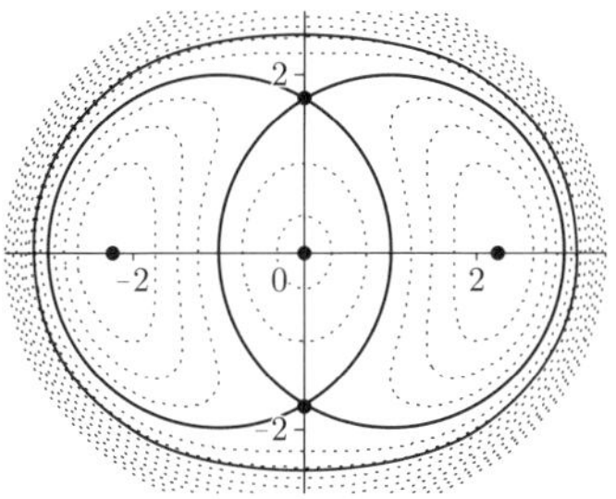

図 **3.8**

立した 2 点 $(\pm\sqrt{5},0)$ からなり，$\Gamma_f(0)$ は 2 点 $(0,\pm\sqrt{3})$ で交わった円周，$\Gamma_f(9)$ は外回りの 1 つの大きな曲線と 1 点 $(0,0)$ からなる．

3.4　条件付き極大・極小問題への応用

変数 x,y が条件 $\varphi(x,y)=0$ を満たす範囲を動くときに，$f(x,y)$ の極大値や極小値を調べることがしばしば問題になり，条件付き極値問題などと呼ばれる．条件 $\varphi(x,y)=0$ を，y (または x) について解いて陰関数 $y=g(x)$ (または $x=g(y)$) で表すという方針で考えれば，この問題は 1 変数の極値問題となる．

命題 3.5　$f(x,y),\varphi(x,y)$ を C^1 級関数とし，条件 $\varphi(x,y)=0$ の下で $f(x,y)$ の極値問題を考える．このとき点 (a,b) が極値 (極大値または極小値) をであるならば

$$\varphi(a,b)=0 \quad \text{かつ} \quad \begin{vmatrix} f_x(a,b) & \varphi_x(a,b) \\ f_y(a,b) & \varphi_y(a,b) \end{vmatrix} = 0 \tag{3.10}$$

が成り立つ．

(証明)　点 (a,b) が極値であるとき，次の 3 つの場合に (3.10) 第 2 式を導く．

i)　$\varphi_y(a,b)\neq 0$ であるとき．陰関数定理 (定理 3.3) によって $x=a$ の近くで陰関数 $y=g(x)$ が定まり，これによって条件 $\varphi(x,y)=0$ を y について解く

ことができる．このとき，1変数関数 $F(x)=f(x,g(x))$ は $x=a$ で極値を取り，合成関数の微分公式から

$$F'(a)=f_x(a,b)+f_y(a,b)g'(a)=f_x(a,b)-f_y(a,b)\frac{\varphi_x(a,b)}{\varphi_y(a,b)}=0$$

である．これより (3.10) の第2式が得られる．

ii) $\varphi_x(a,b)\neq 0$ であるとき．i) で x と y を入れ換えればよい．

iii) $\varphi_x(a,b)=\varphi_y(a,b)=0$ のとき．i), ii) のように陰関数定理を用いた議論はできないが，(3.10) の第2式は自明に成り立っている． □

上の命題によって，条件 (3.10) は点 (a,b) が極値を与えるための必要条件となる．したがって，極値を求めるためには，最初に方程式 (3.10) の解を求め，次に個々の解が実際に極値になっているか確かめればよい．証明の中で行った3つの場合に分けて考えると，i), ii) の場合は1変数関数の極値問題になっているので，方程式 (3.10) の解が停留点ではなく極小または極大値になっていることを確かめることになる．iii) の場合は，点 (a,b) が平面曲線 Γ_φ の特異点になる場合で，解の近くで条件 $\varphi(x,y)=0$ を注意深く調べることが必要となる．

iii) の場合を考察から除外する場合，

$$F(x,y,\lambda)=f(x,y)-\lambda\varphi(x,y) \tag{3.11}$$

によってパラメータ λ を導入し，変数 x,y に関する条件付き極値問題を，パラメータを含めた変数 x,y,λ に関する条件なしの極値問題に (形式的に) 書き直すことができる．次の命題でその準備を行おう．

命題 3.6 $f(x,y),\varphi(x,y)$ を C^1 級関数とする．Γ_φ の通常点 (a,b) が，条件 $\varphi(x,y)=0$ の下での $f(x,y)$ の極値 (極大値または極小値) を与えているとき，

$$F_x(a,b,\alpha)=F_y(a,b,\alpha)=F_\lambda(a,b,\alpha)=0$$

を満たす α が存在する．

(証明) 条件を書き下すと，$F_\lambda(a,b,\alpha)=-\varphi(a,b)=0$ の他に

$$F_x(a,b,\alpha)=f_x(a,b)-\alpha\varphi_x(a,b)=0,\quad F_y(a,b,\alpha)=f_y(a,b)-\alpha\varphi_y(a,b)=0$$

が得られる．ここで，最初の式 $F_\lambda = 0$ は仮定の下で自明に成立しているので忘れてよい．他の 2 式は α について 1 次式で，行列の形でかくと $\begin{pmatrix} f_x(a,b) & \varphi_x(a,b) \\ f_y(a,b) & \varphi_y(a,b) \end{pmatrix}\begin{pmatrix} 1 \\ -\alpha \end{pmatrix} = \begin{pmatrix} 0 \\ 0 \end{pmatrix}$ となるが，式 (3.10) から行列式は 0 に等しく，$(\varphi_x, \varphi_y) \neq (0,0)$ の仮定の下で，α が存在することがわかる． □

上の命題から，条件 $\varphi(x,y) = 0$ の下で $f(x,y)$ の極値を与えるような点 (a,b) であって，Γ_φ の通常点であるようなものは，方程式

$$F_x(x,y,\lambda) = F_y(x,y,\lambda) = F_\lambda(x,y,\lambda) = 0 \tag{3.12}$$

の解の中に必ず現れる．方程式 (3.12) は, 3 変数関数 $F(x,y,\lambda)$ の極値条件を表すものに他ならないので, 条件付き極値問題が形式的に条件なしの極値問題に書き直されたことになる．このような書き直しを行って, 条件付き極値問題を考える方法を**ラグランジュ (Lagrange) の未定係数法**と呼んでいる．ラグランジュの未定係数法を用いるときには, Γ_φ の特異点, すなわち $\varphi(a,b) = \varphi_x(a,b) = \varphi_y(a,b) = 0$ となってしまう点が考察から除外されていることに注意が必要である．これらについては方程式 (3.12) の解とは別に調べる必要がある．

ラグランジュの未定係数法は，変数の数が多くなって C^1 級の n 変数関数 $f(x_1, x_2, \cdots, x_n)$ の条件 $\varphi(x_1, x_2, \cdots, x_n) = 0$ の下での極値問題を考えるときにも，形を変えないで適用される．この場合，条件付き極値問題は，助変数 λ を用いた関数

$$F(x_1, \cdots, x_n, \lambda) = f(x_1, \cdots, x_n) - \lambda\varphi(x_1, \cdots, x_n)$$

の極値問題に置き換えられ，必要な計算が「機械化」されてうれしい．極値条件 (3.12) の方程式から得られる解が実際に極値になっているか判定するのは，例題 3.8 でみるように少し面倒である．

例題 3.7 ラグランジュの未定係数法を用いて条件 $\varphi(x,y) = x^2 + y^2 - 1 = 0$ の下で, 関数 $f(x,y) = xy$ の極値を調べよ．

(解答) $F(x,y) = xy - \lambda(x^2 + y^2 - 1)$ と置く．このとき極値条件 (3.12) は

$$y - 2\lambda x = 0\,, \qquad x - 2\lambda y = 0\,, \qquad x^2 + y^2 - 1 = 0$$

となる．ここで，第 1, 2 式から $xy = 4xy\lambda^2$ が得られるので，$xy \neq 0$ のとき $\lambda = \pm\frac{1}{2}$ と決まる．ここで，それぞれの λ に対して x, y が決まり

$$(x,y,\lambda) = \left(\pm\frac{1}{\sqrt{2}}, \pm\frac{1}{\sqrt{2}}, \frac{1}{2}\right), \quad \left(\pm\frac{1}{\sqrt{2}}, \mp\frac{1}{\sqrt{2}}, -\frac{1}{2}\right) \qquad (\text{複号同順})$$

となる．また，$xy=0$ のときは解が存在しないことがわかるので，極値条件の解は以上の 4 つである．

$\varphi_x = \varphi_y = 0$ かつ $\varphi(x,y) = 0$ であるような (x,y) は存在しないので，上で得られた 4 つの解の中に極値を与える点がすべて含まれる．

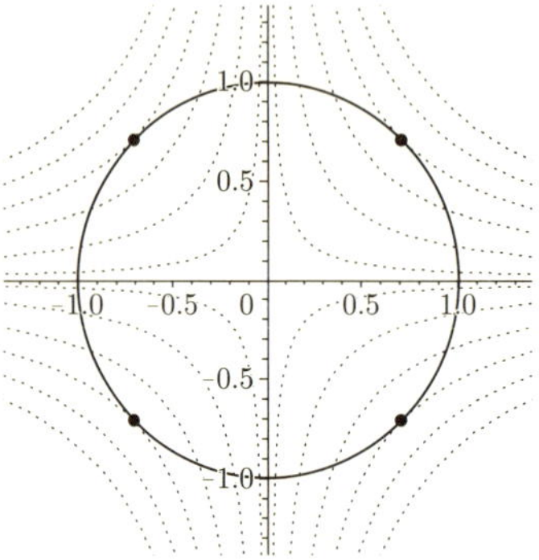

図 3.9

4 つの解が実際に極値を与えるかどうかを調べる必要があるが，これらの点に対する $f(x,y)$ は $\frac{1}{2}$ または $-\frac{1}{2}$ と計算されることから，$\frac{1}{2}$ が最大値，$-\frac{1}{2}$ が最小値と結論できる．実際，条件 $\varphi(x,y) = 0$ は円周 (したがって有界閉集合) であるので，その上で考える (連続) 関数 $f(x,y) = xy$ には最大値と最小値がともに存在する．またそれらは順に $\frac{1}{2}, -\frac{1}{2}$ に一致しなければならない．

以上まとめて，$f(x,y)$ は点 $(\pm\frac{1}{\sqrt{2}}, \pm\frac{1}{\sqrt{2}})$ で最大値 $\frac{1}{2}$，点 $(\pm\frac{1}{\sqrt{2}}, \mp\frac{1}{\sqrt{2}})$ で最小値 $-\frac{1}{2}$ (複号同順) を取る (図 3.9). □

例題 3.8 $f(x,y) = x^2+y^2-3y$ について，条件 $\varphi(x,y) = y^2-4x^2y+3x^4 = 0$ の下でその極値をすべて求めよ．

(解答) $\varphi(x,y)$ が $(y-x^2)(y-3x^2)$ と因数分解されることから，容易に y が消去されこの問題は高等学校の知識で解ける．また，$f(x,y)$ は点 $(0, \frac{3}{2})$ からの距離 (の 2 乗) であることから，図形的に考察しても解ける．しかし以下では，これらの事実を用いないで，ラグランジュの未定係数法と陰関数定理を使って一般的に解いてみることにしよう．

$F(x,y,\lambda) = x^2+y^2-3y-\lambda(y-x^2)(y-3x^2)$ と置いて，極値条件 $F_x = F_y = F_\lambda = 0$ を解く．$F_\lambda = (y-x^2)(y-3x^2) = 0$ から 2 通りに場合分けができて，$y = x^2$ のとき

$$F_x = 2x(1-2\lambda x^2) = 0, \qquad F_y = 2x^2-3+2\lambda x^2 = 0$$

となる．これを解いて $(x,y,\lambda) = (\pm 1, 1, \frac{1}{2})$．$y = 3x^2$ のときも同様にして，$(x,y,\lambda) = (\pm\frac{2}{3}, \frac{4}{3}, -\frac{3}{8})$ が得られる．

今の場合，極値条件から得られる上の 4 つの解の他に，$\varphi_x = \varphi_y = \varphi = 0$ を満たす $(x,y) = (0,0)$ がみつかる．これを加えて合計 5 つの点で $f(x,y)$ は極値となりうる．

$(x,y) = (\pm 1, 1)$： この点では $\varphi_y(\pm 1, 1) = -2 \neq 0$ であるから，陰関数定理より $y = g(x)$ が定められる．このとき，関数 $h(x) = f(x, g(x))$ が $x = \pm 1$ で極値であるかどうかを判定すればよい．そのために陰関数 $g(x)$ の導関数について

$$g'(x) = -\frac{\varphi_x(x,g(x))}{\varphi_y(x,g(x))}, \qquad g''(x) = -\frac{\varphi_{xx}+\varphi_{xy}g'}{\varphi_y} + \varphi_x\frac{\varphi_{yx}+\varphi_{yy}g'}{\varphi_y^2}$$

であることに注意する．ここで，第 2 式では $\varphi_{xx} = \varphi_{xx}(x, g(x))$ などと省略して表している．これらを用いると $h(x) = f(x, g(x))$ の導関数について

$$h'(x) = f_x + f_y\, g', \qquad h''(x) = f_{xx} + 2f_{xy}\, g' + f_{yy}(g')^2 + f_y\, g''$$

と計算され，$g(\pm 1) = 1$, $g'(\pm 1) = \pm 2$, $g''(\pm 1) = 2$ であることから $h'(\pm 1) = 0, h''(\pm 1) = 8$ と計算される．したがって点 $(\pm 1, 1)$ は極小値を与えると結論される．

$(x,y) = (\pm\frac{2}{3}, \frac{4}{3})$： この場合も，$\varphi_y(\pm\frac{2}{3}, \frac{4}{3}) = \frac{8}{9} \neq 0$ であるから陰関数 $y = g(x)$ が定まり，上の計算がそのまま当てはまる．結果，$h'(\pm\frac{2}{3}) = 0, h''(\pm\frac{2}{3}) = 32$ となって，この点が極小値であることがわかる．

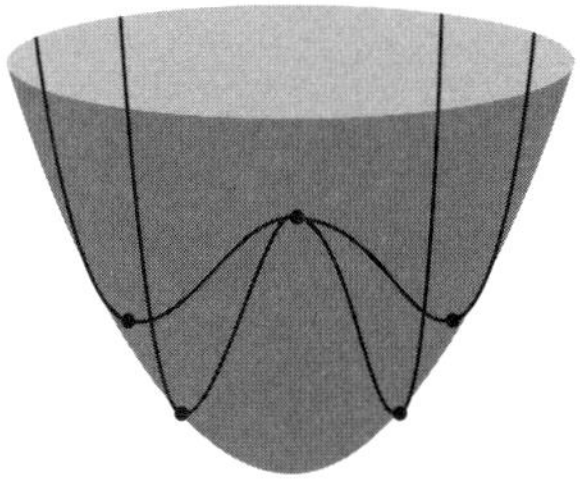

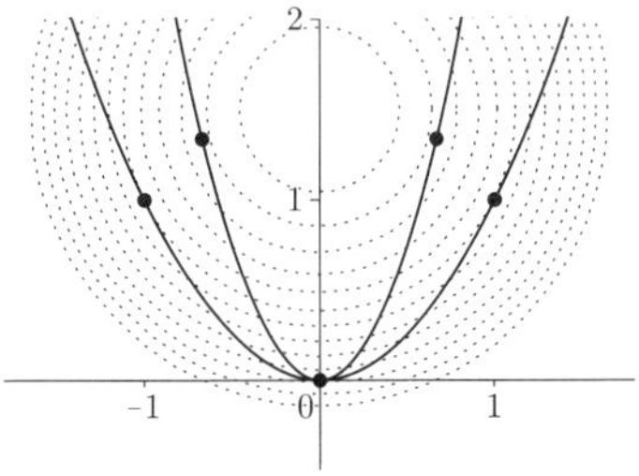

図 3.10 条件付き極値問題
右図は xy 平面への射影．

$\underline{(x,y)=(0,0)}$： この点は，$\varphi_x=\varphi_y=0$ となって陰関数定理を用いることができない．しかし今の場合，グラフを容易に書くことができるので，この点が極大値を与えていることがわかる．

結果をまとめると，$f(x,y)$ は

$$(\pm 1, 1) \text{ で極小値} -1, \quad (\pm\tfrac{2}{3}, \tfrac{4}{3}) \text{ で最小値} -\tfrac{16}{9}, \quad (0,0) \text{ で極大値 } 0$$

を取る．ただし，グラフの様子から，極小値の中に最小値となるものがあることを読み取った． □

上の例題でみるように，ラグランジュの未定係数法では，$\varphi_x=\varphi_y=\varphi=0$ を満たす点が存在するとき，このような点を「見逃さ」ないように注意したい．

練習問題 3.3

1 条件 $x^2+y^2=1$ の下で，x^2-2y^3 の最大値および最小値を求めよ．

2 条件 $x^2(x+1)=y^2$ の下で，x^2-y^2 の極値を求めよ．

3 $2x^3+6xy+3y^2=0$ の下で $x+y$ の極値を求めよ．

章 末 問 題

1 関係式 $x^2+y^2+z^2=1, x+y^2=0$ が y,z について解ける条件を調べ，$\frac{dy}{dx}, \frac{dz}{dx}$ を求めよ．

2 平面の点を複素数 $z=x+iy, w=u+iv$ と表すとき，$w\neq 0$ に対して $z=\frac{1}{w}$ が定める写像について関数行列式を求めよ．

3 $f(x,y,z)$ を C^1 級の関数とする．$f(x,y,z)=0$ であるとき，$f_xf_yf_z\neq 0$ ならば $\frac{\partial z}{\partial x}\frac{\partial x}{\partial y}\frac{\partial y}{\partial z}=-1$ が成り立つことを示せ．ここで，たとえば $\frac{\partial z}{\partial x}$ は z,x 以外の変数 (y) をパラメータと思って行う微分を表す．

4 次の平面曲線の概形を調べよ．

(1) $y^2=x(x^2-3)$

(2) $y^3=2x^2(x-3)$

(3) $x^4-4xy+y^4=0$

5 平面曲線 $\Gamma(c): x^4-4xy+y^2=c$ が特異点をもつような定数 c の値を求めよ．また，このとき特異点の近くで $\Gamma(c)$ の形の概略を調べよ．

6 $F(x,y,z)$ を C^2 級関数とする．$F(x,y,z)=0$ が陰関数 $z=f(x,y)$ を定めるとき，次の関係式を示せ．

$$f_{xx} = -\frac{1}{F_z^3}(F_z^2 F_{xx} + F_x^2 F_{zz} - 2F_x F_z F_{xz})$$
$$f_{yy} = -\frac{1}{F_z^3}(F_z^2 F_{yy} + F_y^2 F_{zz} - 2F_y F_z F_{yz})$$
$$f_{xy} = \frac{1}{F_z^3}(F_x F_z F_{yz} + F_y F_z F_{xz} - F_z^2 F_{xy} - F_x F_y F_{zz})$$

ここで，たとえば F_{xz} は $F_{xz}(x, y, f(x, y))$ などを表すものとする．

7 $G(x, v)$ を C^2 級の関数とし

$$f_1(x, y, u, v) = u - G_v(x, v), \qquad f_2(x, y, u, v) = y - G_x(x, v)$$

とおく．このとき，2 つの関係式 $f_1(x, y, u, v) = 0$，$f_2(x, y, u, v) = 0$ を点 $(x, y, u, v) = (a, b, \alpha, \beta)$ の近くで x，y について解いて，$x = x(u, v)$，$y = y(u, v)$ と表すことができるための条件を述べよ．また，このとき $\frac{\partial(x, y)}{\partial(u, v)} = 1$ であることを示せ．

第 4 章

ベクトル解析入門

CHAPTER 4

線型代数で平面や空間のベクトルについて詳しく学んでいるが，ここではこれらを解析学と結び付けてベクトル解析と呼ばれる計算手法にまとめる．また，グリーンの定理やガウスの定理をベクトル解析の言葉で書き直すことを行う．ベクトル解析は，力学や電磁気学などで用いられる大切な計算手法である一方で，平面や空間を一般化した多様体の幾何学において微分形式の理論に抽象化され現代数学につながっていく．ここでは微分形式の簡単な導入をしてベクトル解析と結びつける．

4.1 ベクトルの内積と外積

平面ベクトルは空間ベクトルの特別な場合と考えられるので，ここでは空間ベクトルに関する記法について整理しよう．線型代数では，3 つの成分からなる列ベクトル (3 項列ベクトル) を $\boldsymbol{x} = {}^t(x_1, x_2, x_3)$ などと表し，3 項列ベクトル全体からなる集合を

$$\mathbf{R}^3 = \left\{ \begin{pmatrix} x_1 \\ x_2 \\ x_3 \end{pmatrix} \middle| \, x_1, x_2, x_3 \in \mathbf{R} \right\}$$

と表した．A を 3×3 (実) 行列とするとき，行列演算によって $A\boldsymbol{x}$ は再び $\mathbf{R}^3$ の元 (要素) を定めるのであった．

空間ベクトルは $\mathbf{R}^3$ の元 (要素) として，$\begin{pmatrix} x_1 \\ x_2 \\ x_3 \end{pmatrix}$ あるいは転置記号 ^{t} を伴って ${}^t(x_1, x_2, x_3)$ と表されるものであるが，以下では混乱のない限りこれらを単に (x_1, x_2, x_3) と書いて記号が煩雑になるのを避けることにする．したがって，

3×3 行列 A に対して，$A(x_1,x_2,x_3)$ はこの形では意味をなさないが $A\begin{pmatrix} x_1 \\ x_2 \\ x_3 \end{pmatrix}$ あるいは $A\,{}^t(x_1,x_2,x_3)$ と理解する．また，ベクトルは $\boldsymbol{x},\boldsymbol{y},\boldsymbol{z},\cdots$ や $\boldsymbol{a},\boldsymbol{b},\boldsymbol{c},\cdots$ のような太文字で表し，数であるスカラー量 $x,y,z,\cdots,a,b,c,\cdots$ などと区別する．

2 つのベクトル $\boldsymbol{a}=(a_1,a_2,a_3),\boldsymbol{b}=(b_1,b_2,b_3)$ の内積はベクトルの代数的な演算として

$$\boldsymbol{a}\cdot\boldsymbol{b}=a_1b_1+a_2b_2+a_3b_3$$

と定義される．このとき，$\boldsymbol{a}\cdot\boldsymbol{a}\geq 0$ であり，等号成立は $\boldsymbol{a}=\boldsymbol{0}$ のときに限られるので，ベクトルの長さが $||\boldsymbol{a}||=\sqrt{\boldsymbol{a}\cdot\boldsymbol{a}}$ によって定義され，これが幾何学的な有効線分 (ベクトル) の長さと一致することが確かめられる．さらに，$\boldsymbol{a}=(a_1,a_2,a_3),\boldsymbol{b}=(b_1,b_2,b_3)$ のなす角度を θ とすると，$\boldsymbol{a}\cdot\boldsymbol{b}=||\boldsymbol{a}||\,||\boldsymbol{b}||\cos\theta$ が成り立つことは周知の事柄である．

内積と同様に，2 つのベクトル $\boldsymbol{a}=(a_1,a_2,a_3),\boldsymbol{b}=(b_1,b_2,b_3)$ に対して，代数的に第 3 のベクトル $\boldsymbol{a}\times\boldsymbol{b}$ を

$$\boldsymbol{a}\times\boldsymbol{b}=\left(\begin{vmatrix} a_2 & b_2 \\ a_3 & b_3 \end{vmatrix},\ -\begin{vmatrix} a_1 & b_1 \\ a_3 & b_3 \end{vmatrix},\ \begin{vmatrix} a_1 & b_1 \\ a_2 & b_2 \end{vmatrix}\right)$$

によって定義したものが**外積**である．ここで，$\begin{vmatrix} a_2 & b_2 \\ a_3 & b_3 \end{vmatrix}=a_2b_3-a_3b_2$ などは行列式を表す．内積は 2 つのベクトルに対してスカラーを決めたのに対し，外積はベクトルを定めるのでベクトル積などとも呼ばれる．行列式の公式

$$\begin{vmatrix} a_1 & b_1 & c_1 \\ a_2 & b_2 & c_2 \\ a_3 & b_3 & c_3 \end{vmatrix}=c_1\begin{vmatrix} a_2 & b_2 \\ a_3 & b_3 \end{vmatrix}-c_2\begin{vmatrix} a_1 & b_1 \\ a_3 & b_3 \end{vmatrix}+c_3\begin{vmatrix} a_1 & b_1 \\ a_2 & b_2 \end{vmatrix}$$

の「形」に合わせ外積の定義を

$$\boldsymbol{a}\times\boldsymbol{b}=\begin{vmatrix} a_1 & b_1 & \boldsymbol{e}_1 \\ a_2 & b_2 & \boldsymbol{e}_2 \\ a_3 & b_3 & \boldsymbol{e}_3 \end{vmatrix} \tag{4.1}$$

と書いて記憶するのもよい．ここで，$\boldsymbol{e}_1,\boldsymbol{e}_2,\boldsymbol{e}_3$ は x,y,z 各座標軸方向の単位ベクトルである．

外積の定義に基づいて，あるいは形式的な表示 (4.1) を用いて，次の性質が

容易に示される.

$$1)\quad \boldsymbol{a}\times\boldsymbol{b} = -\boldsymbol{b}\times\boldsymbol{a}$$
$$2)\quad \lambda(\boldsymbol{a}\times\boldsymbol{b}) = \lambda\boldsymbol{a}\times\boldsymbol{b} = \boldsymbol{a}\times\lambda\boldsymbol{b}$$
$$3)\quad \boldsymbol{a}\times(\boldsymbol{b}+\boldsymbol{c}) = \boldsymbol{a}\times\boldsymbol{b}+\boldsymbol{a}\times\boldsymbol{c}$$
$$4)\quad (\boldsymbol{a}+\boldsymbol{b})\times\boldsymbol{c} = \boldsymbol{a}\times\boldsymbol{c}+\boldsymbol{a}\times\boldsymbol{c}$$
$$5)\quad (\boldsymbol{a}\times\boldsymbol{b})\cdot\boldsymbol{c} = (\boldsymbol{b}\times\boldsymbol{c})\cdot\boldsymbol{a} = (\boldsymbol{c}\times\boldsymbol{a})\cdot\boldsymbol{b}$$

これらの性質は，行列式の各行に関する交代性と線型性から従うので各自で確認されたい．性質 1) からただちに $\boldsymbol{a}\times\boldsymbol{a} = \boldsymbol{0}$ という，外積演算の顕著な性質が従う．この性質と性質 5) を合わせると，

$$(\boldsymbol{a}\times\boldsymbol{b})\cdot\boldsymbol{a} = (\boldsymbol{a}\times\boldsymbol{a})\cdot\boldsymbol{b} = 0 \tag{4.2}$$

が得られ，同様に $(\boldsymbol{a}\times\boldsymbol{b})\cdot\boldsymbol{b} = 0$ が得られる．

例題 4.1 2 つの空間ベクトル $\boldsymbol{a}, \boldsymbol{b}\,(\neq \boldsymbol{0})$ の外積 $\boldsymbol{a}\times\boldsymbol{b}$ は，$\boldsymbol{a}$ と $\boldsymbol{b}$ が定める平行四辺形の面積をその大きさにもち，方向は $\boldsymbol{a}, \boldsymbol{b}$ に垂直な方向で，$\boldsymbol{a}$ から $\boldsymbol{b}$ へ回す右ねじが進む向きをもつ．

(解答) $\boldsymbol{a}\times\boldsymbol{b}$ の大きさを計算すると

$$\begin{aligned}\|\boldsymbol{a}\times\boldsymbol{b}\|^2 &= (a_2b_3-a_3b_2)^2+(a_1b_3-a_3b_1)^2+(a_1b_2-a_2b_1)^2\\ &= \|\boldsymbol{a}\|^2\,\|\boldsymbol{b}\|^2-(\boldsymbol{a}\cdot\boldsymbol{b})^2 = \|\boldsymbol{a}\|^2\,\|\boldsymbol{b}\|^2\sin^2\theta\end{aligned}$$

となり，外積ベクトルの大きさが平行四辺形の面積に等しいことがわかる．ただし，θ は 2 つのベクトルのなす角 $(0 \leq \theta \leq \pi)$ とする．

式 (4.2) で導いたように，$(\boldsymbol{a}\times\boldsymbol{b})\cdot\boldsymbol{a} = (\boldsymbol{a}\times\boldsymbol{b})\cdot\boldsymbol{b} = 0$ が成り立つので，($\theta \neq 0, \pi$ のとき) 外積ベクトルは $\boldsymbol{a}$, $\boldsymbol{b}$ が定める平面に垂直である．外積ベクトル $\boldsymbol{a}\times\boldsymbol{b}$ の向きはこの平面に対して 2 通り考えられるが，$\boldsymbol{a}$ から $\boldsymbol{b}$ へ回す右ねじが進む向きであることがわかる．実際，この平面を「連続的」に回転させて，$\boldsymbol{a}$ を x 軸の正の向きに一致させ，かつ $\boldsymbol{b}$ が xy 平面上 $y > 0$ の範囲に位置するように移動させるとき，$\boldsymbol{a}\times\boldsymbol{b} = \left(0, 0, \begin{vmatrix} a_1 & b_1 \\ 0 & b_2 \end{vmatrix}\right)$ $(a_1, b_2 > 0)$ となって外積ベクトルが z 軸の正の向きをもつことが確かめられる． □

上の例題から，2 つのベクトル $\boldsymbol{a}, \boldsymbol{b}\ (\neq \boldsymbol{0})$ について，$\boldsymbol{a}\times\boldsymbol{b} = \boldsymbol{0}$ であるならば，

$\theta = 0$ または π, すなわち $\boldsymbol{a}$ と $\boldsymbol{b}$ は同じ方向を定める．これを $\boldsymbol{a}$ と $\boldsymbol{b}$ は平行であるといっても誤解はないと思われる．内積が2つのベクトルの垂直条件を簡明に表したのに対応して，外積は2つのベクトルが平行である条件を簡明に表現することが理解される．

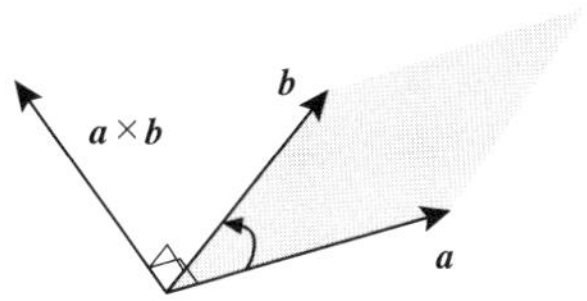

図 **4.1**　外積 $\boldsymbol{a}\times\boldsymbol{b}$

問 1　外積に関する次の公式を示せ．

(1)　$\boldsymbol{a}\times(\boldsymbol{b}\times\boldsymbol{c}) = (\boldsymbol{a}\cdot\boldsymbol{c})\boldsymbol{b} - (\boldsymbol{a}\cdot\boldsymbol{b})\boldsymbol{c}$

(2)　$\boldsymbol{a}\times(\boldsymbol{b}\times\boldsymbol{c}) + \boldsymbol{b}\times(\boldsymbol{c}\times\boldsymbol{a}) + \boldsymbol{c}\times(\boldsymbol{a}\times\boldsymbol{b}) = \boldsymbol{0}$

(3)　$(\boldsymbol{a}\times\boldsymbol{b})\cdot(\boldsymbol{c}\times\boldsymbol{d}) = (\boldsymbol{a}\cdot\boldsymbol{c})(\boldsymbol{b}\cdot\boldsymbol{d}) - (\boldsymbol{a}\cdot\boldsymbol{d})(\boldsymbol{b}\cdot\boldsymbol{c})$

4.2　ベクトルの微分

4.2.1　ベクトル値関数 (1) —— 曲線

2.4.2 項では平面の曲線を $C : (x(t), y(t))$ $(\alpha \leq t \leq \beta)$ と表して点の座標成分を具体的に与えたが，これを $\boldsymbol{x}(t) = (x(t), y(t))$ のようにベクトル記号を用いて表すこともできる．$\boldsymbol{x}(t)$ は，平面ベクトルに値を取るパラメータ t の関数と理解されるので，通常の関数に対比して**ベクトル値関数**などと呼ばれる．空間ベクトルについて同様なベクトル値関数を考えれば，空間の曲線が定義されることになる．ここでは，このような空間の曲線を表すベクトル値関数の微分について調べることにしよう．

一般にベクトル値関数 $\boldsymbol{x}(t) = (x_1(t),\ x_2(t),\ x_3(t))$ について，ベクトル成分 $x_i(t)$ がすべて C^r 級関数であるとき，$\boldsymbol{x}(t)$ は C^r 級であるということにする．$r \geq 1$ のとき，このようなベクトル値関数の微分は，関数の微分と同様にして

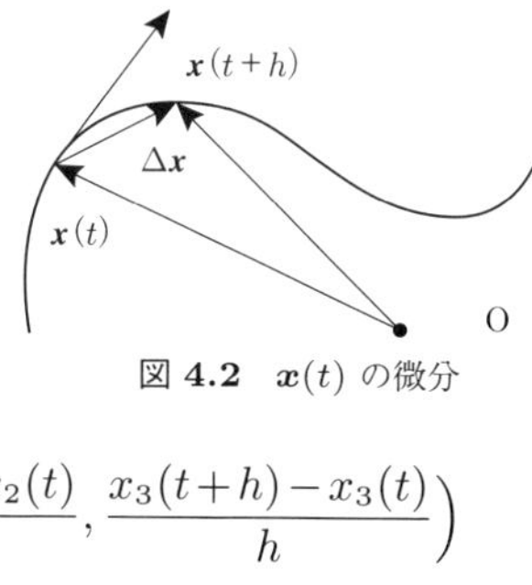

図 **4.2**　$\boldsymbol{x}(t)$ の微分

$$\begin{aligned}\frac{d\boldsymbol{x}(t)}{dt} &= \lim_{h\to 0}\frac{\boldsymbol{x}(t+h)-\boldsymbol{x}(t)}{h}\\ &= \lim_{h\to 0}\left(\frac{x_1(t+h)-x_1(t)}{h}, \frac{x_2(t+h)-x_2(t)}{h}, \frac{x_3(t+h)-x_3(t)}{h}\right)\end{aligned}$$

の極限として定義される．各座標成分についてみると，極限は関数 $x_i(t)$ の微分を表すから，ベクトル値関数の微分は各成分関数の微分に他ならない．図 4.2 に表すように，極限をベクトルとして図に書いて表現すると微分 $\frac{d\boldsymbol{x}(t)}{dt}$ が，曲線 $C:\boldsymbol{x}(t)$ に「接して」いる様子が観察されるので，$\frac{d\boldsymbol{x}(t)}{dt}$ を曲線 C の点 $\boldsymbol{x}(t)$ における**接ベクトル**と呼ぶ．

問 2 ベクトル値関数 $\boldsymbol{x}(t), \boldsymbol{y}(t)$ について，次の微分公式を示せ．

(1) $\frac{d}{dt}\big(\boldsymbol{x}(t)\cdot\boldsymbol{y}(t)\big) = \dot{\boldsymbol{x}}(t)\cdot\boldsymbol{y}(t)+\boldsymbol{x}(t)\cdot\dot{\boldsymbol{y}}(t)$

(2) $\frac{d}{dt}\big(\boldsymbol{x}(t)\times\boldsymbol{y}(t)\big) = \dot{\boldsymbol{x}}(t)\times\boldsymbol{y}(t)+\boldsymbol{x}(t)\times\dot{\boldsymbol{y}}(t)$

(3) $\frac{d}{dt}\|\boldsymbol{x}(t)\|^n = n\,\|\boldsymbol{x}(t)\|^{n-1}\,\frac{\boldsymbol{x}(t)\cdot\dot{\boldsymbol{x}}(t)}{\|\boldsymbol{x}(t)\|}$

ここで，$\frac{d\boldsymbol{x}(t)}{dt} = \dot{\boldsymbol{x}}(t)$, $\frac{d\boldsymbol{y}(t)}{dt} = \dot{\boldsymbol{y}}(t)$ と表す．

ベクトル値関数 $\boldsymbol{x}(t)$ は，t を時間と思うとき質点の位置座標の時間変化 (運動) を表すとみることができる．このとき，接ベクトルは速度ベクトル，さらに $\frac{d^2\boldsymbol{x}}{dt^2}$ は加速度ベクトルという意味をもつ．上の問題ですでに行ったように，パラメータ t に関する微分は，しばしば $\frac{d\boldsymbol{x}(t)}{dt} = \dot{\boldsymbol{x}}(t)$, $\frac{d^2\boldsymbol{x}(t)}{dt^2} = \ddot{\boldsymbol{x}}(t)$, $\frac{d^3\boldsymbol{x}(t)}{dt^3} = \dddot{\boldsymbol{x}}(t)$ などと表される．本書でも，以降誤解の恐れのない限り断らないでこの記号を用いることにする．

例題 4.2 質量 m の質点の運動を $\boldsymbol{x}(t)$ と表すとき，質点の運動量ベクトルは $\boldsymbol{p}(t) = m\dot{\boldsymbol{x}}(t)$ で定義される．また，角運動量ベクトルは $\boldsymbol{l}(t) = \boldsymbol{x}(t)\times\boldsymbol{p}(t) = m\boldsymbol{x}(t)\times\dot{\boldsymbol{x}}(t)$ と定義される．もし質点に作用する力が中心力 (原点方向の力) であるとき，角運動量ベクトルは時間変化しない保存量となることを示せ．

(解答) 中心力は向きが原点方向であることから $f(x,y,z)\boldsymbol{x}$ のように表される．このとき，ニュートンの運動方程式から $m\ddot{\boldsymbol{x}} = f(x,y,z)\boldsymbol{x}$ が成り立つが，これを使うと

$$\frac{d\boldsymbol{l}(t)}{dt} = m\dot{\boldsymbol{x}}(t)\times\dot{\boldsymbol{x}}(t)+m\boldsymbol{x}(t)\times\ddot{\boldsymbol{x}}(t) \;=\; \boldsymbol{x}(t)\times f(x,y,z)\boldsymbol{x}(t) \;=\; \boldsymbol{0}$$

となって，時間変化しないことがわかる． □

以下では，2.4.2 項ですでに与えた曲線の定義を空間曲線の場合に一般的に述べ，曲線の幾何学について少し考察を行うことにする．以降，平面曲線は空間曲線の特別な場合と考えることにする．

定義 4.3　ベクトル値関数 $\boldsymbol{x}(t) = (x_1(t), x_2(t), x_3(t))$ $(\alpha \leq t \leq \beta)$ が

(1)　$\boldsymbol{x}(t)$ は C^r 級 $(r \geq 1)$

(2)　$\frac{d\boldsymbol{x}(t)}{dt} \neq \mathbf{0}$ $(\alpha < t < \beta)$

を満たすとき，$\boldsymbol{x}(t)$ $(\alpha \leq t \leq \beta)$ を C^r 級曲線と呼ぶ．

ここで，(2) の条件は「曲線の両端を除いて曲線の各点で零でない接ベクトルが定まる」と幾何学的に読むことができる．また，曲線の長さは $l = \int_\alpha^\beta \left\| \frac{d\boldsymbol{x}(t)}{dt} \right\| dt$ とベクトル記号を用いて表示される．

$\boldsymbol{x}(t)$ $(\alpha \leq t \leq \beta)$ が C^r 級曲線であるとき，C^r 級の単調増加関数 $s = s(t)$ とその逆関数 $t = t(s)$ を定めて作るベクトル値関数

$$\tilde{\boldsymbol{x}}(s) = \boldsymbol{x}(t(s)) \quad (s(\alpha) \leq s \leq s(\beta))$$

は再び C^r 級曲線を定める．これは C^r 級曲線 $C : \boldsymbol{x}(t)$ $(\alpha \leq t \leq \beta)$ のパラメータ t を $s = s(t)$ に取り換えたものに過ぎないが，このようなパラメータの取り換えが無数に可能である．そこで，標準的なパラメータとして曲線の始点からの長さ

$$s(t) = \int_\alpha^t \left\| \frac{d\boldsymbol{x}(t)}{dt} \right\| dt \quad (\alpha \leq t \leq \beta)$$

を用いて定めるパラメータ $s = s(t)$ を取ることがしばしば行われ，s を**弧長パラメータ**と呼んでいる．単調増加関数 $s(t)$ を表す積分は，一般に実行することが困難なことが多いが，弧長パラメータの下では，$\frac{ds}{dt} = \left\| \frac{d\boldsymbol{x}(t)}{dt} \right\|$ が成り立つので，

$$\frac{d\tilde{\boldsymbol{x}}(s)}{ds} = \frac{dt}{ds}\,\frac{d\boldsymbol{x}(t)}{dt} = \frac{1}{\left\| \frac{d\boldsymbol{x}(t)}{dt} \right\|}\frac{d\boldsymbol{x}(t)}{dt}$$

となり，接ベクトル $\frac{d\tilde{\boldsymbol{x}}(s)}{ds}$ が自動的に単位接ベクトルに規格化され，一般的な議論をするのに都合がよい．

例題 4.4　空間の C^2 級曲線 $\boldsymbol{x}(t)$ $(\alpha \leq t \leq \beta)$ について，その単位接ベクトル

を $\boldsymbol{t}(t) = \frac{\dot{\boldsymbol{x}}(t)}{\|\dot{\boldsymbol{x}}(t)\|}$ と表す．このとき，

$$(1)\quad \frac{d\boldsymbol{t}(t)}{dt}\cdot\boldsymbol{t}(t) = 0 \qquad (2)\quad \frac{d\boldsymbol{t}(t)}{dt} = -\boldsymbol{t}\times\left(\boldsymbol{t}\times\frac{\ddot{\boldsymbol{x}}}{\|\dot{\boldsymbol{x}}\|}\right)$$

を示せ．

(解答)　(1) は (2) と外積の性質からも従うが，恒等式 $\boldsymbol{t}(t)\cdot\boldsymbol{t}(t) = 1$ を t で微分して，$\dot{\boldsymbol{t}}(t)\cdot\boldsymbol{t}(t)+\boldsymbol{t}(t)\cdot\dot{\boldsymbol{t}}(t) = 2\dot{\boldsymbol{t}}(t)\cdot\boldsymbol{t}(t) = 0$ を得る．

(2)　問 2,(3) の公式を用いると

$$\frac{d\boldsymbol{t}(t)}{dt} = \frac{\ddot{\boldsymbol{x}}\,\|\dot{\boldsymbol{x}}\| - \dot{\boldsymbol{x}}\frac{d}{dt}\|\dot{\boldsymbol{x}}\|}{\|\dot{\boldsymbol{x}}\|^2} = \frac{\ddot{\boldsymbol{x}}\,\|\dot{\boldsymbol{x}}\|^2 - \dot{\boldsymbol{x}}(\dot{\boldsymbol{x}}\cdot\ddot{\boldsymbol{x}})}{\|\dot{\boldsymbol{x}}\|^3} = -\frac{1}{\|\dot{\boldsymbol{x}}\|^3}\dot{\boldsymbol{x}}\times(\dot{\boldsymbol{x}}\times\ddot{\boldsymbol{x}})$$

と計算される．ただし，最後の等式では外積の公式，問 1,(1) を用いた．　□

上の例題 (1) 式は，単位接ベクトルの微分 $\frac{d\boldsymbol{t}}{dt}$ が接線の方向に垂直であることを示している．さらに，その大きさは (2) 式から「加速度」$\ddot{\boldsymbol{x}}$ に比例し，曲線の曲がり具合を表現することがわかる．速さを一定にして，カーブを曲がるときを想像されたい．この事実に基づいて，曲線の曲がり具合を表現する指標として**曲率半径**が

$$\rho = \frac{1}{|\kappa|}, \qquad |\kappa| = \frac{dt}{ds}\left\|\frac{d\boldsymbol{t}}{dt}\right\| = \left\|\frac{d^2\boldsymbol{x}}{ds^2}\right\|$$

によって定義される．ここで，定義ではパラメータの取り方に普遍性をもたせるために弧長パラメータ s を用いている．また，κ は曲率と呼ばれる量で，平面曲線の場合その符号は，曲線が左に曲がるとき正，右に曲がるとき負によって定められる (空間曲線の場合は，左右が意味をなさないのでつねに正，したがって $\kappa = |\kappa|$ と定める)．

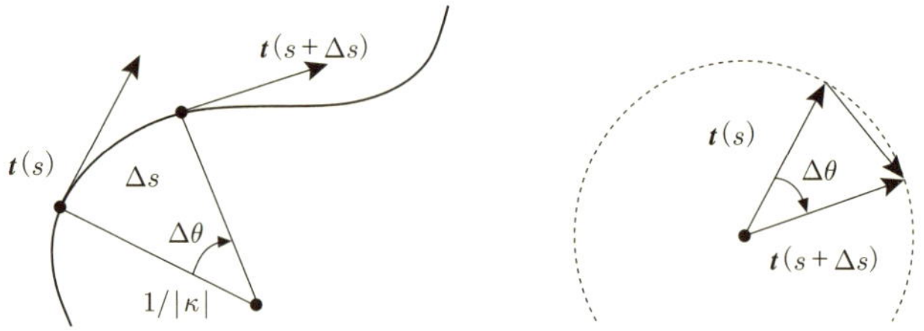

図 4.3　ベクトル値関数 $\boldsymbol{t}(t)$ の微分

簡単のため，曲線が平面曲線 $\boldsymbol{x}(t) = (x(t), y(t), 0)$ である場合に，曲率半径の幾何学的な意味を考えてみよう．そのために，単位接ベクトル $\boldsymbol{t}$ を弧長パラメータの関数として，$\boldsymbol{t}(s) = (\cos\theta(s), \sin\theta(s), 0)$ と表す．このとき，$\frac{d\boldsymbol{t}(s)}{ds} = (-\sin\theta(s), \cos\theta(s), 0)\frac{d\theta(s)}{ds}$ から，$\kappa = \pm\frac{d\theta(s)}{ds}$ と決められる．この式を，図 4.3 に合わせて $\Delta s = \frac{1}{|\kappa|}\Delta\theta$ と表すとき，曲率半径 $\rho = \frac{1}{|\kappa|}$ が，「各点ごとに曲線の曲がり具合を近似する円周 (曲率円周) の半径」という意味をもつことは明らかであろう．一般の空間曲線では，曲率の他に曲線のねじれ具合を表す捩率が現れる（章末問題, 問 2 参照）．

例題 4.5 xy 平面のサイクロイド曲線 C : $\boldsymbol{x}(t) = (t - \sin t, 1 - \cos t, 0)$ $(0 \leq t \leq 2\pi)$ について，C の各点における曲率半径 ρ を求めよ．

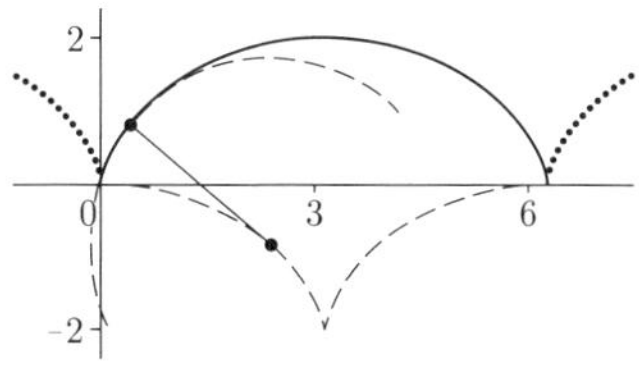

図 4.4 曲線 $\boldsymbol{x}(t)$ と曲率円周の中心

(解答) $\dot{\boldsymbol{x}}(t) = (1 - \sin t, \sin t, 0)$ から $\dot{\boldsymbol{x}} \cdot \dot{\boldsymbol{x}} = 4\sin^2\frac{t}{2}$ となるので，単位接ベクトル $\boldsymbol{t}(t)$ は $\boldsymbol{t}(t) = \frac{1}{2\sin\frac{t}{2}}\dot{\boldsymbol{x}}(t) = (\sin\frac{t}{2}, \cos\frac{t}{2}, 0)$ と決められる．また, 弧長パラメータ s については，$\frac{ds}{dt} = \|\dot{\boldsymbol{x}}\| = 2\sin\frac{t}{2}$ を積分して $s = s(t)$ の具体形が決められるが，その必要はなくて

$$|\kappa| = \frac{dt}{ds}\left\|\frac{d\boldsymbol{t}(t)}{dt}\right\| = \frac{1}{4\sin\frac{t}{2}}, \qquad \rho = 4\sin\frac{t}{2}$$

と計算される． □

問 3 曲線 $C : \boldsymbol{x}(t)$ の曲率 $|\kappa|$ について，$|\kappa| = \frac{\|\dot{\boldsymbol{x}} \times \ddot{\boldsymbol{x}}\|}{\|\dot{\boldsymbol{x}}\|^3}$ を導け．

4.2.2 ベクトル値関数 (2) —— 曲面

前項で扱った曲線 $\boldsymbol{x}(t)$ に対して，2 つのパラメータ u, v をもつベクトル値関数 $\boldsymbol{x}(u, v)$ を考えると，これは空間の曲面を表す．第 2 章では関数 $z = \varphi(x, y)$ のグラフが表す曲面を考察したが，ベクトル解析を用いると，もっと一般的な曲面を統一的に扱うことが可能となる．

ベクトル値関数 $\boldsymbol{x}(u, v)$ について，その偏微分を

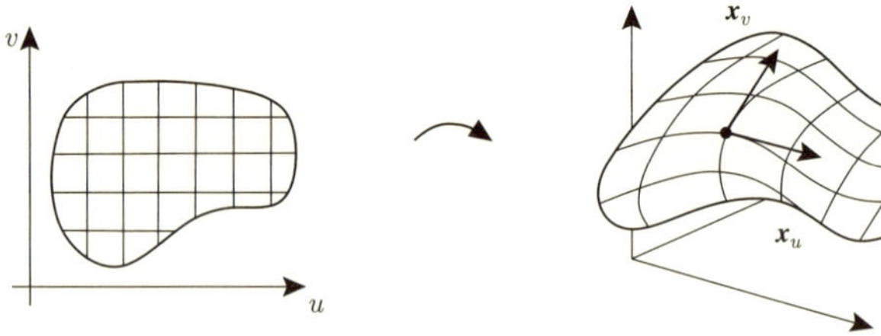

図 4.5 曲面と曲面の接ベクトル

$$\frac{\partial \boldsymbol{x}(u,v)}{\partial u}=\lim_{h\to 0}\frac{\boldsymbol{x}(u+h,v)-\boldsymbol{x}(u,v)}{h},\qquad \frac{\partial \boldsymbol{x}(u,v)}{\partial v}=\lim_{h\to 0}\frac{\boldsymbol{x}(u,v+h)-\boldsymbol{x}(u,v)}{h}$$

によって定める．曲線の場合と同様に，ベクトルの成分関数が偏微分可能であるときにベクトル値関数 $\boldsymbol{x}(u,v)$ は偏微分可能であるという．また，記法として $\frac{\partial \boldsymbol{x}}{\partial u}, \frac{\partial \boldsymbol{x}}{\partial v}$ をしばしば $\boldsymbol{x}_u, \boldsymbol{x}_v$ などと表す．

定義 4.6 平面の閉領域 D を定義域とするベクトル値関数 $\boldsymbol{x}(u,v)$ が，

(1) $\boldsymbol{x}(u,v)=\boldsymbol{x}(u',v')$ ならば $(u,v)=(u',v')$

(2) ベクトル値関数 $\boldsymbol{x}(u,v)$ は C^r 級 $(r \geq 1)$

(3) $\boldsymbol{x}_u(u,v), \boldsymbol{x}_v(u,v)$ は，各 $(u,v)\in D$ に対し 1 次独立

を満たすとき，$\boldsymbol{x}(u,v)$ を **C^r 級空間曲面**といい，$S:\boldsymbol{x}(u,v)\ ((u,v)\in D)$ と表す．また，$\boldsymbol{x}_u\times\boldsymbol{x}_v$ の向きを S の表向きと定める．

上の定義で，(1) の条件はベクトル値関数 $\boldsymbol{x}(u,v)$ が平面の領域 D から空間の曲面へ 1 対 1 の対応を与えることを要請するもので，曲面が曲がって自分自身と交わったり接したりすることがないことをいっている．また，(3) の条件は図 4.5 に示すように，曲面の各点で決まる 2 つの空間ベクトル $\boldsymbol{x}_u, \boldsymbol{x}_v$ が 1 次独立であり，したがって 1 つの接平面が定まることをいっている．さらに，条件 (3) の下で，$\boldsymbol{x}_u, \boldsymbol{x}_v$ の順序で作った外積 $\boldsymbol{x}_u\times\boldsymbol{x}_v$ はすべての $(u,v)\in D$ について零ベクトルになることはなく，曲面に「表向き」を定めることが理解されるであろう．

例題 4.7 長方形領域 $E=I_{[\alpha,\beta]}\times I_{[\alpha'\times\beta']}$ で考える 2 変数関数 $z=\varphi(x,y)$ $((x,y)\in E)$ について，2 つの空間曲面

(1) $S:\boldsymbol{x}(u,v)=(\,u,\ v,\ \varphi(u,v)\,)\quad ((u,v)\in E)$

(2) $\tilde{S}:\tilde{\boldsymbol{x}}(u,v)=(\,\alpha+\beta-u,\ v,\ \varphi(\alpha+\beta-u,v)\,)\quad((u,v)\in E)$

を考えるとき，S は z 軸正の向き，$\tilde{S}$ は z 軸負の向きをそれぞれ表向きにもつ．

(解答) 関数 $z=\varphi(x,y)$ のグラフについて，その向きは 2.4.3 項で定義されているので，そこでの定義と接ベクトルの外積が定める向きが一致することを示す．まず，曲面 S について $\boldsymbol{x}_u=(1,0,\varphi_u)$, $\boldsymbol{x}_v=(0,1,\varphi_v)$ であるから $\boldsymbol{x}_u\times\boldsymbol{x}_v=(-\varphi_u,-\varphi_v,1)$ が S の表向きを定める．ここで，外積はグラフの法線ベクトル $\vec{n}_S=(-\varphi_u,-\varphi_v,1)$ に一致するので，S の向きは z 軸正の向きである．一方で，$\tilde{S}$ について同様にして調べると $\tilde{\boldsymbol{x}}_u\times\tilde{\boldsymbol{x}}_v=(\varphi_u,\varphi_v,-1)$ となって，これが z 軸負の向きをもつことがわかる． □

曲線の場合と同様に，同じ曲面 $S:\boldsymbol{x}(u,v)$ を表すパラメータはいくらでも存在する．そこで，それらのパラメータの間の関係について次の事柄がいえる．

命題 4.8 (C^1 級) 空間曲面 S が向きも含めて 2 通り，$S:\boldsymbol{x}(u,v)$ $((u,v)\in D)$ と $S:\tilde{\boldsymbol{x}}(s,t)$ $((s,t)\in\tilde{D})$ と表されたとする．このとき，

(1) パラメータの変換 $u=u(s,t), v=v(s,t)$ は C^1 級

(2) 関数行列式について $\frac{\partial(u,v)}{\partial(s,t)}>0$

が成り立つ．

(証明) (1) 空間曲面の定義によって，曲面上の点とパラメータは 1 対 1 に対応している．そこで，同じ点 P を表す条件 $\boldsymbol{x}(u,v)=\tilde{\boldsymbol{x}}(s,t)$ からパラメータの間の関係式 $u=u(s,t), v=v(s,t)$ が決まる．この関係式が微分可能で C^1 級であることが示すべきことである．ベクトル値関数を $\boldsymbol{x}(u,v)=(x_1(u,v),x_2(u,v),x_3(u,v))$ および，$\tilde{\boldsymbol{x}}(s,t)=(\tilde{x}_1(s,t),\tilde{x}_2(s,t),\tilde{x}_3(s,t))$ と表す．このとき，2 つのパラメータが S 上の点 P を (x,y,z) と表す条件は

$$(x,y,z)=(x_1(u,v),x_2(u,v),x_3(u,v))=(\tilde{x}_1(s,t),\tilde{x}_2(s,t),\tilde{x}_3(s,t))$$

である．ここで，1 次独立なベクトル $\boldsymbol{x}_u,\boldsymbol{x}_v$ から作る行列

$$\begin{pmatrix}\frac{\partial x}{\partial u} & \frac{\partial y}{\partial u} & \frac{\partial z}{\partial u}\\ \frac{\partial x}{\partial v} & \frac{\partial y}{\partial v} & \frac{\partial z}{\partial v}\end{pmatrix}$$

の階数は 2 に等しい．したがって，2 次の小行列式の中で零にならないものがあるので，$\begin{vmatrix} \frac{\partial x}{\partial u} & \frac{\partial y}{\partial u} \\ \frac{\partial x}{\partial v} & \frac{\partial y}{\partial v} \end{vmatrix} \neq 0$ と仮定することとする．このとき，逆関数定理 3.2 によって逆関数 $u = g_1(x,y), v = g_2(x,y)$ が点 P の近くで存在してかつ C^1 級である．これに，C^1 級関数 $x = \tilde{x}_1(s,t), y = \tilde{x}_2(s,t)$ を代入して得られる関数が $u = u(s,t), v = v(s,t)$ に他ならないが，これは C^1 級である．

(2) (1) の結果と合成関数に関する微分公式を用いると，ベクトル記号を用いて

$$\tilde{\boldsymbol{x}}_s = \frac{\partial u}{\partial s}\boldsymbol{x}_u + \frac{\partial v}{\partial s}\boldsymbol{x}_v, \qquad \tilde{\boldsymbol{x}}_t = \frac{\partial u}{\partial t}\boldsymbol{x}_u + \frac{\partial v}{\partial t}\boldsymbol{x}_v$$

が成り立つことがわかる．外積の性質と使うと

$$\tilde{\boldsymbol{x}}_s \times \tilde{\boldsymbol{x}}_t = \left(\frac{\partial u}{\partial s}\frac{\partial v}{\partial t} - \frac{\partial u}{\partial t}\frac{\partial v}{\partial s}\right)\boldsymbol{x}_u \times \boldsymbol{x}_v = \frac{\partial(u,v)}{\partial(s,t)}\boldsymbol{x}_u \times \boldsymbol{x}_v \tag{4.3}$$

と計算され，2 つのパラメータが同じ向きを定めるとき $\frac{\partial(u,v)}{\partial(s,t)} > 0$ であることがわかる． □

ベクトル記号を用いると，2.4.1 項で定義した曲面の面積は一般の空間曲面に次のように拡張される．

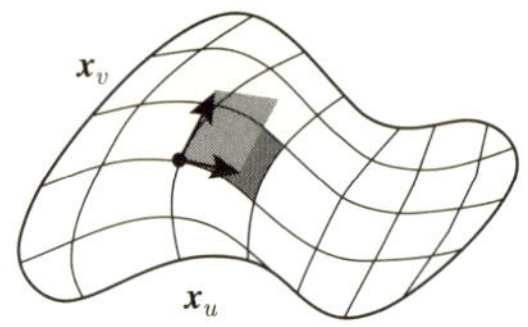

図 4.6 微小面積 $\|\boldsymbol{x}_u \times \boldsymbol{x}_v\| \Delta u \Delta v$

定義 4.9 空間曲面 $S : \boldsymbol{x}(u,v)$ $((u,v) \in D)$ について，その面積を

$$A(S) = \iint_D \|\boldsymbol{x}_u \times \boldsymbol{x}_v\|\, dudv \tag{4.4}$$

によって定める．

ここで，(4.3) 式を用いると面積 $A(S)$ が S を表すパラメータの取り方によらないで決まっていることがわかる．実際，

$$\iint_{\tilde{D}} \|\tilde{\boldsymbol{x}}_s \times \tilde{\boldsymbol{x}}_t\|\, dsdt = \iint_{\tilde{D}} \|\boldsymbol{x}_u \times \boldsymbol{x}_v\| \left|\frac{\partial(u,v)}{\partial(s,t)}\right| dsdt = A(S)$$

が確かめられる．

問 4 曲面が関数 $z = f(x,y)$ のグラフで与えられるとき，定義式 (4.4) が (2.20) に一致することを確かめよ．

例題 4.10　正の定数 $R, r\ (R > r)$ およびパラメータ $0 \leq \theta, \varphi \leq 2\pi$ を用いて

$$S : \boldsymbol{x}(\theta, \varphi) = ((R + r\cos\varphi)\cos\theta, (R + r\cos\varphi)\sin\theta, r\sin\varphi) \tag{4.5}$$

と定められる空間曲面について，S の概形を描きまたその面積 $A(S)$ を求めよ．

(解答)　曲面 S の概形は図 4.7 に示すようなドーナッツの形で，トーラスと呼ばれる．

面積は，定義に従って求められる．

$$\boldsymbol{x}_\theta = (-(R + r\cos\varphi)\sin\theta,\ (R + r\cos\varphi)\cos\theta,\ 0)$$

$$\boldsymbol{x}_\varphi = (-r\sin\varphi\cos\theta,\ -r\sin\varphi\sin\theta,\ r\cos\varphi)$$

であるから $\boldsymbol{x}_\theta \times \boldsymbol{x}_\varphi = (R + r\cos\varphi)r\big(\cos\theta\cos\varphi, \sin\theta\cos\varphi, \sin\varphi\big)$ と計算され，$\|\boldsymbol{x}_\theta \times \boldsymbol{x}_\varphi\| = (R + r\cos\varphi)r$ が得られる．これより

$$A(S) = \int_0^{2\pi} \left\{ \int_0^{2\pi} (R + r\cos\varphi) r d\varphi \right\} d\theta = (2\pi R)(2\pi r)$$

と計算される．　□

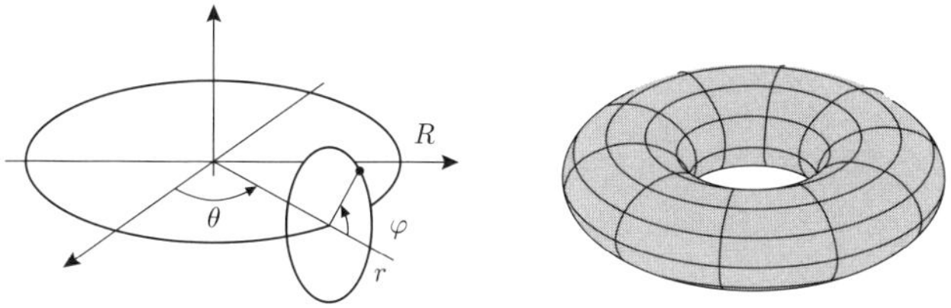

図 **4.7**　トーラス

上の例題で与えた曲面 $S : \boldsymbol{x}(\theta, \varphi)$ は，パラメータ (θ, φ) と空間の位置ベクトル $\boldsymbol{x}(\theta, \varphi)$ が 1 対 1 になっていないので，実は定義 4.6 で定める曲面になっていない．球面を極座標で表しても同じように，定義 4.6 (1) の条件が満たされない．一般に同様な事柄が，球面やトーラスなどのような閉曲面について起こる様子が想像されるであろう．このような場合，閉曲面をいくつかの部分に分ければ，その 1 つ 1 つは定義 4.6 (1) の条件を満たすようにできる．これは，球面を例に取れば，これを北半球と南半球に分けてみると理解されるであろう．このような 1 つ 1 つの部分は曲面片と呼ばれ，$S : \boldsymbol{x}_\alpha(u, v)\ ((u, v) \in D_\alpha)$ のように添字を付けて表される．このとき，一般の曲面は曲面片の集まりとして

$$\mathcal{S} = \{\, S : \boldsymbol{x}_\alpha(u,v)\ ((u,v) \in D_\alpha) \,\}_\alpha$$

と表すのが正確な定義となる．このような一般的な定義の下で議論すべきであるが，本書で扱う曲面は球面やトーラスのようにやさしいものに限られるので，これ以上立ち入らないことにする．曲面片の集まりとしての一般の曲面は，多様体論への入り口になっていてその先に幾何学の美しい世界が広がっている．曲面片の集まりから多様体への橋渡しとして，巻末の参考文献にあげる拙書 11) などを参考にされたい．

4.2.3 関数の勾配ベクトル

空間の関数 $f(x,y,z)$ が与えられ，これが C^1 級であるとき f の偏微分を成分とする空間のベクトル値関数 (f_x, f_y, f_z) を，関数 $f(x,y,z)$ の**勾配ベクトル** (gradient vector) と呼んで

$$\mathrm{grad} f(x,y,z) = (f_x(x,y,z), f_y(x,y,z), f_z(x,y,z))$$

と表す．ここでは，平面の関数の場合から始めて勾配ベクトルの幾何学的な意味を調べる．勾配ベクトルは，後に導入するベクトル演算子の記号 $\boldsymbol{\nabla}$(ナブラ nabla) を用いて $\boldsymbol{\nabla} f$ とも表される．

平面の関数：　図形的な把握を容易にするために，平面の関数 $f(x,y)$ の勾配ベクトルを調べよう．この場合の勾配ベクトルは $\mathrm{grad} f(x,y) = (f_x(x,y), f_y(x,y))$ で定められる．

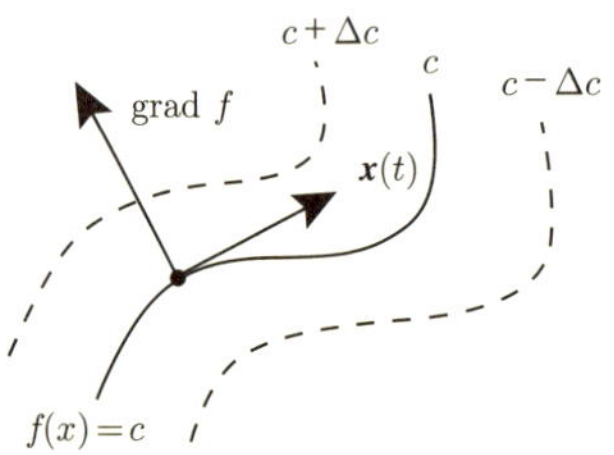

図 4.8　平面曲線の勾配ベクトル ($\Delta c > 0$)

まず，「高さ」を c とする平面曲線が

$$\Gamma_f(c) = \{\, (x,y) \mid f(x,y) = c \,\}$$

と定義されたことを思い出そう (3.3 節)．この形の平面曲線は「等高線」を表していて，いくつかの交わらない曲線や特異点などが現れることを 3.3 節で観察した．平面曲線 $\Gamma_f(c)$ は $(f_x(a,b), f_y(a,b)) \neq (0,0)$ である通常点 (a,b) の近くでは，陰関数定理 (定理 3.3) によってたとえば $y = g(x)$ という関数のグラフと表され，さらに曲線 $\boldsymbol{x}(t) = (t, g(t))$ ($|t-a|$ は十分小) によって表すことが可能である．以下，このような通常点 (a,b) の近くを考えることにする．

陰関数定理によって，$f(t,g(t))=c$ が $|t-a|$ が十分小さなすべての t について成り立つので，これを微分すると

$$0=\frac{d}{dt}f(t,g(t))=(f_x,f_y)\cdot(1,g'(t))$$
$$=\mathrm{grad}f(t,g(t))\cdot\dot{\boldsymbol{x}}(t)$$

が得られる．$\dot{\boldsymbol{x}}(t)$ は平面曲線 $\Gamma_f(c)$ の接線を定めるから，勾配ベクトル $\mathrm{grad}f(t,g(t))$ は $\Gamma_f(c)$ の法線方向のベクトルであることがわかる．その向きを確定するために，C^1 級関数について成り立つ関係式

$$f(a+k,b+l)-f(a,b)=f_x(a,b)k+f_y(a,b)l+o(\sqrt{k^2+l^2})$$

を思い出す．ここで，(k,l) は任意であるから $(k,l)=\lambda(f_x(a,b),f_y(a,b))(\lambda>0)$ にとってもよい．このときの $f(a+k,b+l)$ の値を c' と書くと，$f(a,b)=c$ であるから

$$c'-c=\lambda\,\|\mathrm{grad}f(a,b)\|^2+o(\lambda)$$

が得られる．$(k,l)=\lambda(f_x(a,b),f_y(a,b))$ $(\lambda>0)$ は勾配ベクトルの向きをもつから，次の性質が結論される．

命題 4.11 C^1 級関数 $f(x,y)$ の勾配ベクトル $\mathrm{grad}f(a,b)$ ($\neq\mathbf{0}$ とする) は，平面曲線 $\Gamma_f(c)$ $(c=f(a,b))$ の法線方向で，関数 $f(x,y)$ の値が増大する向きを

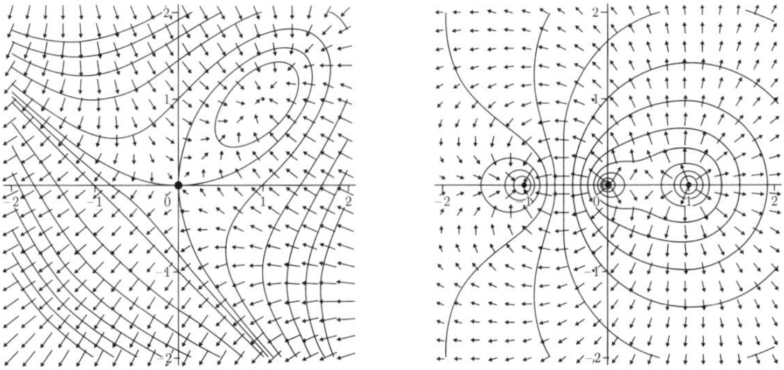

図 4.9 勾配ベクトルの例．
$f=x^3-3xy+y^3$(左) と $f=\log((x+1)^2+y^2)-\log\{(x^2+y^2)((x-1)^2+y^2)\}$(右)．どちらの場合にも，「等高線」の直観と合わせて各点で $-\mathrm{grad}\,f$ のベクトルを描いている．また，左図は 3.3 節，例 1 で扱った平面曲線．

もつ.

空間の関数： 空間の関数 $f(x,y,z)$ の勾配ベクトルも平面の場合と同様な性質をもつ．平面の場合とほとんど並行な議論ができるので簡単にまとめることにする.

空間の場合「高さ」を把握するのが困難であるが，$f(x,y,z)$ が定める曲面を

$$S_f(c) = \{\,(x,y,z)\,|\,f(x,y,z)=c\,\}$$

と定める．陰関数定理によって，$(f_x,f_y,f_z)\neq(0,0,0)$ であるような $S_f(c)$ 上の点 (a,b,c) の近くでは，たとえば $f_z(a,b,c)\neq 0$ の場合 $z=g(x,y)$ と表すことができる．これを用いて空間曲面 $\boldsymbol{x}(u,v)=(u,v,g(u,v))$ ($|u-a|,|v-b|$ は十分小) が決められる．このとき，恒等式 $f(u,v,g(u,v))=c$ を偏微分することによって

$$(\mathrm{grad}f)\cdot\boldsymbol{x}_u = (\mathrm{grad}f)\cdot\boldsymbol{x}_v = 0$$

が得られ，$\mathrm{grad}f$ が接平面に垂直な法線ベクトルの方向をもつことがわかる．また，平面の場合と同様にして，$\mathrm{grad}f$ の向きは関数 $f(x,y,z)$ の値が増大する向きであることが示される.

4.3 ベクトル場と線積分・面積分

4.3.1 平面のベクトル場と線積分

前節では，空間の曲線 $C:\boldsymbol{x}(t)\,(\alpha\leq t\leq\beta)$ および空間の曲面 $S:\boldsymbol{x}(u,v)$ $((u,v)\in D)$ を考えた．これらは，ベクトル値関数でそれぞれ

$$\boldsymbol{x}:[\alpha,\beta]\to\mathbf{R}^3, \qquad \boldsymbol{x}:D\to\mathbf{R}^3$$

のように写像として表示できる．ベクトル値関数が写像 $\mathbf{R}^n\to\mathbf{R}^n$ を表すとき n 変数ベクトル値関数 $\boldsymbol{F}(x_1,x_2,\cdots,x_n)$ を空間 $\mathbf{R}^n$ の**ベクトル場**と呼んでいる．特に，$n=2$ の場合が平面のベクトル場で，$n=3$ の場合が空間のベクトル場である．ここでは，平面のベクトル場とその線積分について考察する.

xy 平面のベクトル場 $\boldsymbol{F}(x,y)$ を具体的に

$$\boldsymbol{F}(x,y) = (f(x,y), g(x,y))$$

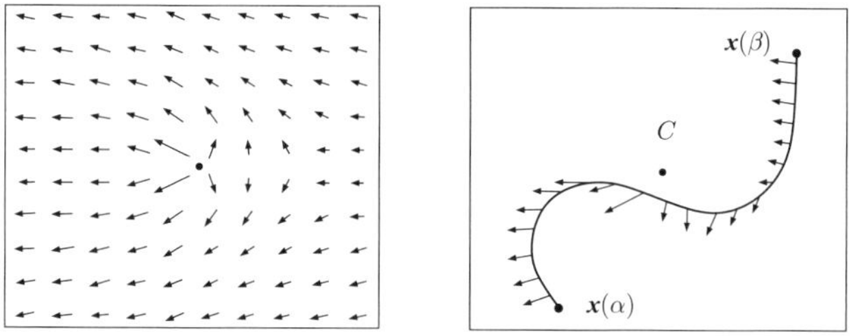

図 **4.10**　ベクトル場と線積分

と書くとき，成分関数 $f(x,y), g(x,y)$ が C^r 級関数であるとき，ベクトル場 $\boldsymbol{F}$ は C^r 級であるという．ベクトル場と呼ばれる理由は，平面の各点 (x,y) に向きをもったベクトルが定められ，そのような状況は電場 (電界) や磁場 (磁界) あるいは流体などのものの流れがある場合に，身近に観察されるからである (図 4.10 参照).

ベクトル場，あるいは「ものの流れ」の中を，C^1 級曲線 $C : \boldsymbol{x}(t) = (x(t), y(t))$ $(\alpha \leq t \leq \beta)$ に沿って歩くことを想像してみよう．$\dot{\boldsymbol{x}}(t)$ は進行方向を向いた接ベクトル (「速度ベクトル」) であるから，内積 $\{-\boldsymbol{F}(x(t), y(t))\} \cdot \dot{\boldsymbol{x}}(t)\, dt$ は「無限小時間」dt の間に流れに抗してなされる「仕事の量」という解釈が成り立つ．始点 $\boldsymbol{x}(\alpha)$ から終点 $\boldsymbol{x}(\beta)$ まで歩ききったとすると，全体で

$$\begin{aligned}\int_\alpha^\beta \{-\boldsymbol{F}(x(t), y(t))\} \cdot \dot{\boldsymbol{x}}(t)dt &= -\int_\alpha^\beta \left\{ f(x,y)\frac{dx}{dt} + g(x,y)\frac{dy}{dt} \right\} dt \\ &= -\int_C \{ f(x,y)dx + g(x,y)dy \}\end{aligned} \tag{4.6}$$

だけの「仕事の量」となる．符号を除いて，これが 2.4.2 項で曲線 C に対して定義した線積分の意味である．グリーンの定理（定理 2.25）を使って次が示される．

命題 4.12　平面の C^1 級ベクトル場 $\boldsymbol{F}(x,y) = (f(x,y), g(x,y))$ について，次の (1)～(3) は同値である．

(1)　$\boldsymbol{F}(x,y) = -\mathrm{grad} V(x,y)$ と表すような関数 $V(x,y)$ が存在する．

(2)　$\frac{\partial f}{\partial y} = \frac{\partial g}{\partial x}$ が成り立つ．

(3)　すべての区分的に C^1 級単純閉曲線 C に対して $\displaystyle\int_C (f dx + g dy) = 0$.

(証明)　(1) が成立するとき，仮定から f, g は C^1 級より $f_x, f_y; g_x, g_y$ は連続関数なので，$V(x,y)$ は C^2 級関数である．C^2 級関数については $V_{xy} = V_{yx}$ が成り立つ (定理 1.10) ので，(2) が成立する．次に，(2) が成立するとする．「単純閉曲線を境界とする領域 D はつねに定まる」(ジョルダンの閉曲線定理) から，グリーンの定理 (定理 2.25) より (3) が成り立つ．したがって，以下では (3)⇒(1) を示すことにする．

平面の点 $\mathrm{P}_0(x_0, y_0)$ を固定して，点 $\mathrm{P}(x,y)$ に至る C^1 級曲線 C を定めて

$$V_C(x,y) = -\int_C \{f dx + g dy\} \tag{4.7}$$

とする．同様に P_0 から P に至る別の C^1 級曲線 C' に対して $V_{C'}(x,y)$ を定めるとき，仮定 (3) から

$$\begin{aligned} V_C(x,y) - V_{C'}(x,y) &= -\Big(\int_C - \int_{C'}\Big)\{f dx + g dy\} \\ &= -\Big(\int_C + \int_{-C'}\Big)\{f dx + g dy\} = 0 \end{aligned}$$

が得られる．ここで，C と $-C'$ をつないで区分的に C^1 級単純閉曲線ができることを仮定した．図 4.11 に示すように単純閉曲線にならない場合でも，いくつかの単純閉曲線に分けて考えればよいので，一般に上の結果は成立する．したがって $V_C(x,y)$ は，曲線の取り方によらないで，終点 P の座標 (x,y) の値だけで決まる関数 $V(x,y)$ を定めることがわかる．このとき，図 4.12 に示すような x 軸に平行な曲線 ΔC を考えると $V(x+\Delta x, y) - V(x,y) = -\int_x^{x+\Delta x} f dx$ が成り立つことから，

$$\frac{\partial V(x,y)}{\partial x} = \lim_{\Delta x \to 0} \frac{1}{\Delta x} \int_x^{x+\Delta x} (-f) dx = -f(x,y)$$

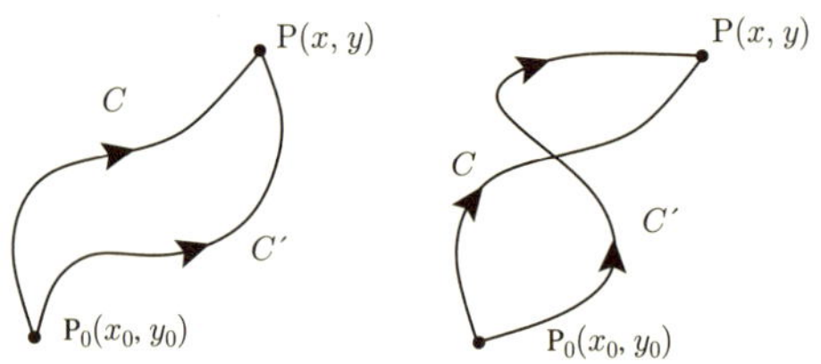

図 4.11　積分経路 C, C'

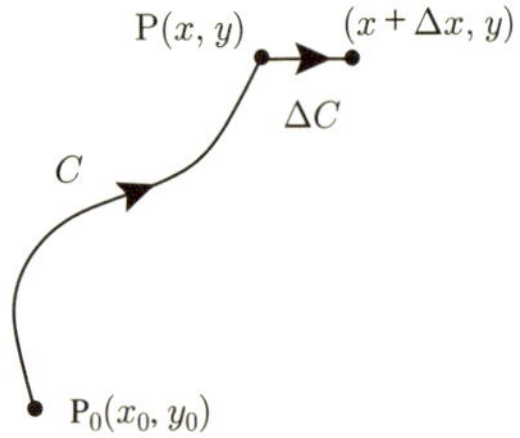

図 4.12

が得られる．同様にして，$\frac{\partial V(x,y)}{\partial y} = -g(x,y)$ が示される．また，始点 $\mathrm{P}_0(x_0, y_0)$ を別の点に取り換えるとき $V(x,y)$ の値は定数だけずれるが，この定数は (1) の性質に影響を与えない． □

ベクトル場 $\boldsymbol{F}(x,y)$ が上の命題 (1) の性質をもつとき，「仕事の量」(4.6) を表す線積分 $\int_\alpha^\beta \{-\boldsymbol{F}(x,y)\}\cdot\frac{d\boldsymbol{x}}{dt}dt$ は

$$\int_\alpha^\beta \mathrm{grad}V(x,y)\cdot\frac{d\boldsymbol{x}}{dt}dt = \int_\alpha^\beta \frac{dV(x,y)}{dt}dt = V(\boldsymbol{x}(\beta)) - V(\boldsymbol{x}(\alpha))$$

と表される．ここで，$V(\boldsymbol{x}) = V(x,y)$ の意味である．上式は，(物を持ち上げたときのように)「仕事の量」だけ「位置のエネルギー」を蓄えたと読むことができ，そのような描像から関数 $V(x,y)$ はベクトル場 $\boldsymbol{F}(x,y)$ の**ポテンシャル関数**と呼ばれる．命題 4.12 は，平面のベクトル場がポテンシャル関数をもつための必要十分条件を述べている．

次の例題は，ベクトル場が平面全体で定義されないと命題 4.12 は修正を要することを示す (本書では立ち入らないが，一般に単連結領域上のベクトル場については命題 4.12 が成り立つ)．

例題 4.13　原点を除く xy 平面上のベクトル場 $\boldsymbol{F}(x,y) = \left(-\frac{y}{x^2+y^2}, \frac{x}{x^2+y^2}\right)$ および C^1 級の単純閉曲線 $C : \boldsymbol{x}(t)\ (0 \le t \le 1)$ について，線積分

$$I_C = \int_C \boldsymbol{F}\cdot d\boldsymbol{x} = \int_0^1 \boldsymbol{F}\cdot\dot{\boldsymbol{x}}\,dt$$

を考える．C が次の (1),(2) の場合に I_C の値を求めよ．

(1) C が原点を「内部」に囲まないとき．

(2) C が原点を「内部」に囲むとき．

(解答)　(1) のとき C を境界とする閉領域を D $(C = \partial D)$ とすると，グリーンの定理（定理 2.25）が使えて，

$$I_C = \int_C \boldsymbol{F}\cdot d\boldsymbol{x} = \iint_D (g_x - f_y)dxdy = 0$$

となる．ここで，$\boldsymbol{F}(x,y) = (f,g)$ と表すとき f, g は D 上で定義されて $g_x - f_y = 0$ となることを用いた．

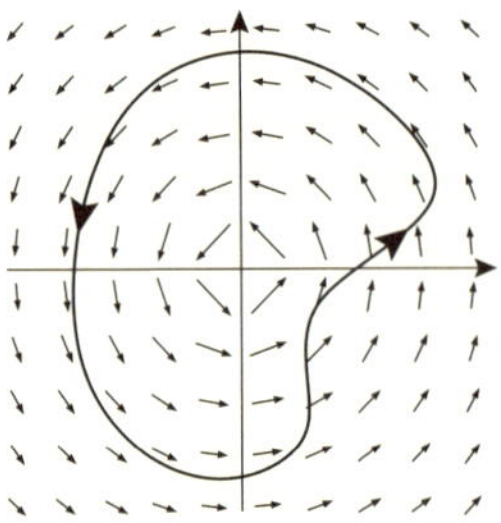
図 4.13

(2) のとき，原点でベクトル場 $\boldsymbol{F}$ が定義されないから (1) のようにグリーンの定理を使うことはできない．しかし，単純閉曲線 C を変形して単位円周 C_1 に変形するときの線積分の変化 $I_C - I_{C_1}$ については図 4.11 にならった議論ができて，グリーンの定理から $I_C - I_{C_1} = \iint_D (g_x - f_y)dxdy = 0$ が得られる．ここで，C と C_1 に囲まれる部分を D と表した．そこで，単位円周に反時計回りの向きを考えて，$C_1 : \boldsymbol{x}(t) = (\cos t, \sin t)\ (0 \leq t \leq 2\pi)$ と表すとき

$$I_{C_1} = \int_0^{2\pi} (-\sin t, \cos t)\cdot(-\sin t, \cos t)dt = 2\pi$$

と計算される．逆に時計回りのときは $I_{C_1} = -2\pi$ となる．　□

4.3.2　空間のベクトル場と線積分・面積分

平面のベクトル場と同様に，空間のベクトル場 $\boldsymbol{F}(x,y,z)$ を

$$\boldsymbol{F}(x,y,z) = (f(x,y,z), g(x,y,z), h(x,y,z))$$

と表すことにしよう．平面に比べてイメージすることがやや難しいが，空間のベクトル場もやはり各点 (x,y,z) で「物の流れ」や「力」を表していると理解される．平面のベクトル場と同様に，空間の C^1 級曲線 $C : \boldsymbol{x}(t)\ (\alpha \leq t \leq \beta)$ に対して，ベクトル場 $\boldsymbol{F}$ の線積分が

$$\int_\alpha^\beta \boldsymbol{F}\cdot\frac{d\boldsymbol{x}}{dt}dt = \int_\alpha^\beta \left\{f\,\frac{dx}{dt} + g\,\frac{dy}{dt} + h\,\frac{dz}{dt}\right\}dt$$

によって定められる．この積分が曲線のパラメータの取り方によらないで決まることは 2.4.2 項と同様に確かめられるので，C に関する線積分を

$$\int_C \boldsymbol{F}\cdot d\boldsymbol{x} = \int_C \big(fdx + gdy + hdz\big)$$

と表す．また，グリーンの定理を拡張したストークスの定理を用いると命題 4.12 が空間のベクトル場についても拡張して成り立つことが示される (命題 4.18).

空間のベクトル場については，線積分の他に，C^1 級の空間曲面 $S : \boldsymbol{x}(u,v) = (x(u,v), y(u,v), z(u,v))\ ((u,v) \in D)$ を考えて S 上の積分

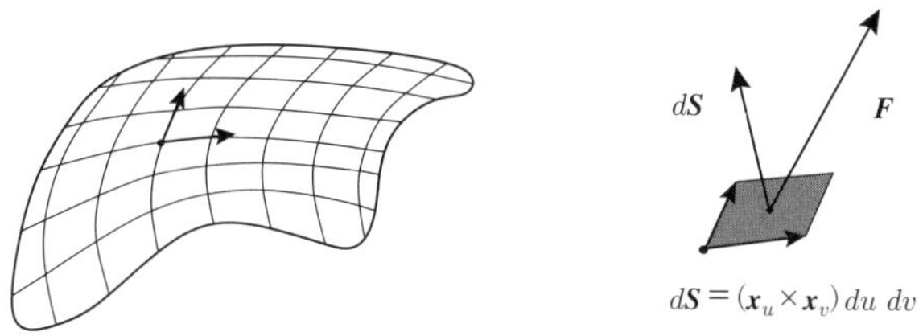

図 **4.14** 曲面の接ベクトルと面積素

$$\iint_D \boldsymbol{F}\cdot(\boldsymbol{x}_u\times\boldsymbol{x}_v)\,dudv = \iint_D \left\{ f\frac{\partial(y,z)}{\partial(u,v)} + g\frac{\partial(z,x)}{\partial(u,v)} + h\frac{\partial(x,y)}{\partial(u,v)} \right\} dudv \quad (4.8)$$

を考えることができる．ここで，S の向きを定めた接ベクトルの外積が

$$\boldsymbol{x}_u\times\boldsymbol{x}_v = \left(\frac{\partial(y,z)}{\partial(u,v)}, \frac{\partial(z,x)}{\partial(u,v)}, \frac{\partial(x,y)}{\partial(u,v)}\right) \quad (4.9)$$

のように関数行列を用いて表されることを使った．次の例題でみるように，積分 (4.8) の値は曲面 S を表すパラメータによらないことがわかるので，この積分をベクトル場 $\boldsymbol{F}$ の曲面 S に関する**面積分**と呼ぶ．

例題 4.14 向きも含めて同じ C^1 級の曲面 S が 2 通り，$S : \boldsymbol{x}(u,v)\,((u,v)\in D)$ および $S : \tilde{\boldsymbol{x}}(s,t)\,((s,t)\in\tilde{D})$，に表されたとする．このとき面積分 (4.8) は，どちらに対しても同じ値となることを示せ．

(解答) 命題 4.8 と式 (4.3) から

$$\tilde{\boldsymbol{x}}_s\times\tilde{\boldsymbol{x}}_t = \frac{\partial(u,v)}{\partial(s,t)}\,\boldsymbol{x}_u\times\boldsymbol{x}_v, \qquad \frac{\partial(u,v)}{\partial(s,t)} > 0$$

が成り立つ．これらと変数変換の公式を用いると

$$\iint_{\tilde{D}} \boldsymbol{F}\cdot(\tilde{\boldsymbol{x}}_s\times\tilde{\boldsymbol{x}}_t)dsdt = \iint_{\tilde{D}} \boldsymbol{F}\cdot(\boldsymbol{x}_u\times\boldsymbol{x}_v)\frac{\partial(u,v)}{\partial(s,t)}dsdt = \iint_D \boldsymbol{F}\cdot(\boldsymbol{x}_u\times\boldsymbol{x}_v)dudv$$

となって積分の値が同じであることがわかる． □

このように，ベクトル場の S 上の面積分はパラメータの取り方によらないので，パラメータのことを「積極的」に忘れて

$$(\boldsymbol{x}_u\times\boldsymbol{x}_v)\,dudv = (\,dy\wedge dz,\ dz\wedge dx,\ dx\wedge dy\,) \quad (4.10)$$

あるいはベクトル成分ごとに書いて

$$\frac{\partial(y,z)}{\partial(u,v)}\,dudv = dy\wedge dz, \quad \frac{\partial(z,x)}{\partial(u,v)}\,dudv = dz\wedge dx, \quad \cdots \tag{4.11}$$

などと記号 $\wedge$ を用いて表す．ここで現れた記号 $\wedge$ はウエッジ (wedge) と呼ばれ，微分形式の理論で正確に定義される代数演算 (ウエッジ積) を表す．しかし，以下ではそのような抽象化は必要ではなく，たとえば記号 $dy\wedge dz$ は曲面 $S:\boldsymbol{x}(u,v)$ が与えられることを想定した記号で，実際の計算では積分記号の中で $\frac{\partial(y,z)}{\partial(u,v)}\,dudv$ と置き換えられる式と思えばよい．ただし，関数行列式が反対称であることから

$$dy\wedge dz = -dz\wedge dy, \quad dz\wedge dx = -dx\wedge dz, \quad dx\wedge dy = -dy\wedge dx$$

の関係だけは記号の定義として記憶しておく．また，$(\boldsymbol{x}_u\times\boldsymbol{x}_v)dudv$ または (4.10) 式右辺の記号を，しばしば $d\boldsymbol{S}$ と表し**面積素**と呼んでいる．曲面 S の面積 $A(S)$ が，$d\boldsymbol{S}$ の「大きさ」を積分して定められたことから用語の意味が理解されるであろう．

以上を，次の面積分の定義にまとめる．

定義 4.15 C^0 級ベクトル場 $\boldsymbol{F}(x,y,z) = (f(x,y,z), g(x,y,z), h(x,y,z))$ と C^1 級の空間曲面 S について

$$\iint_S \boldsymbol{F}\cdot d\boldsymbol{S} = \iint_S \Big\{ f\ dy\wedge dz + g\ dz\wedge dx + h\ dx\wedge dy \Big\}$$

を S 上の面積分と呼ぶ．

上の定義は曲面のパラメータを「積極的」に忘れた形で述べられているが，もちろん実際の計算では S をパラメータで表して (4.8) を計算しなさいという定義である．ここで，パラメータの取り方に積分結果は依存しないことを知っているので定義はうまくいっているのである．このように「積極的」に曲面のパラメータを忘れたところに微分形式の理論が現れ，さらに数学的構造が深められていくことになる．抽象化された微分形式の理論では，積分を実際に実行することより積分が「存在する」ということの方が大切になる．

4.3.3　ガウスの定理・ストークスの定理

空間の閉領域 V で，その境界 ∂V が C^1 級の空間曲面 S あるいは，「区画的に」有限個の C^1 級空間曲面 S_k $(k = 1, 2, \cdots, N)$ で表されるような V を考えよう．このとき，∂V の各々の曲面には V の外部に向かって正となるような向きを定めるものとして，∂V 上での C^1 級ベクトル場 $\boldsymbol{F}$ の面積分を

$$\iint_{\partial V} \boldsymbol{F}(x, y, z) \cdot d\boldsymbol{S} = \sum_{k=1}^{N} \iint_{S_k} \boldsymbol{F}(x, y, z) \cdot d\boldsymbol{S}$$

によって定める．一方で，ベクトル場 $\boldsymbol{F} = (f(x, y, z), g(x, y, z), h(x, y, z))$ について，ベクトル場の**発散 (divergence)** あるいは**湧き出し**を記号

$$\operatorname{div} \boldsymbol{F} = \frac{\partial f}{\partial x} + \frac{\partial g}{\partial y} + \frac{\partial h}{\partial z}$$

によって表す．このとき，2.4.3 項で概略を述べたガウスの定理はベクトル解析では次のような形で表される．

定理 4.16 (ガウスの定理)　空間の C^1 級ベクトル場 $\boldsymbol{F}$ と，境界 ∂V が「区画的に」有限個の C^1 級空間曲面 S_k $(k = 1, 2, \cdots, N)$ で表されるような有界閉領域 V について，

$$\iiint_V \operatorname{div}\boldsymbol{F}\, dV = \iint_{\partial V} \boldsymbol{F} \cdot d\boldsymbol{S} \tag{4.12}$$

が成り立つ．ただし，$dV = dxdydz$ とする．

面積分の意味と合わせると，(4.12) 式には明確な直観が伴っていることが理解される．たとえば，ベクトル場 $\boldsymbol{F}$ が水の流れを表している場合，右辺の面積分は (単位時間に) 閉じた曲面 ∂V の内部から外部に向かって出ていく水量という意味をもつ．一方で左辺は，この水量を V の内部の各点から「湧き出す」量の合計として表していると理解される．ベクトル場の発散 $\operatorname{div}\boldsymbol{F}(x, y, z)$ は，点 (x, y, z) を含む微小体積から単位体積当たりに湧き出す水量を表している．このような意味を背景に，ガウスの定理はガウスの発散定理とも呼ばれている．

ガウスの定理に類似して，C^1 級の空間曲面 $S : \boldsymbol{x}(u, v)$ $((u, v) \in D)$ と，その境界 ∂S が有限個の区分的に C^1 級曲線 $C_k (k = 1, \cdots, N)$ で与えられる状況を考えよう．S を表からみるときに，∂S には曲面 S の内部を左手にみるような向

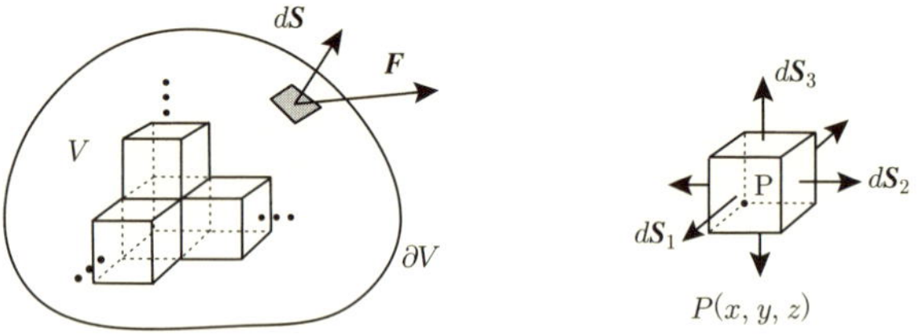

図 **4.15**　体積 V の微小立方体への分割と div F の意味づけ

きを定めることにして，空間のベクトル場 $\boldsymbol{F}=(f(x,y,z),g(x,y,z),h(x,y,z))$ に関する線積分を

$$\int_{\partial S}\boldsymbol{F}\cdot d\boldsymbol{x}=\sum_{k=1}^{N}\int_{C_k}\boldsymbol{F}\cdot d\boldsymbol{x}$$

によって定める．一方で，ベクトル場の**回転** (rotation) と呼ばれる記号を

$$\mathrm{rot}\boldsymbol{F}=\left(\frac{\partial h}{\partial y}-\frac{\partial g}{\partial z},\ \frac{\partial f}{\partial z}-\frac{\partial h}{\partial x},\ \frac{\partial g}{\partial x}-\frac{\partial f}{\partial y}\right)$$

によって定義する (問 5 で表す (4.15) 式が覚えやすい)．このとき，2.4.2 項で平面の場合に示したグリーンの定理が空間ベクトル場に対するストークスの定理に拡張される．

定理 4.17 (ストークスの定理)　C^2 級の空間曲面 $S:\boldsymbol{x}(u,v)\ ((u,v)\in D)$ が，区分的に C^1 級曲線 $C_k\ (k=1,\cdots,N)$ を境界 ∂S にもつとする．このとき，C^1 級の空間ベクトル場 $\boldsymbol{F}=(f(x,y,z),g(x,y,z),h(x,y,z))$ について

$$\int_{\partial S}\boldsymbol{F}\cdot d\boldsymbol{x}=\iint_{S}(\mathrm{rot}\boldsymbol{F})\cdot d\boldsymbol{S} \tag{4.13}$$

が成り立つ．

(証明)　曲面 S の境界を ∂S, これに対するパラメータの (閉) 領域 D の境界を ∂D と表す．このとき，∂D 上の点 $(u(t),v(t))$ が ∂S 上の点 $\boldsymbol{x}(u(t),v(t))$ を表し，さらに ∂D と ∂S の向きは一致する．また，線積分の計算には

$$\boldsymbol{F}\cdot d\boldsymbol{x}=\boldsymbol{F}\cdot\boldsymbol{x}_u du+\boldsymbol{F}\cdot\boldsymbol{x}_v dv=\left\{\boldsymbol{F}\cdot\boldsymbol{x}_u\frac{du}{dt}+\boldsymbol{F}\cdot\boldsymbol{x}_v\frac{dv}{dt}\right\}dt$$

を用いる．このとき，平面のグリーンの定理 (2.25) を使うと左辺の線積分は

$$\int_{\partial S}\boldsymbol{F}\cdot d\boldsymbol{x}\ =\ \int_{\partial D}\left(\boldsymbol{F}\cdot\boldsymbol{x}_u\,du+\boldsymbol{F}\cdot\boldsymbol{x}_v\,dv\right)$$

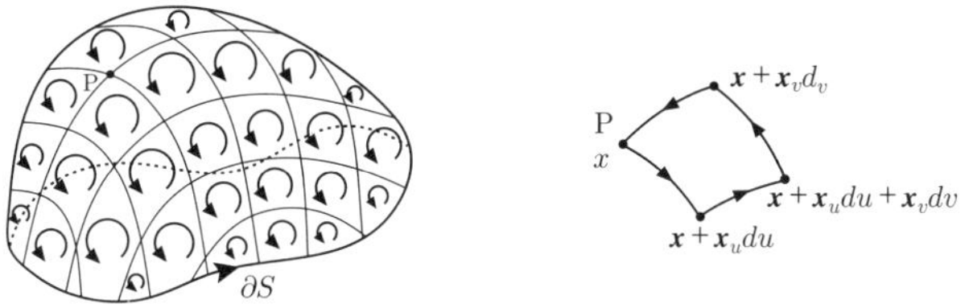

図 4.16　曲面 S の微小曲面への分割と $\mathrm{rot}\, F$ の意味づけ

$$= \iint_D \left(\frac{\partial \boldsymbol{F}\cdot\boldsymbol{x}_v}{\partial u} - \frac{\partial \boldsymbol{F}\cdot\boldsymbol{x}_u}{\partial v} \right) dudv$$

$$= \iint_D (\mathrm{rot}\boldsymbol{F})\cdot(\boldsymbol{x}_u \times \boldsymbol{x}_v)\, dudv = \iint_S (\mathrm{rot}\boldsymbol{F})\cdot d\boldsymbol{S}$$

と計算されて定理は証明される．ここで，C^2 級曲面について $\boldsymbol{x}_{uv} = \boldsymbol{x}_{vu}$ が成り立ち，

$$\frac{\partial \boldsymbol{F}\cdot\boldsymbol{x}_v}{\partial u} - \frac{\partial \boldsymbol{F}\cdot\boldsymbol{x}_u}{\partial v} = \boldsymbol{F}_u\cdot\boldsymbol{x}_v - \boldsymbol{F}_v\cdot\boldsymbol{x}_u = (\mathrm{rot}\boldsymbol{F})\cdot(\boldsymbol{x}_u \times \boldsymbol{x}_v) \tag{4.14}$$

と計算されることを途中で用いる (これは直接計算しても確かめられるが，下の問 5 のようにすると見通しがよい)．　□

問 5　ベクトル場を $\boldsymbol{F} = (f_1, f_2, f_3)$ と表し，x, y, z を順に x_1, x_2, x_3 と表すとき

$$\mathrm{rot}\boldsymbol{F} = \left(\frac{\partial f_3}{\partial x_2} - \frac{\partial f_2}{\partial x_3},\ \frac{\partial f_1}{\partial x_3} - \frac{\partial f_3}{\partial x_1},\ \frac{\partial f_2}{\partial x_1} - \frac{\partial f_1}{\partial x_2} \right) \tag{4.15}$$

であることを確かめよ．また，空間曲面を $\boldsymbol{x}(u,v) = (x_1(u,v), x_2(u,v), x_3(u,v))$ と表すとき，合成関数の微分公式を用いると，$\boldsymbol{F}_u\cdot\boldsymbol{x}_v - \boldsymbol{F}_v\cdot\boldsymbol{x}_u$ が

$$\sum_{i,j=1}^{3} \frac{\partial f_i}{\partial x_j}\left(\frac{\partial x_j}{\partial u}\frac{\partial x_i}{\partial v} - \frac{\partial x_j}{\partial v}\frac{\partial x_i}{\partial u} \right) = \sum_{1\le i<j\le 3} \left(\frac{\partial f_i}{\partial x_j} - \frac{\partial f_j}{\partial x_i} \right)\left(\frac{\partial x_j}{\partial u}\frac{\partial x_i}{\partial v} - \frac{\partial x_j}{\partial v}\frac{\partial x_i}{\partial u} \right)$$

と表されることを示し，(4.14) を確かめよ．ここで，$\sum_{1\le i<j\le 3}$ は $(i,j) = (1,2), (1,3), (2,3)$ の 3 つの組合せに関する和を表す．

4.3.4　ポテンシャル関数

$\mathrm{rot}\, \boldsymbol{F} = \boldsymbol{0}$ を満たすベクトル場は「回転のない」または「渦度のない」ベクトル場と呼ばれ，あるポテンシャル関数 $V(x,y,z)$ の勾配 (gradient) として表現されることが示される．これに対して，$\mathrm{div}\, \boldsymbol{F} = 0$ を満たすベクトル場は「湧き出しのない」ベクトル場と呼ばれ，あるベクトル値関数 $\boldsymbol{A}(x,y,z)$ を用いて $\boldsymbol{F} = \mathrm{rot}\, \boldsymbol{A}$ と表される．このように，ベクトル場を微分を用いて表現する関数

は一般にポテンシャル関数と呼ばれるが，前者の V を**スカラーポテンシャル**，後者の $\boldsymbol{A}$ を**ベクトルポテンシャル**と呼んで区別している．また，このようなポテンシャル関数の存在は，微分形式の理論では「ポアンカレの補題」によって統一的に記述されている．

ここでは，命題 4.12 を空間のベクトル場に拡張することから始めよう．

命題 4.18　空間の C^1 級ベクトル場 $\boldsymbol{F}$ について，次の (1),(2) は同値である．

(1)　$\boldsymbol{F} = -\mathrm{grad}\, V$ と表す関数 $V = V(x_1, x_2, x_3)$ が存在する

(2)　$\mathrm{rot}\boldsymbol{F} = \boldsymbol{0}$

(証明)　(1)⇒(2) は直接確かめることができる：　$\boldsymbol{F} = (f_1, f_2, f_3)$ と書くとき，(1) のとき各 f_i は $f_i = -\frac{\partial V}{\partial x_i}$ と書かれる．また，仮定より各 f_i は C^1 級であるから V は C^2 級である．このとき，$\mathrm{rot}\,\boldsymbol{F}$ の 3 つの成分について $\frac{\partial f_i}{\partial x_j} - \frac{\partial f_j}{\partial x_i} = \frac{\partial^2 V}{\partial x_j \partial x_i} - \frac{\partial^2 V}{\partial x_i \partial x_j} = 0$ と計算され $\mathrm{rot}\,\boldsymbol{F} = \boldsymbol{0}$ を得る (式 (4.15) 参照).

(2) ⇒ (1). やや唐突であるが，空間の点 $\boldsymbol{x} = (x_1, x_2, x_3)$ を固定して原点と $\boldsymbol{x}$ を結ぶ直線 $C : \boldsymbol{x}(t) = (tx_1, tx_2, tx_3)$ $(0 \leq t \leq 1)$ を考える．このとき，線積分を用いて $V(\boldsymbol{x}) = V(x_1, x_2, x_3) = -\int_C \boldsymbol{F} \cdot d\boldsymbol{x}$ と定めると

$$-V(\boldsymbol{x}) = \int_0^1 \boldsymbol{F}(\boldsymbol{x}(t)) \cdot \dot{\boldsymbol{x}}(t)\, dt = \int_0^1 \Big\{ f_1(t\boldsymbol{x})x_1 + f_2(t\boldsymbol{x})x_2 + f_3(t\boldsymbol{x})x_3 \Big\}\, dt$$

となる．この関数の微分は積分記号の中ですることができて (例題 2.9 参照),

$$\begin{aligned} -\frac{\partial V}{\partial x_i} &= \int_0^1 \Big\{ f_i(t\boldsymbol{x}) + \sum_k t\, \frac{\partial f_k}{\partial x_i} x_k \Big\} dt \\ &= \int_0^1 \Big\{ f_i(t\boldsymbol{x}) + \sum_k t\, \frac{\partial f_i}{\partial x_k} x_k \Big\} dt = \int_0^1 \frac{d}{dt}\big(t f_i(t\boldsymbol{x})\big) dt \end{aligned}$$

と計算される．ただし，$\mathrm{rot}\,\boldsymbol{F} = \boldsymbol{0}$ から従う関係式 $\frac{\partial f_k}{\partial x_i} - \frac{\partial f_i}{\partial x_k} = 0$ を途中で用いる．最後の積分は $f_i(\boldsymbol{x})$ となり，$-\mathrm{grad}\, V = \boldsymbol{F}$ であることが導かれ，(1) が示された．　□

命題 4.12 と対比すると，

(3)　すべての区分的に C^1 級で自己交叉しない閉曲線 C に対して $\int_C \boldsymbol{F} \cdot d\boldsymbol{x} = 0$.

という性質が上の命題の (1),(2) に同値な性質として加えられると対応関係がすっきりすると思われる．これは実際正しいが，平面の単純閉曲線の場合それを境界にもつ領域 D が決まることが容易にイメージできるが，空間で自己交叉しない閉曲線 C を境界にもつ曲面 S を構成することはそれ程自明ではないので省略した．実際，閉曲線が「結び目」を作ってしまうような場合，1 つの曲面 S では $\partial S = C$ とすることは不可能で，いくつかの曲面 S_i を線で張り合わせて作ることになる．この場合でも，張り合わせた線に関する線積分が互いに打ち消し合うので，ストークスの定理は $\sum_i \int_{S_i} \mathrm{rot}\,\boldsymbol{F}\cdot d\boldsymbol{S} = \int_C \boldsymbol{F}\cdot d\boldsymbol{x}$ と表される．上の命題の証明では，直線 $C : \boldsymbol{x}(t) = (tx_1, tx_2, tx_3)$ $(0 \leq t \leq 1)$ に関する線積分を用いて $V(\boldsymbol{x})$ を定義したが，ストークスの定理を用いればどのような曲線で定義してもよくて，命題 4.12 と同じ議論が可能となる．

次に $\mathrm{div}\,\boldsymbol{F} = 0$ を満たすベクトル場について考えよう．

命題 4.19　C^1 級ベクトル場 $\boldsymbol{F}$ について，次の (1),(2) は同値である．

(1)　$\boldsymbol{F} = \mathrm{rot}\,\boldsymbol{A}$ と表すベクトル値関数 $\boldsymbol{A} = \boldsymbol{A}(x_1, x_2, x_3)$ が存在する

(2)　$\mathrm{div}\,\boldsymbol{F} = 0$

(証明)　ベクトル場を $\boldsymbol{F} = (f_1, f_2, f_3)$ と表す．$\boldsymbol{F} = \mathrm{rot}\,\boldsymbol{A}$ と表されるとき，$\boldsymbol{F}$ は C^1 級と仮定しているからベクトル値関数 $\boldsymbol{A}$ は C^2 級である．このとき，

$$\sum_i \frac{\partial f_i}{\partial x_i} = \frac{\partial}{\partial x_1}\Big(\frac{\partial A_3}{\partial x_2} - \frac{\partial A_2}{\partial x_3}\Big) + \frac{\partial}{\partial x_2}\Big(\frac{\partial A_1}{\partial x_3} - \frac{\partial A_3}{\partial x_1}\Big) + \frac{\partial}{\partial x_3}\Big(\frac{\partial A_2}{\partial x_1} - \frac{\partial A_1}{\partial x_2}\Big)$$

であるから，$\mathrm{div}\,\boldsymbol{F} = 0$ である．

(2) $\Rightarrow$ (1). 唐突であるが，平面の点 $\boldsymbol{x} = (x_1, x_2, x_3)$ を固定したとき，ベクトル値関数 $\boldsymbol{A} = (A_1, A_2, A_3)$ を

$$A_i(\boldsymbol{x}) = \int_0^1 \Big(f_j(t\boldsymbol{x})x_k - f_k(t\boldsymbol{x})x_j\Big)t\,dt$$

によって定める．ただし，添字 $i = 1, 2, 3$ に対し順に $(j, k) = (2, 3), (3, 1), (1, 2)$ と定めることとする．このとき，直接の計算によって

$$\begin{aligned}&\frac{\partial A_2}{\partial x_1} - \frac{\partial A_1}{\partial x_2} \\ &\quad = \int_0^1 \Big\{ \frac{\partial}{\partial x_1}\big(f_3(t\boldsymbol{x})x_1 - f_1(t\boldsymbol{x})x_3\big) - \frac{\partial}{\partial x_2}\big(f_2(t\boldsymbol{x})x_3 - f_3(t\boldsymbol{x})x_2\big)\Big\}t\,dt\end{aligned}$$

$$= \int_0^1 \left\{ 2f_3(t\boldsymbol{x}) + tx_1 \frac{\partial f_3}{\partial x_1} + tx_2 \frac{\partial f_3}{\partial x_2} - tx_3 \left(\frac{\partial f_1}{\partial x_1} + \frac{\partial f_2}{\partial x_2} \right) \right\} t\,dt$$
$$= \int_0^1 \left\{ 2tf_3(t\boldsymbol{x}) + t^2 x_1 \frac{\partial f_3}{\partial x_1} + t^2 x_2 \frac{\partial f_3}{\partial x_2} + t^2 x_3 \frac{\partial f_3}{\partial x_3} \right\} dt$$
$$= \int_0^1 \frac{d}{dt} \left(t^2 f_3(t\boldsymbol{x}) \right) dt = f_3(\boldsymbol{x})$$

が得られる．ただし，途中で $\mathrm{div}\boldsymbol{F} = 0$ を表す関係 $\frac{\partial f_1}{\partial x_1} + \frac{\partial f_2}{\partial x_2} = -\frac{\partial f_3}{\partial x_3}$ を用いた．他の成分についても同様にして，$\mathrm{rot}\,\boldsymbol{A} = \boldsymbol{F}$ が示される． □

ベクトル解析では特に断らないときには，ベクトル場 $\boldsymbol{A}, \boldsymbol{B}, \cdots$ のベクトル成分を $A_i, B_i, \cdots$，また空間の座標 x, y, z を x_i と表すのが習慣である．以下では，混乱の恐れのない限りこの習慣に従うことにする．

4.4 微分形式の理論へ

これまでにすでに，線積分や面積分とともに記号 dx_i や $dx_i \wedge dx_j$ が現れた．これらの記号は，積分記号の下で曲線や曲面の表示が与えられて初めて具体的な意味を持つ記号であるが，曲線や曲面の具体的表示に言及しなくてよいのでとても便利である．微分形式の理論では，さらに積分されることもいったん忘れて代数 (演算) として記号 dx_i や $dx_i \wedge dx_j$ を考える．ここではあまり代数的な定義の詳細に立ち入るのは避けつつ微分形式を導入しよう．

これまでの背景は一度忘れることにして，dx_1, dx_2, dx_3 を単に代数的な記号と思うことにする．これらの dx_i を基底とする，$\mathbf{R}$ 上のベクトル空間を V と表す．このとき，記号 dx_i に反対称で結合的な積 (**外積**または**ウエッジ積**)

$$dx_i \wedge dx_j = -dx_j \wedge dx_i\ ,\ (dx_i \wedge dx_j) \wedge dx_k = dx_i \wedge (dx_j \wedge dx_k)$$

を定め，積の単位元 1 を含めて新しい記号

$$1\ ;\ dx_1,\, dx_2,\, dx_3\ ;\ \ dx_1 \wedge dx_2,\, dx_2 \wedge dx_3,\, dx_3 \wedge dx_1\ ;\ \ dx_1 \wedge dx_2 \wedge dx_3$$

を基底とするベクトル空間が考えられる．線型代数では，このベクトル空間を外積空間または外積代数と呼んで $\wedge^* V$ と表している．このとき基底の種類 1; $dx_i (1 \le i \le 3)$, $dx_i \wedge dx_j (i < j)$; $dx_1 \wedge dx_2 \wedge dx_3$ から

$$\wedge^* V = \wedge^0 V \oplus \wedge^1 V \oplus \wedge^2 V \oplus \wedge^3 V$$

のように直和で表されることは明らかである．

外積空間 $\wedge^* V$ は実数 $\mathbf{R}$ をスカラーとするベクトル空間であるが，スカラー倍を空間 $\mathbf{R}^3$ 上の C^∞ 関数倍に広げて考えたものを $\Omega^*(\mathbf{R}^3)$ と表し，$\Omega^*(\mathbf{R}^3)$ の元を**微分形式**と呼んでいる．外積空間が直和に分解したのに対応して

$$\Omega^*(\mathbf{R}^3) = \Omega^0(\mathbf{R}^3) \oplus \Omega^1(\mathbf{R}^3) \oplus \Omega^2(\mathbf{R}^3) \oplus \Omega^3(\mathbf{R}^3)$$

のように直和に分解し，$\Omega^k(\mathbf{R}^3)$ の元を k 次微分形式と呼ぶ．0 次微分形式は $\mathbf{R}^3$ 上の C^∞ 級関数のことで，その他は

1 次微分形式：　$f_1(\boldsymbol{x})\,dx_1 + f_2(\boldsymbol{x})\,dx_2 + f_3(\boldsymbol{x})\,dx_3$

2 次微分形式：　$g_1(\boldsymbol{x})\,dx_2 \wedge dx_3 + g_2(\boldsymbol{x})\,dx_3 \wedge dx_1 + g_3(\boldsymbol{x})\,dx_1 \wedge dx_2$

3 次微分形式：　$h(\boldsymbol{x})\,dx_1 \wedge dx_2 \wedge dx_3$

のような具体的な形をもつ．

関数 $f(\boldsymbol{x})$ が与えられたとき，1 次微分形式 df が

$$df = \frac{\partial f}{\partial x_1}\,dx_1 + \frac{\partial f}{\partial x_2}\,dx_2 + \frac{\partial f}{\partial x_3}\,dx_3 \tag{4.16}$$

によって自然に定められる．これを基にして 1 次微分形式に対して 2 次微分形式

$$\begin{aligned} &d\Bigl\{f_1\,dx_1 + f_2\,dx_2 + f_3\,dx_3\Bigr\} \\ &\quad = df_1 \wedge dx_1 + df_2 \wedge dx_2 + df_3 \wedge dx_3 \\ &\quad = \left(\frac{\partial f_2}{\partial x_1} - \frac{\partial f_1}{\partial x_2}\right) dx_1 \wedge dx_2 + \left(\frac{\partial f_3}{\partial x_2} - \frac{\partial f_2}{\partial x_3}\right) dx_2 \wedge dx_3 \\ &\qquad\qquad + \left(\frac{\partial f_1}{\partial x_3} - \frac{\partial f_3}{\partial x_1}\right) dx_3 \wedge dx_1 \end{aligned} \tag{4.17}$$

が定められ，また 2 次微分形式に対して 3 次微分形式

$$\begin{aligned} &d\Bigl\{g_1\,dx_2 \wedge dx_3 + g_2\,dx_3 \wedge dx_1 + g_3 dx_1 \wedge dx_2\Bigr\} \\ &\quad = dg_1 \wedge dx_2 \wedge dx_3 + dg_2 \wedge dx_3 \wedge dx_1 + dg_3 \wedge dx_1 \wedge dx_2 \\ &\quad = \left(\frac{\partial g_1}{\partial x_1} + \frac{\partial g_2}{\partial x_2} + \frac{\partial g_3}{\partial x_3}\right) dx_1 \wedge dx_2 \wedge dx_3 \end{aligned} \tag{4.18}$$

が定められる．ここで，途中の計算では $dx_i \wedge dx_i = 0$ という外積の性質を用いる．また，3 次の微分形式についてはこの性質のために $d\{h dx_1 \wedge dx_2 \wedge dx_3\} = 0$ である．こうして，(線型な) 演算

$$d : \Omega^k(\mathbf{R}^3) \to \Omega^{k+1}(\mathbf{R}^3)$$

が定められ，この演算を微分形式の**外微分**と呼ぶ．定義式 (4.16), (4.17), (4.18) を用いると，外微分演算のもつ大切な性質 $d^2 = d \circ d = 0$ が直接確かめられる．

問 6 $d^2 = d \circ d = 0$ を確かめよ．

以上が微分形式の代数的な定義である．このように代数的に定義される微分形式に線積分・面積分を定めるとき，これが前節で定義したベクトル場の線積分・面積分に一致する様子は容易に推論できるであろう．前節では，線積分・面積分から積分記号を除いた「形式」として微分形式に至ったが，微分形式の理論ではこうして現れた「形式」を代数的に先に定義して後に微分形式の積分が定義される．もちろん同じ線積分・面積分に到達するのであるが，このような手順の逆転は抽象化の過程でしばしば大切な役割を果たす．

以下では，微分形式とベクトル場の対応関係を少し詳細にみることにしよう．微分形式の具体形をみると，

$$\begin{aligned} f_1\,dx_1 + f_2\,dx_2 + f_3\,dx_3 \quad &\leftrightarrow \quad \boldsymbol{F} = (f_1, f_2, f_3) \\ g_1\,dx_2 \wedge dx_3 + g_2\,dx_3 \wedge dx_1 + g_3\,dx_1 \wedge dx_2 \quad &\leftrightarrow \quad \boldsymbol{G} = (g_1, g_2, g_3) \end{aligned}$$

のようにベクトル場と対応が付けられることがわかる．さらに，この対応の下で

$$\begin{array}{ccc} f_1\,dx_1 + f_2\,dx_2 + f_3\,dx_3 & \leftrightarrow & \boldsymbol{F} = (f_1, f_2, f_3) \\ \downarrow d & & \\ \displaystyle\sum_{i<j} \left(\frac{\partial f_j}{\partial x_i} - \frac{\partial f_i}{\partial x_j}\right) dx_i \wedge dx_j & \leftrightarrow & \mathrm{rot}\,\boldsymbol{F} \end{array} \tag{4.19}$$

であること，同様に

$$\begin{array}{ccc} g_1\,dx_2 \wedge dx_3 + g_2\,dx_3 \wedge dx_1 + g_3\,dx_1 \wedge dx_2 & \leftrightarrow & \boldsymbol{G} = (g_1, g_2, g_3) \\ \downarrow d & & \\ \displaystyle\left(\frac{\partial g_1}{\partial x_1} + \frac{\partial g_2}{\partial x_2} + \frac{\partial g_3}{\partial x_3}\right) dx_1 \wedge dx_2 \wedge dx_3 & \leftrightarrow & \mathrm{div}\,\boldsymbol{G} \end{array} \tag{4.20}$$

であることが確かめられる．すなわち，ベクトル場の回転 (rot) と発散 (div) はどちらも微分形式でみると外微分演算として統一されることがわかる．また，関数 $f(\boldsymbol{x})$ の勾配ベクトル場についても，

$$df = \frac{\partial f}{\partial x_1}dx_1 + \frac{\partial f}{\partial x_2}dx_2 + \frac{\partial f}{\partial x_3}dx_3 \quad \leftrightarrow \quad \mathrm{grad}\, f \tag{4.21}$$

と対応させて，grad を関数の外微分演算とみることができる．以上の対応関係を基に，ガウスの定理とストークスの定理を次のように表現することができる．

命題 4.20　C^1 級ベクトル場 $\boldsymbol{F} = (f_1, f_2, f_3)$ について微分形式を

$$\omega_F = f_1\, dx_1 + f_2\, dx_2 + f_3\, dx_3$$

$$\tilde{\omega}_F = f_1\, dx_2 \wedge dx_3 + f_2\, dx_3 \wedge dx_1 + f_3\, dx_1 \wedge dx_2$$

によって定める．このとき，ストークスの定理 (4.13) およびガウスの定理 (4.12) はそれぞれ

$$\int_{\partial S} \omega_F = \iint_S d\omega_F, \qquad \iint_{\partial V} \tilde{\omega}_F = \iiint_V d\tilde{\omega}_F$$

と表示される．

これは，2 つの式 (4.13),(4.12) を微分形式を用いて表現しただけであるので証明は省略する．ただし，3 次の微分形式は $dx_1 \wedge dx_2 \wedge dx_3$ の順で表し，積分記号の中で $dx_1 dx_2 dx_3 = dV$ と置き換えるものとする．命題 4.20 のように微分形式を用いると，ガウスの定理とストークスの定理がまったく同列な形に表現される所に注目すべきである．

さらに，ポテンシャル関数の存在に関する命題 4.18, 4.19 も次の定理に統一される．

定理 4.21 (ポアンカレの補題)　空間 $\mathbf{R}^3$ の k 次微分形式 ω $(k \neq 0)$ について，$d\omega = 0$ ならば $\omega = d\theta$ と表す $k-1$ 次微分形式 θ が存在する．

(証明)　ω が 1 次微分形式の場合，$\omega = f_1 dx_1 + f_2 dx_2 + f_3 dx_3$ に対してベクトル場 $\boldsymbol{F} = (f_1, f_2, f_3)$ を対応させると，$d\omega = 0$ は図式 (4.19) から $\mathrm{rot}\, \boldsymbol{F} = \boldsymbol{0}$ を表す．ここで，命題 4.18 より $\boldsymbol{F} = -\mathrm{grad}\, V$ と表す関数 V が存在するが，このとき $\omega = -dV$ である．

次に ω が 2 次微分形式 $\omega = g_1 dx_2 \wedge dx_3 + g_2 dx_3 \wedge dx_1 + g_3 dx_1 \wedge dx_2$ の場合，ベクトル場 $\boldsymbol{G} = (g_1, g_2, g_3)$ を対応させる．このとき図式 (4.20) によって，$d\omega = 0$

は $\operatorname{div}\boldsymbol{G}=0$ を表す．命題 4.19 によって，$\boldsymbol{G}=\operatorname{rot}\boldsymbol{A}$ と表すベクトル値関数 $\boldsymbol{A}=(A_1,A_2,A_3)$ が存在する．ここで，$\theta_A=A_1dx_1+A_2dx_2+A_3dx_3$ と定義すると図式 4.19 から $\omega=d\theta_A$ であることがわかる．

最後に，ω が 3 次微分形式の場合，すべての 3 次微分形式は $d\omega=0$ を満たすので任意の C^∞ 級関数 $h(x_1,x_2,x_3)$ を用いて $\omega=hdx_1\wedge dx_2\wedge dx_3$ と表す．このとき，たとえば $H(x_1,x_2,x_3)=\int_0^{x_1}h(t,x_2,x_3)dt$ によって $\theta=H(x_1,x_2,x_3)dx_2\wedge dx_3$ とすれば $\omega=d\theta$ と表される．　□

ポアンカレの補題は一般の $\mathbf{R}^n$ について成り立つ性質で，多様体上の微分形式を論ずるド・ラームの理論で基本的な役割を演ずる．曲面の幾何学や多様体の幾何学への入門とともにド・ラームの理論については，巻末参考文献に挙げる拙著 11) やさらに進んだ内容を扱った森田 13)，ボット・トゥー 12) などを参照されたい．ここでは，ベクトル解析で現れる諸公式が微分形式の理論で統一的に扱われる様子を垣間見たところでこの一節を終えることにしよう．

章末問題

1　$y=f(x)$ のグラフが表す xy 平面上の曲線について，その曲率 κ を求めよ．

2　空間曲線 $C:\boldsymbol{x}(t)$ について，その曲率を $\kappa\ (\neq 0)$ とする．弧長パラメータを $s=s(t)$ とし，単位接ベクトルを $\boldsymbol{e}_1(s)$ と表し $\boldsymbol{e}_2(s)=\frac{1}{\kappa}\frac{d\boldsymbol{e}_1}{ds}$, $\boldsymbol{e}_3=\boldsymbol{e}_1\times\boldsymbol{e}_2$ とする．このとき s の関数 $\tau(s)$ を用いて

$$\frac{d}{ds}\boldsymbol{e}_1=\kappa\boldsymbol{e}_2,\quad \frac{d}{ds}\boldsymbol{e}_2=-\kappa\boldsymbol{e}_1+\tau\boldsymbol{e}_3,\quad \frac{d}{ds}\boldsymbol{e}_3=-\tau\boldsymbol{e}_2$$

と表されることを示せ (単位接ベクトル $\boldsymbol{e}_1$ に垂直な平面で第 2, 3 式をみると，$\boldsymbol{e}_2(s),\boldsymbol{e}_3(s)$ が s とともに回転し，τ が曲線が「ねじれ」る様子を表現することが理解される．このことから τ を**捩 (れい) 率**と呼ぶ)．

3　前問で，捩率が $\tau=\frac{(\dot{\boldsymbol{x}}\times\ddot{\boldsymbol{x}})\cdot\dddot{\boldsymbol{x}}}{\|\dot{\boldsymbol{x}}\times\ddot{\boldsymbol{x}}\|^2}$ と表されることを示せ．

4　$f(x,y,z)$ を C^1 級とするとき，パラメータ λ に対して平面曲線 $\Gamma_\lambda:f(x,y,\lambda)=0$ を定め，このような曲線全体を $\{\Gamma_\lambda\}$ と表し λ をパラメータとする**曲線族**という．各 Γ_λ 上の点 $\boldsymbol{x}(\lambda)=(x(\lambda),y(\lambda))$ を，次の 2 条件を満たすように決める; (1) λ をパラメータとする点 $\boldsymbol{x}(\lambda)$ は C^1 級曲線 $E:\boldsymbol{x}(\lambda)$ を定める, (2) $\boldsymbol{x}(\lambda)$ は Γ_λ の特異点でない，(3) 曲線 E と Γ_λ は点 $\boldsymbol{x}(\lambda)$ において接する．このような曲線 E が定まるとき，E を曲線族 $\{\Gamma_\lambda\}$ の**包絡線**という．包絡線 $(x,y)=(x(\lambda),y(\lambda))$ が定まるとすると

$$f(x,y,\lambda)=0, \qquad \frac{\partial}{\partial\lambda}f(x,y,\lambda)=0$$

を満たすことを示せ.

5 曲線族 $\{\Gamma_\lambda\}$ が次の $f(x,y,\lambda)=0$ で与えられるとき，それぞれの包絡線を定めよ.

(1) $y-\lambda x+\lambda^2=0$ (2) $y+x^2-4\lambda x+\lambda^2=0$

6 次のベクトル場 $\boldsymbol{F}$ について，これを 1 次微分形式 ω で表し，$\boldsymbol{F}=\mathrm{grad}V$ と表す関数が存在することを示せ．また関数 V を定めよ.

(1) $(y+z, x+z, x+y)$ (2) $(3x^2+2xy, x^2+z^2, 2yz)$

7 次のベクトル場 $\boldsymbol{F}$ について，これを 2 次微分形式 ω で表し，$\boldsymbol{F}=\mathrm{rot}\boldsymbol{A}$ と表すベクトル場 $\boldsymbol{A}$ が存在することを示せ．また $\boldsymbol{A}$ を定めよ.

(1) $(x^3, x^3-y^3, 3(y^2-x^2)z)$ (2) $(3x^2+2xy, x^2-y^2+z^2, -6xz)$

8 D をその境界 ∂D が (区分的に) C^1 級曲線 $\boldsymbol{x}(t)$ であるような平面の領域とし，$\boldsymbol{x}(t)$ には D を左手にみる向きを考えるものとする．曲線の弧長を $s=s(t)$ と表し，D の内部から外に向かう単位法線ベクトルを $\boldsymbol{n}(s)$ と表すことにする．このとき，ベクトル場 $\boldsymbol{F}$ について

$$\int_{\partial D}\boldsymbol{F}\cdot\boldsymbol{n}\,ds=\iint_D\Big(\frac{\partial F_1}{\partial x}+\frac{\partial F_2}{\partial y}\Big)dxdy$$

が成り立つことを示せ (2 次元ガウスの定理)．また，次のベクトル場 $\boldsymbol{F}$ と領域 D について線積分 $\int_{\partial D}\boldsymbol{F}\cdot\boldsymbol{n}\,ds$ を計算せよ.

(1) $\boldsymbol{F}=(x^3,y^3)$ $(x^2+y^2\leq 1)$ (2) $\boldsymbol{F}=(xy, x^2+y^2)$ $(|x|+|y|\leq 1)$

第 5 章

ベクトル解析の応用

CHAPTER 5

ここでは，ベクトル解析の応用としてガウスの定理からグリーンの公式を導き，これを用いてラプラスの方程式，ポアソンの方程式の境界条件と解の一意性について調べる．これらの方程式は電荷分布や導体による境界条件を定めるときの静電場を決める方程式として現れるものである．さらに進んで，電磁気学に現れる基礎方程式についてその一般的な性質を調べる．

5.1 ベクトル演算子

これまでに空間の関数やベクトル場に関して，勾配 grad, 発散 div, 回転 rot などの演算が現れた．特に，4.4 節ではこれらの演算が外微分形式の導入によって統一的に扱われることをみた．しかし，電磁気学などへの応用では記号の示す直観がはっきり表現できるので grad, div, rot の記号が用いられる．また，記号が冗長になることを避けるために，微分演算の記号をベクトルの形に並べた記号

$$\boldsymbol{\nabla} = \left(\frac{\partial}{\partial x}, \frac{\partial}{\partial y}, \frac{\partial}{\partial z}\right) = \left(\frac{\partial}{\partial x_1}, \frac{\partial}{\partial x_2}, \frac{\partial}{\partial x_3}\right)$$

を用いることも多い．この記号は**ベクトル演算子**とか，その記号の形が似ていることからナブラ (古代の竪琴の名称) とも呼ばれる．$\boldsymbol{\nabla}$ 記号を用いると，C^1 級関数 $\phi(\boldsymbol{x})$ やベクトル場 $\boldsymbol{F}(\boldsymbol{x})$ について，ベクトルのスカラー倍，内積，外積の演算と合わせて grad, div, rot は

$$\begin{aligned}\operatorname{grad}\phi &= \boldsymbol{\nabla}\phi = \left(\frac{\partial\phi}{\partial x_1}, \frac{\partial\phi}{\partial x_2}, \frac{\partial\phi}{\partial x_3}\right)\\ \operatorname{div}\boldsymbol{F} &= \boldsymbol{\nabla}\cdot\boldsymbol{F} = \frac{\partial F_1}{\partial x_1} + \frac{\partial F_2}{\partial x_2} + \frac{\partial F_3}{\partial x_3}\end{aligned}$$

$$\mathrm{rot}\,\boldsymbol{F} = \boldsymbol{\nabla}\times\boldsymbol{F} = \left(\frac{\partial F_3}{\partial x_2}-\frac{\partial F_2}{\partial x_3}, \frac{\partial F_1}{\partial x_3}-\frac{\partial F_3}{\partial x_1}, \frac{\partial F_2}{\partial x_1}-\frac{\partial F_1}{\partial x_2}\right)$$

などと表される．また，ラプラス演算子 $\Delta = \frac{\partial^2}{\partial x_1^2}+\frac{\partial^2}{\partial x_2^2}+\frac{\partial^2}{\partial x_3^2}$ (第 1 章問 7 参照) は $\boldsymbol{\nabla}$ 記号を用いると $\Delta = \boldsymbol{\nabla}^2$ と表される．以降，grad, div, rot とともに $\boldsymbol{\nabla}$ 記号を適宜併用することにする．

ベクトル解析では，grad, div, rot などの演算がいろんな組合せで現れる．そこで，典型的な場合を公式として表しておくと便利である．

命題 5.1　空間の C^1 級関数 ϕ, ψ および C^2 級のベクトル場 $\boldsymbol{E}, \boldsymbol{F}, \boldsymbol{G}$ について次の公式が成り立つ．

$$
\begin{aligned}
&(1)\quad \boldsymbol{\nabla}(\phi\psi) = (\boldsymbol{\nabla}\phi)\psi + \phi(\boldsymbol{\nabla}\psi)\\
&(2)\quad \boldsymbol{\nabla}\cdot(\phi\boldsymbol{F}) = (\boldsymbol{\nabla}\phi)\cdot\boldsymbol{F} + \phi(\boldsymbol{\nabla}\cdot\boldsymbol{F})\\
&(3)\quad \boldsymbol{\nabla}\times(\phi\,\boldsymbol{F}) = (\boldsymbol{\nabla}\phi)\times\boldsymbol{F} + \phi\,\boldsymbol{\nabla}\times\boldsymbol{F}\\
&(4)\quad \boldsymbol{\nabla}\cdot(\boldsymbol{F}\times\boldsymbol{G}) = \boldsymbol{G}\cdot(\boldsymbol{\nabla}\times\boldsymbol{F}) - \boldsymbol{F}\cdot(\boldsymbol{\nabla}\times\boldsymbol{G})\\
&(5)\quad \boldsymbol{\nabla}\times(\boldsymbol{\nabla}\times\boldsymbol{F}) = \boldsymbol{\nabla}(\boldsymbol{\nabla}\cdot\boldsymbol{F}) - \boldsymbol{\nabla}^2\boldsymbol{F}
\end{aligned}
\tag{5.1}
$$

(証明)　4.4 節で扱った微分形式を用いると見通しよく計算できるが，直接示しても大差はない．(1) は省略する．

(2) は，$\sum_i \frac{\partial}{\partial x_i}(\phi F_i) = \sum \frac{\partial\phi}{\partial x_i}F_i + \sum_i \phi\frac{\partial F_i}{\partial x_i} = (\boldsymbol{\nabla}\phi)\cdot\boldsymbol{F} + \phi(\boldsymbol{\nabla}\cdot\boldsymbol{F})$ と計算される．

(3) $\boldsymbol{\nabla}\times(\phi\,\boldsymbol{F})$ の x 成分は

$$\frac{\partial}{\partial x_2}(\phi F_3) - \frac{\partial}{\partial x_3}(\phi F_2) = \frac{\partial\phi}{\partial x_2}F_3 - \frac{\partial\phi}{\partial x_3}F_2 + \phi\left(\frac{\partial F_3}{\partial x_2}-\frac{\partial F_2}{\partial x_3}\right)$$

と計算されて，$(\boldsymbol{\nabla}\phi)\times\boldsymbol{F} + \phi\,\boldsymbol{\nabla}\times\boldsymbol{F}$ の x 成分に等しいことがわかる．他の成分についても同様である．

(4) については，少し長くなるが

$$
\begin{aligned}
(\text{左辺}) &= \frac{\partial}{\partial x_1}(F_2G_3 - F_3G_2) + \frac{\partial}{\partial x_2}(F_3G_1 - F_1G_3) + \frac{\partial}{\partial x_3}(F_1G_2 - F_2G_1)\\
&= G_3\left(\frac{\partial F_2}{\partial x_1}-\frac{\partial F_1}{\partial x_2}\right) + G_2\left(\frac{\partial F_1}{\partial x_3}-\frac{\partial F_3}{\partial x_1}\right) + G_1\left(\frac{\partial F_3}{\partial x_2}-\frac{\partial F_2}{\partial x_3}\right)\\
&\quad - F_3\left(\frac{\partial G_2}{\partial x_1}-\frac{\partial G_1}{\partial x_2}\right) - F_2\left(\frac{\partial G_1}{\partial x_3}-\frac{\partial G_3}{\partial x_1}\right) - F_1\left(\frac{\partial G_3}{\partial x_2}-\frac{\partial G_2}{\partial x_3}\right)
\end{aligned}
$$

と計算されて，$\boldsymbol{G}\cdot(\boldsymbol{\nabla}\times\boldsymbol{F})-\boldsymbol{F}\cdot(\boldsymbol{\nabla}\times\boldsymbol{G})$ に等しいことがわかる．

(5) については，ベクトルとしての等式になっているので，まず x 成分について書いてみると

$$\begin{aligned}&\frac{\partial}{\partial x_2}\Big(\frac{\partial F_2}{\partial x_1}-\frac{\partial F_1}{\partial x_2}\Big)-\frac{\partial}{\partial x_3}\Big(\frac{\partial F_1}{\partial x_3}-\frac{\partial F_3}{\partial x_1}\Big)\\&\quad=\frac{\partial}{\partial x_2}\frac{\partial F_2}{\partial x_1}+\frac{\partial}{\partial x_3}\frac{\partial F_3}{\partial x_1}-\Big(\frac{\partial^2}{\partial x_2^2}+\frac{\partial^2}{\partial x_3^2}\Big)F_1=\frac{\partial}{\partial x_1}(\boldsymbol{\nabla}\cdot\boldsymbol{F})-\Delta F_1\end{aligned}$$

となり，他の成分についても同様に計算されて右辺が得られる．□

5.2　グリーンの公式とポアソンの方程式

$f(\boldsymbol{x}),g(\boldsymbol{x})$ を空間の C^2 級関数とするとき，f と勾配ベクトル場 $\boldsymbol{F}=\boldsymbol{\nabla}g$ について (5.1) の公式 (2) を当てはめると

$$\boldsymbol{\nabla}\cdot(f\boldsymbol{\nabla}g)=(\boldsymbol{\nabla}f)\cdot(\boldsymbol{\nabla}g)+f\Delta g \tag{5.2}$$

が得られる．また，この式から f と g を入れ換えた式を引くと

$$\boldsymbol{\nabla}\cdot(f\boldsymbol{\nabla}g)-\boldsymbol{\nabla}\cdot(g\boldsymbol{\nabla}f)=f\Delta g-g\Delta f \tag{5.3}$$

が得られる．ここで，(いくつかの) 曲面 S を境界にもつ (閉) 領域 V に関する空間積分を考えるとガウスの定理 (4.12) が使え，(5.2),(5.3) 式に対応して次の公式が得られる．

命題 5.2 (グリーンの公式)　空間の C^2 級関数 f,g と曲面 S を境界にもつ有界閉領域 V について

$$\iiint_V\big\{(\boldsymbol{\nabla}f)\cdot(\boldsymbol{\nabla}g)+f\Delta g\big\}dV=\iint_S\big(f\boldsymbol{\nabla}g\big)\cdot d\boldsymbol{S} \tag{5.4}$$

$$\iiint_V\big(f\Delta g-g\Delta f\big)dV=\iint_S\big(f\boldsymbol{\nabla}g-g\boldsymbol{\nabla}f\big)\cdot d\boldsymbol{S} \tag{5.5}$$

が成り立つ．ただし，$S=\partial V$ は外向きを正の向きとする．

境界を (いくつかの) 曲面 S にもつような空間の有界閉領域 $V(S=\partial V)$ で，関数 $\rho(\boldsymbol{x})$ を与えたときに，

$$\Delta\phi(\boldsymbol{x})=-\rho(\boldsymbol{x}) \tag{5.6}$$

を満たすような C^2 級関数 ϕ を決定するという問題がしばしば現れ，この (偏) 微分方程式は**ポアソン (Poisson) の方程式**と呼ばれている．特に，$\rho(\boldsymbol{x}) = 0$ であるとき，方程式を**ラプラス (Laplace) の方程式**と呼びその解 $\phi(\boldsymbol{x})$ を調和関数と呼んでいる．これらの微分方程式は，偏微分方程式と呼ばれるものでその解法の一般論については本書では触れられないが，次のような境界条件の下で解をもつことが知られている．

(B1)　境界 $S = \partial V$ 上での関数 $\phi(\boldsymbol{x})$ の値を定める

(B2)　境界 $S = \partial V$ 上で $\boldsymbol{n}_S \cdot \boldsymbol{\nabla}\phi$ の値を定める

ここで，(B2) では曲面を $S : \boldsymbol{x}(u, v)$ と表し $n_S = \boldsymbol{x}_u \times \boldsymbol{x}_v$ と定める．一般に領域で定義された偏微分方程式について，(B1), (B2) のように境界での値 (境界値) を決めて解を求める問題は境界値問題と呼ばれ，(B1) のタイプを**ディリクレ (Dirichlet) の問題**, (B2) のタイプの問題を**ノイマン (Neumann) の問題**などと呼んでいる．

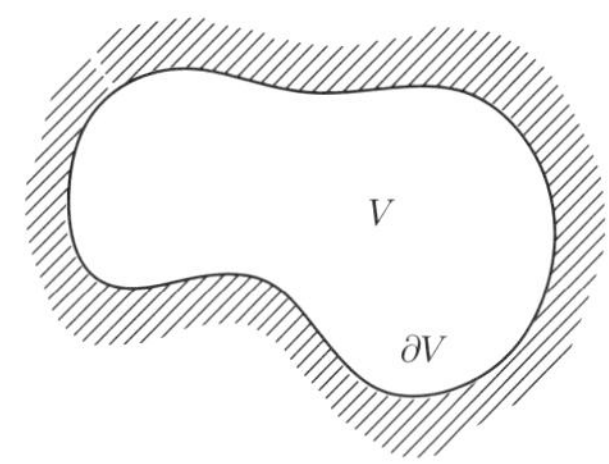

図 5.1

ポアソンの方程式について解の存在は認めることにすると，グリーンの公式を用いて，(B1),(B2) の境界条件に対し解が一意的に定まることが容易に示される．

命題 5.3　ポアソンの方程式 (5.6) の方程式について，境界条件 (B1) を満たす解 $\phi(\boldsymbol{x})$ は一意的，(B2) を満たす解は定数の差を除いて一意的であることを示せ．

(解答)　ϕ_1, ϕ_2 が (閉) 領域 V でポアソンの方程式 $\Delta\phi_i = -\rho$ を満たしていたとする．このとき，グリーンの公式 (5.4) で

$$f = \phi_1 - \phi_2, \qquad g = \phi_1 - \phi_2$$

とおくと，$\Delta g = -\rho + \rho = 0$ であるから

$$\iiint_V \left\{\boldsymbol{\nabla}(\phi_1 - \phi_2) \cdot \boldsymbol{\nabla}(\phi_1 - \phi_2)\right\} dV = \iint_S \left\{(\phi_1 - \phi_2)\boldsymbol{\nabla}(\phi_1 - \phi_2)\right\} \cdot d\boldsymbol{S}$$

が得られる．境界条件 (B1) を課すとき，S 上で $\phi_1 = \phi_2$ であるから右辺は 0 に等しい．一方左辺は，正の量 $\|\boldsymbol{\nabla}(\phi_1 - \phi_2)\|^2 = \sum_i \left(\frac{\partial(\phi_1-\phi_2)}{\partial x_i}\right)^2$ の積分であるから，$\frac{\partial(\phi_1-\phi_2)}{\partial x_i} = 0$ $(i = 1, 2, 3)$ が成り立つ．再び，S 上では $\phi_1 = \phi_2$ であることを用いると，結局 V 上で $\phi_1(\boldsymbol{x}) = \phi_2(\boldsymbol{x})$ であることが結論される．

同様に，S 上で $\boldsymbol{n}_S \cdot \boldsymbol{\nabla}\phi_1 = \boldsymbol{n}_S \cdot \boldsymbol{\nabla}\phi_2$ であるときも同様に右辺は 0 に等しく，$\frac{\partial(\phi_1-\phi_2)}{\partial x_i} = 0$ $(i = 1, 2, 3)$ が成り立つ．しかし，この場合 ϕ_1, ϕ_2 は定数の差だけ許されることがわかる． □

境界 $S = \partial V$ がいくつかの曲面 S_k からなるときには，境界条件 (1),(2) は S_k ごとに与えられることになる．

また，境界値条件 (B1),(B2) では，ポアソンの方程式を有界閉領域 V で考えるが，実際の問題では空間の無限遠での解 $\phi(\boldsymbol{x})$ の漸近形 $\phi_\infty(\boldsymbol{x})$ を与えて微分方程式を解くことがしばしば要請され，この境界条件が最も難しい場合である．そこで (B1),(B2) に次の (B3) を加えることにする．

(B3) 空間の無限遠方での「漸近形 $\phi(\boldsymbol{x}) \sim \phi_\infty(\boldsymbol{x})$」($\|\boldsymbol{x}\| \to \infty$) を定める

ただし，$\phi(\boldsymbol{x})$ の漸近形が $\phi(\boldsymbol{x}) \sim \phi_\infty(\boldsymbol{x})$ であるとは，$\|\boldsymbol{x}\| \to \infty$ のとき

$$\phi(\boldsymbol{x}) - \phi_\infty(\boldsymbol{x}) = O\left(\frac{1}{\|\boldsymbol{x}\|}\right), \qquad \frac{\partial\phi(\boldsymbol{x})}{\partial x_i} - \frac{\partial\phi_\infty(\boldsymbol{x})}{\partial x_i} = O\left(\frac{1}{\|\boldsymbol{x}\|^2}\right) \tag{5.7}$$

が成り立つこととする．また，$O(t)$ は，$o(t)$ に類似する記号で，$\lim_{t\to 0}\left|\frac{O(t)}{t}\right| < C$ (C はある定数) を満たす t の関数を表す記号である．

グリーンの公式 (5.5) を用いると (B3) の境界条件の下で，ポアソンの方程式の解の一意性が示されるが，その前に幾分準備が必要となる．

5.3 クーロン場とポアソンの方程式

ポアソンの方程式で境界条件 (B3) を扱うために，電磁気学ですでに学んで知っている知識を思い出すこととしたい．

高等学校で学んでいるように，電子などのように電荷をもった粒子にはクーロン力が働く．クーロンの法則によると，原点に点電荷 +1 が固定されているとき，空間の位置ベクトル $\boldsymbol{x}$ に置かれた電荷 q の点粒子は $\frac{|q|}{\|\boldsymbol{x}\|^2}$ に比例した大

きさの引力 $(q<0)$ または斥力 $(q>0)$ を受ける．比例定数を $k>0$ として，力の向きも込めて各点 $\boldsymbol{x}$ で受ける力を $\boldsymbol{F}(\boldsymbol{x})$ と表現すると，

$$\boldsymbol{F}(\boldsymbol{x})=k\frac{q}{\|\boldsymbol{x}\|^2}\frac{\boldsymbol{x}}{\|\boldsymbol{x}\|}=q\boldsymbol{E}(\boldsymbol{x})$$

と書かれる．ここで $\boldsymbol{E}(\boldsymbol{x})=k\frac{1}{\|\boldsymbol{x}\|^2}\frac{\boldsymbol{x}}{\|\boldsymbol{x}\|}$ と定め, これを**電場**と呼んでいる．何気なくクーロン力を $q\boldsymbol{E}$ と表しているが，クーロン力 $\boldsymbol{F}$ は原点の電荷 $+1$ と電荷 q の間に働く力を表現するのに対し，$q\boldsymbol{E}$ では原点の電荷 $+1$ が電場 $\boldsymbol{E}$ を作りその電場から電荷 q が力を受けるという表現となっている．このように，電場は空間のもつ物理的な性質と考えられていて，「原点に置く点電荷は空間に電場 $\boldsymbol{E}(\boldsymbol{x})$ を生成する」などと表現される．数学的には原点を除いた空間の C^∞ 級ベクトル場 $\boldsymbol{E}(\boldsymbol{x})$ を考えるという以上の内容はない．また，定数 k は真空の誘電率と呼ばれる物理定数 ϵ_0 を用いて $k=\frac{1}{4\pi\epsilon_0}$ と表されるが，ここでは $k=\frac{1}{4\pi}$ とする場合の電場

$$\boldsymbol{E}(\boldsymbol{x})=\frac{1}{4\pi}\frac{1}{\|\boldsymbol{x}\|^2}\frac{\boldsymbol{x}}{\|\boldsymbol{x}\|} \tag{5.8}$$

を**クーロン (Coulomb) 場**と呼ぶことにする．さらに，下の問 1 の公式と合わせると

$$\boldsymbol{E}=-\boldsymbol{\nabla}\phi(\boldsymbol{x}),\qquad \phi(\boldsymbol{x})=\frac{1}{4\pi}\frac{1}{\|\boldsymbol{x}\|} \tag{5.9}$$

のようにポテンシャル関数 $\phi(\boldsymbol{x})$ を用いて表されることがわかる．このポテンシャル関数を**クーロン (Coulomb) ポテンシャル**と呼ぶ．

問 1　$\boldsymbol{x}\neq\boldsymbol{0}$ について，次の公式を確かめよ．ただし $\boldsymbol{c}$ は定数ベクトル，$n=0,\pm1,\pm2,\cdots$ とする．

(1)　$\boldsymbol{\nabla}\frac{1}{\|\boldsymbol{x}\|^n}=-n\frac{\boldsymbol{x}}{\|\boldsymbol{x}\|^{n+2}}$

(2)　$\boldsymbol{\nabla}\frac{\boldsymbol{c}\cdot\boldsymbol{x}}{\|\boldsymbol{x}\|^n}=\frac{\boldsymbol{c}}{\|\boldsymbol{x}\|^n}-n\frac{\boldsymbol{x}(\boldsymbol{x}\cdot\boldsymbol{c})}{\|\boldsymbol{x}\|^{n+2}}$

(3)　$\triangle\frac{\boldsymbol{c}\cdot\boldsymbol{x}}{\|\boldsymbol{x}\|^n}=n(n-3)\frac{\boldsymbol{c}\cdot\boldsymbol{x}}{\|\boldsymbol{x}\|^{n+2}}$

クーロンポテンシャル $\phi(\boldsymbol{x})$ は次の性質をもつことが調べられる．

例題 5.4　クーロンポテンシャル (5.9) について

(1)　原点を除くすべての点で $\Delta\phi=0$ を満たす．

(2) 原点を含む任意の球面 $S_R = \{\boldsymbol{x} = (x, y, z) \mid \|\boldsymbol{x}\| = R\}$ ($R > 0$, 外向きを表とする) について，次が成り立つ：

$$-\iint_{S_R} \boldsymbol{\nabla}\phi(\boldsymbol{x})\cdot d\boldsymbol{S} = 1$$

(解答) (1) クーロンポテンシャルは原点を除いて C^∞ 級である．$\|\boldsymbol{x}\| = \sqrt{x_1^2+x_2^2+x_3^2}$ であることに注意して微分を計算すると

$$\frac{\partial}{\partial x_i}\frac{1}{\|\boldsymbol{x}\|} = -\frac{x_i}{\|\boldsymbol{x}\|^3}, \qquad \frac{\partial^2}{\partial x_i^2}\frac{1}{\|\boldsymbol{x}\|} = -\frac{1}{\|\boldsymbol{x}\|^3} + 3\frac{x_i^2}{\|\boldsymbol{x}\|^5}$$

と計算される．これより $\Delta\frac{1}{\|\boldsymbol{x}\|} = -\frac{3}{\|\boldsymbol{x}\|^3} + 3\frac{x_1^2+x_2^2+x_3^2}{\|\boldsymbol{x}\|^5} = 0$ となり結論が得られる．

(2) 半径 R の球面を向きも込めて

$$S_R : \boldsymbol{x}(\theta, \varphi) = (R\sin\theta\cos\varphi, R\sin\theta\sin\varphi, R\cos\theta)$$

と極座標で表す．このとき，$\boldsymbol{x}_\theta \times \boldsymbol{x}_\varphi = R\sin\theta\,\boldsymbol{x}$ が確かめられる．これより，

$$-\iint_{S_R} \boldsymbol{\nabla}\phi(\boldsymbol{x})\cdot d\boldsymbol{S} = \iint_{\|\boldsymbol{x}\|=R} \frac{1}{4\pi}\frac{\boldsymbol{x}}{\|\boldsymbol{x}\|^3}\cdot R\sin\theta\,\boldsymbol{x}\,d\theta d\varphi = 1$$

と計算される． □

上の例題は，電磁気学では電場 $\boldsymbol{E}$ に関するガウスの法則を表すもので，とくに (2) の積分は原点に $+1$ の電荷が存在することを表現している．このような，クーロンポテンシャルの基本的な性質と，グリーンの公式を用いると次の公式を導くことができる．

命題 5.5 空間の C^2 級関数 $f(\boldsymbol{x})$ と，$\boldsymbol{x} = \boldsymbol{a}$ を内部に含み曲面を境界とするような任意の有界閉領域 V ($\partial V = S$ と表す) について

$$f(\boldsymbol{a}) = \frac{-1}{4\pi}\iiint_V \frac{\Delta f(\boldsymbol{x})}{\|\boldsymbol{x}-\boldsymbol{a}\|}dV + \frac{1}{4\pi}\iint_S \left\{\frac{\boldsymbol{\nabla}f(\boldsymbol{x})}{\|\boldsymbol{x}-\boldsymbol{a}\|} - f(\boldsymbol{x})\boldsymbol{\nabla}\frac{1}{\|\boldsymbol{x}-\boldsymbol{a}\|}\right\}\cdot d\boldsymbol{S}$$

が成り立つ．すなわち，右辺の積分の値が決まってその値は $f(\boldsymbol{a})$ に等しい．

(証明) 有界閉領域 V を $\boldsymbol{x} = \boldsymbol{a}$ を内部に含むように選び，またその境界に現れる曲面を (向きも含めて) $S = \partial V$ と表すことにする．十分小さな正数 ε を定め

球体 B_ε を

$$B_\varepsilon = \{ \boldsymbol{x} \mid \|\boldsymbol{x}-\boldsymbol{a}\| \le \varepsilon \}$$

とし，その境界を (向きを含めて)$S_\varepsilon = \partial B_\varepsilon$ とする．このとき，閉領域 V から B_ε (の内部) を除いた閉領域を V_ε と定めると，その境界 ∂V_ε は $-S_\varepsilon$ と S からなる．

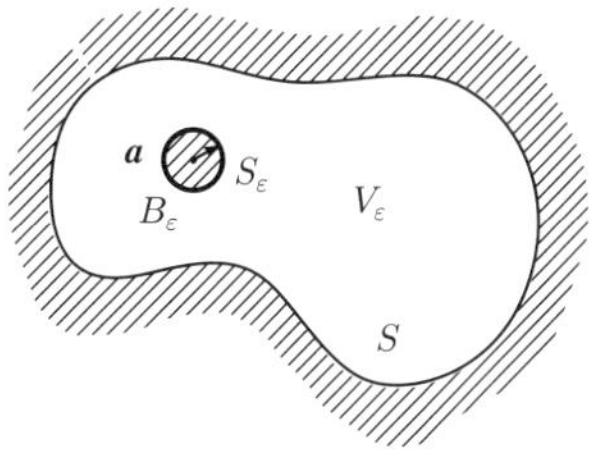

図 **5.2**

ここで，グリーンの公式 (5.5) において，閉領域を V_ε に取り関数 g を $g(\boldsymbol{x}) = \frac{1}{4\pi}\frac{1}{\|\boldsymbol{x}-\boldsymbol{a}\|} = \phi_{\boldsymbol{a}}(\boldsymbol{x})$ に取ると，V_ε 上で $\Delta\phi_{\boldsymbol{a}} = 0$ であるから

$$\begin{aligned} &-\iiint_{V_\varepsilon} \phi_{\boldsymbol{a}} \Delta f dV \\ &= \iint_{\partial V_\varepsilon} \left(f\boldsymbol{\nabla}\phi_{\boldsymbol{a}} - \phi_{\boldsymbol{a}}\boldsymbol{\nabla} f\right)\cdot d\boldsymbol{S} \\ &= -\iint_{S_\varepsilon} \left(f\boldsymbol{\nabla}\phi_{\boldsymbol{a}} - \phi_{\boldsymbol{a}}\boldsymbol{\nabla} f\right)\cdot d\boldsymbol{S} + \iint_{S} \left(f\boldsymbol{\nabla}\phi_{\boldsymbol{a}} - \phi_{\boldsymbol{a}}\boldsymbol{\nabla} f\right)\cdot d\boldsymbol{S} \end{aligned} \tag{5.10}$$

が得られる．ここで，S_ε を極座標で $\boldsymbol{x}-\boldsymbol{a} = \varepsilon(\sin\theta\cos\varphi, \sin\theta\sin\varphi, \cos\theta)$ と表して例題 5.4 にならって第 1 項の面積分を計算し，$\varepsilon \to 0$ とすると

$$\begin{aligned} &-\iint_{S_\varepsilon} \left(f\boldsymbol{\nabla}\phi_{\boldsymbol{a}} - \phi_{\boldsymbol{a}}\boldsymbol{\nabla} f\right)\cdot d\boldsymbol{S} \\ &= \frac{1}{4\pi}\iint_{S_\varepsilon} \left\{f(\boldsymbol{x}) + (\boldsymbol{x}-\boldsymbol{a})\cdot\boldsymbol{\nabla} f(\boldsymbol{x})\right\}\sin\theta d\theta d\varphi \to f(\boldsymbol{a}) \end{aligned} \tag{5.11}$$

が示される．また，(5.10) 式左辺の体積積分についても

$$\left|\iiint_V \phi_a \Delta f dV - \iiint_{V_\varepsilon} \phi_a \Delta f dV\right| = \left|\iiint_{B_\varepsilon} \phi_a \Delta f dV\right| \to 0 \tag{5.12}$$

が示される．まとめると，(5.10) 式で極限 $\varepsilon \to 0$ を取ることができて，その結果として示すべき式が得られる．　□

問 2　上の命題で，式 (5.11),(5.12) を示せ．

命題 5.5 を，ラプラスの方程式またはポアソンの方程式の解 $\phi(\boldsymbol{x})$ に当てはめると，解の一意性に関して次の結果が得られる．

命題 5.6　次の性質が成り立つ．

(1)　空間 $\mathbf{R}^3$ で考えるラプラスの方程式 $\Delta\phi(\boldsymbol{x}) = 0$ の解で，無限遠方で $\phi(\boldsymbol{x}) \sim 0$ ($\|\boldsymbol{x}\| \to \infty$) と振る舞うものは $\phi(\boldsymbol{x}) = 0$ に限る．

(2)　空間 $\mathbf{R}^3$ で考えるポアソンの方程式 $\Delta\phi(\boldsymbol{x}) = -\rho(\boldsymbol{x})$ の解で，無限遠方で $\phi(\boldsymbol{x}) \sim \phi_\infty(\boldsymbol{x})$ ($\|\boldsymbol{x}\| \to \infty$) と振る舞うものが存在すると仮定すると，それは一意的である．

(証明)　(1)　$\phi(\boldsymbol{x})$ がラプラスの方程式の解であるとき，V を半径 R の球体 B_R ($S_R = \partial B_R$) に取り，命題 5.5 を当てはめると，

$$\phi(\boldsymbol{a}) = \frac{1}{4\pi}\iint_{S_R}\left\{\frac{\boldsymbol{\nabla}\phi(\boldsymbol{x})}{\|\boldsymbol{x}-\boldsymbol{a}\|} - \phi(\boldsymbol{x})\boldsymbol{\nabla}\frac{1}{\|\boldsymbol{x}-\boldsymbol{a}\|}\right\}\cdot d\boldsymbol{S}$$

が $\boldsymbol{a} \in B_R$ であるすべての R について成立する．ここで，$R \to \infty$ とするとき S_R 上の $\boldsymbol{x}$ について，無限遠での境界条件から $\phi(\boldsymbol{x}) \sim 0$ である ((5.7) 参照)．したがって，$\phi(\boldsymbol{a}) = 0$ となり，また $\boldsymbol{a}$ は任意であるから，$\phi(\boldsymbol{x}) = 0$ と結論される．

(2)　ϕ_1, ϕ_2 がポアソンの方程式を満たし，さらに無限遠方で同じ境界条件 $\phi_i(\boldsymbol{x}) \sim \phi_\infty(\boldsymbol{x})$ ($\|\boldsymbol{x}\| \to \infty$) を満たすとする．このとき，$\phi_1(\boldsymbol{x}) - \phi_2(\boldsymbol{x})$ はラプラスの方程式を満たし，かつ無限遠方で (1) の条件を満たす．したがって (1) の結果より $\phi_1(\boldsymbol{x}) - \phi_2(\boldsymbol{x}) = 0$ となって，一意性が結論される．　□

以上で，境界条件 (B3) について解の存在の一意性が示された．もちろん，ここでの議論は解の存在を仮定した上での話で，これについては偏微分方程式の書に委ねることにする．しかし，一意性がわかっていると「とにかく境界条件を満たす解をみつければよい」という立場がとれるのでこれだけでも有益である．また，実際の問題で現れる境界条件では，条件 (B1),(B2),(B3) が各境界ごとに異なって課される場合が現れ難しさが増大しより「高級」な問題となる．

次節では，静電場の場合にいくつかの例を扱ってこの辺りの様子を眺めてみよう．

5.4　静電場と境界値問題

前節では，真空の誘電率を $\epsilon_0 = 1$ として原点に置いた $+1$ の電荷が作るクーロン場を (5.8) と表した．ここでは，電荷が単位体積当たり $\rho(\boldsymbol{x})$ で空間的に分布している場合の電場について，いくつかの例を扱いたい．電磁気では，「ある閉じた曲面から外に向かって出ていく電気力線の総数は，曲面に包まれた領域内に存在する電荷の総量に比例する」という実験事実 (ガウスの法則) が知られている．これを微小な立方体に当てはめると $\mathrm{div}\boldsymbol{E} = \frac{1}{\epsilon_0}\rho(\boldsymbol{x})$ となる (4.3.3 項参照)．また，実験事実として静電場 $\boldsymbol{E}$ は「保存力」である，すなわちポテンシャル関数 (スカラーポテンシャル) によって $\boldsymbol{E} = -\boldsymbol{\nabla}\phi(\boldsymbol{x})$ と表されることが知られている．以上から，ポテンシャル関数は次のポアソンの方程式

$$\Delta\phi(\boldsymbol{x}) = -\frac{1}{\epsilon_0}\rho(\boldsymbol{x})$$

を満たすことになる．ここでも以下では簡単のため $\epsilon_0 = 1$ とすることにする．ポテンシャル関数 $\phi(\boldsymbol{x})$ の値のことを**電位**と呼び，空間曲面 $\phi(\boldsymbol{x}) = c$ を**等電位面**と呼ぶ．以下では，このような具体的な問題背景と合わせて，ポアソンの方程式の境界値問題 (B1),(B2),(B3) についていくつかの例題を扱うことにしよう．

境界条件の設定は，しばしば金属などの導体の配置によって実現される．そこで，次の事柄は物理的な事実として認めることにする：

(C1)　導体の内部では $\boldsymbol{E} = \boldsymbol{0}$ である．

(C2)　1 つの導体の表面で電位は一定の値を取る．

(C3)　導体の表面近くで，電場は導体面に垂直である．

(C1),(C2),(C3) の内容は，たとえば (C1) から (C2) が従うなどのように独立ではないが，通常このような形で現れることが多い．

5.4.1　有限領域の電荷分布，静電遮蔽

例題とともに境界条件が現れる様子を順にみていこう．

例題 5.7　有限な空間領域に電荷が分布し，その密度 $\rho(\boldsymbol{x})$ は連続であるとする．このとき，ポアソンの方程式の解で，無限遠方で $\phi(\boldsymbol{x}) \sim 0$ ($\|\boldsymbol{x}\| \to \infty$) と

振る舞う (5.7 節参照) ものは

$$\phi(\boldsymbol{x}) = \frac{1}{4\pi}\iiint_{\mathbf{R}^3} \frac{\rho(\boldsymbol{z})}{\|\boldsymbol{z}-\boldsymbol{x}\|}dV_z$$

である．ここで，$dV_z = dz_1dz_2dz_3$ を表す．

(解答) 任意の C^2 級関数 $f(\boldsymbol{x})$ について成り立つ命題 5.5 において，$f(\boldsymbol{x})$ に上の境界条件を満たすポアソンの方程式の解 $\phi(\boldsymbol{x})$ を入れると

$$\phi(\boldsymbol{a}) = \frac{1}{4\pi}\iiint_{B_R} \frac{\rho(\boldsymbol{x})}{\|\boldsymbol{x}-\boldsymbol{a}\|}dV + \frac{1}{4\pi}\iint_{S_R}\left\{\frac{\boldsymbol{\nabla}\phi}{\|\boldsymbol{x}-\boldsymbol{a}\|} - \phi\boldsymbol{\nabla}\frac{1}{\|\boldsymbol{x}-\boldsymbol{a}\|}\right\}\cdot d\boldsymbol{S}$$

が得られる．ただし, B_R は半径 R (十分大) の球体, $S_R = \partial B_R$ とする．ここで，$R \to \infty$ の極限を取ると，$\phi(\boldsymbol{x}) \sim 0$ であるから (定義により) $\phi(\boldsymbol{x}) = O(\frac{1}{\|\boldsymbol{x}\|})$, $\frac{\partial}{\partial x_i}\phi(\boldsymbol{x}) = O(\frac{1}{\|\boldsymbol{x}\|^2})$ であり，また，例題 5.4 にならって $d\boldsymbol{S} = R\sin\theta\boldsymbol{x}d\theta d\varphi$ と表されるから，第 2 項は

$$\frac{1}{4\pi}\iint_{S_R}\left\{\frac{\boldsymbol{x}\cdot\boldsymbol{\nabla}\phi}{\|\boldsymbol{x}-\boldsymbol{a}\|} + \phi\frac{\boldsymbol{x}\cdot(\boldsymbol{x}-\boldsymbol{a})}{\|\boldsymbol{x}-\boldsymbol{a}\|^3}\right\}R\sin\theta\, d\theta d\varphi \quad \to 0 \quad (R \to \infty)$$

のように振る舞って，求める式が得られる． □

上の例題によって，有限の範囲に電荷分布 $\rho(\boldsymbol{x})$ が与えられたときのポアソンの方程式の解が積分によって与えられることがわかる．すでに前節で示したように (境界条件の下での) 解の一意性は示されているので，これ以外の解はないこともいえている．

次に，導体によって境界条件が課される場合を扱ってみよう．

例題 5.8 導体でできた導体殻を考え，内部には電荷はないものとする．このとき，導体殻の外の空間にどのように電荷が分布しようとも，内部の電場は $\boldsymbol{E} = \boldsymbol{0}$ である．

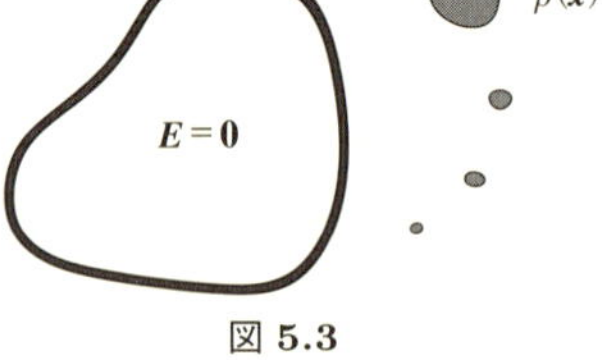

図 5.3

(解答) 導体殻の内部の (閉) 領域を B として，$S = \partial B$ とする．領域 B には電荷が存在しないので，ラプラスの方程式 $\Delta\phi = 0$ が領域でのポテンシャルを決定する．境界条件 (C2) によって，

$S = \partial B$ 上で $\phi(\boldsymbol{x})$ は一定値 ϕ_0 を取る．このとき，B 上で $\phi(\boldsymbol{x}) = \phi_0$ という定数関数は自明にラプラスの方程式の解である．また，例題 5.3 によって解は一意的で，これ以外に存在しないことがわかる．よって，電場について $\boldsymbol{E} = -\boldsymbol{\nabla}\phi = \boldsymbol{0}$ であることが結論される．また，この議論は導体殻の外の空間の電荷配置とは関係なく成り立つ． □

上の例題は，導体で空間の領域を囲むことによって外からの影響を受けないようにするもので，**静電遮蔽**などと呼ばれている．

5.4.2 電 気 鏡 映 法

導体 (境界条件) の配置に対称性がある場合，対称性を用いて解をみつけることができる．

例題 5.9 yz 平面に無限に広がる導体の板を配置し，点 $\boldsymbol{a} = (1, 0, 0)$ に点電荷 q を置くときのポテンシャル $\phi(\boldsymbol{x})$ を決定せよ．ただし，空間の無限遠では $\phi(\boldsymbol{x}) \sim 0$ ($\|\boldsymbol{x}\| \to \infty$) と振る舞い，また無限に延びる導体面上のポテンシャルは 0 に等しいとする．

(解答) (1) $x < 0$ の半空間では静電遮蔽と考えられ，$\phi(\boldsymbol{x}) = 0$ である．$x \geq 0$ の領域では，やや唐突であるが

$$\phi(\boldsymbol{x}) = \frac{1}{4\pi}\frac{q}{\|\boldsymbol{x}-\boldsymbol{a}\|} - \frac{1}{4\pi}\frac{q}{\|\boldsymbol{x}+\boldsymbol{a}\|} \quad (x \geq 0)$$

という関数を考えてみる．この関数は，明らかに $\boldsymbol{x} \neq \boldsymbol{a}$ でラプラスの方程式を満たし，さらに $x = 0$ (導体面) で $\phi(\boldsymbol{x}) = 0$，および $\phi(\boldsymbol{x}) \sim 0$ ($\|\boldsymbol{x}\| \to \infty$) を満たす．また $\boldsymbol{x} \to \boldsymbol{a}$ で，点電荷のポテンシャル $\phi(\boldsymbol{x}) \sim \frac{1}{4\pi}\frac{q}{\|\boldsymbol{x}-\boldsymbol{a}\|}$ と振る舞う．境界条件を満たす解の一意性を知っているので，これが求める解である． □

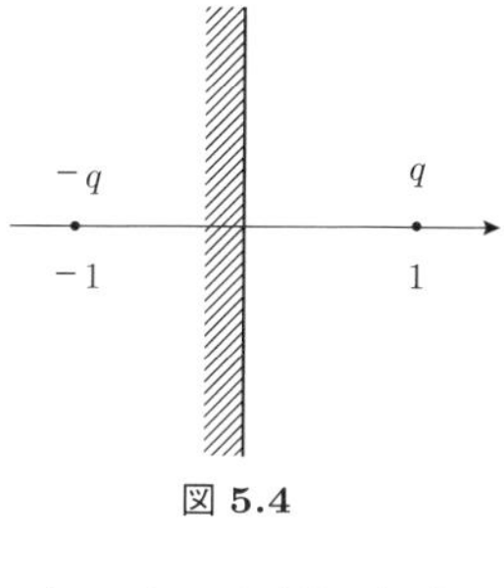

図 5.4

上の例題のように，問題の対称性から境界条件を満たす解の予想が立つ場合がある．このようにして解をみつけたとき，もうそれ以外には存在しないかどうか心配になるが，5.2 節で示した「解が存在するなら一意的である」という性

質からその心配も不要である．また，上の例題のように仮想的に (鏡で映した位置に) 点電荷の配置を考えて解をみつけだす方法を，**電気鏡映法**と呼んでいる．

問 3　$x \geq 0$ かつ $y \geq 0$ が定める空間の領域を B としてその境界 ∂B に無限の導体板で「壁」を作る．壁に囲まれた点 $\boldsymbol{a} = (1,1,0)$ に点電荷 $+1$ を置くときのポテンシャル関数を例題 5.9 にならって求めよ．

次の例題は，球面に関する鏡映法である．

例題 5.10　中心を原点とする半径 a の導体球殻に電荷 Q を与え，球殻の内部の点 P: $(d,0,0)$ $(0<d<a)$ に点電荷 q を置く．このとき，無限遠方で $\phi(\boldsymbol{x}) \sim 0$ $(\|\boldsymbol{x}\| \to \infty)$ と振る舞うポテンシャル関数 $\phi(\boldsymbol{x})$ を求めよ．

(解答)　導体殻の内部と外側の領域で様子が異なる．外部を考えると，導体面で定数となり無限遠方で $\phi(\boldsymbol{x}) \sim 0$ と振る舞うという境界条件でラプラスの方程式を解くことになる．そこで，$\phi(\boldsymbol{x}) = \frac{c}{4\pi}\frac{1}{\|\boldsymbol{x}\|}$ と仮定すると，導体球殻で $\phi_0 = \frac{c}{4\pi a}$ と定数になる上に無限遠方で要請される漸近形をもつラプラスの方程式の解である．また，ガウスの法則から $c = q+Q$ と決まる．

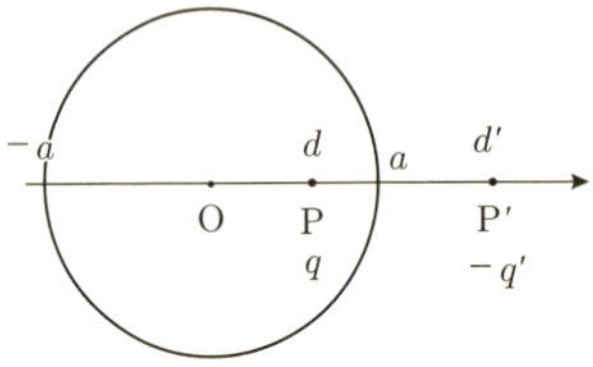

図 5.5

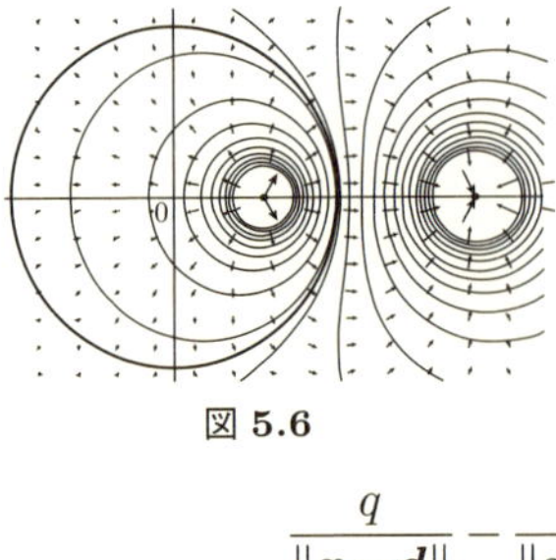

図 5.6

導体球殻の内部では，点電荷 q の存在する場合のポアソンの方程式を解く．そこで，導体球殻でポテンシャル関数は定数 ϕ_0 を取る関数として

$$\phi(\boldsymbol{x}) = \frac{1}{4\pi}\frac{q}{\|\boldsymbol{x}-\boldsymbol{d}\|} - \frac{1}{4\pi}\frac{q'}{\|\boldsymbol{x}-\boldsymbol{d}'\|} + \phi_0$$

という形を仮定する．ただし，$\boldsymbol{d} = (d,0,0)$, $\boldsymbol{d}' = (d',0,0)$ と置く．このとき，

$$d\,d' = a^2, \qquad a\,q = d\,q'$$

の関係を満たすように d', q' を定めると，球面 $x^2+y^2+z^2 = a^2$ 上で $\phi(\boldsymbol{x}) = \phi_0$ となることが確かめられる．実際，

$$\frac{q}{\|\boldsymbol{x}-\boldsymbol{d}\|} - \frac{q'}{\|\boldsymbol{x}-\boldsymbol{d}'\|} = 0 \quad \Leftrightarrow \quad x^2+y^2+z^2 = a^2$$

が確かめられるからである．仮定したポテンシャル関数は，図 5.5, 5.6 に示すように原点から $d' = a^2/d\ (> a)$ の位置に $-(a/d)q$ だけの電荷を置いたことに相当し，この仮想的な点電荷を，「電荷 q の球面に関する鏡映」と呼んでいる．こうして，仮定した関数が，境界条件を満たし求めるポアソンの方程式の解となる：

$$\phi(\boldsymbol{x}) = \begin{cases} \dfrac{1}{4\pi}\dfrac{q}{\|\boldsymbol{x}-\boldsymbol{d}\|} - \dfrac{1}{4\pi}\dfrac{q'}{\|\boldsymbol{x}-\boldsymbol{d}'\|} + \phi_0 & (\|\boldsymbol{x}\| < a) \\ \dfrac{q+Q}{4\pi}\dfrac{1}{\|\boldsymbol{x}\|} & (\|\boldsymbol{x}\| > a) \end{cases}$$

□

これまでの例は，問題の設定から解についてある程度予想が立つ場合である．最後に，これらと比べて，少し「高度」な例を扱ってこの節を終わることにする．

例題 5.11 原点を中心にして，導体からできた半径 a の球体を配置する．このとき，導体球面で $\phi(\boldsymbol{x}) = 0$，空間の無限遠方での漸近形が $\phi(\boldsymbol{x}) = E_0 z\ ;(\|\boldsymbol{x}\| \to \infty)$ であるような，ラプラスの方程式の解を求めよ．

(解答) z 軸に関する回転対称性があるので，無限遠方での漸近形の条件を満たすポテンシャル関数として

$$\phi(\boldsymbol{x}) = E_0 z + \sum_{n=0}^{\infty} c_n \frac{f_n(\cos\theta)}{r^{n+1}}$$

と置く．ここで，r, θ, φ は空間の極座標，f_n は未知の関数，c_n は定数であるとする．ポテンシャル関数は導体球以外の領域でラプラスの方程式を満たすことから，未知関数 $f_n(\cos\theta)$ の満たす微分方程式を導いてみよう ($E_0 z$ は z の 1 次式だからラプラスの方程式を満たしている)．$r^2\Delta$ の極座標表示 (1.20) 式を，$t = \cos\theta$ と置いて整理すると

$$r^2\Delta = r\frac{\partial}{\partial r}\left(r\frac{\partial}{\partial r} + 1\right) + (1-t^2)\frac{\partial^2}{\partial t^2} - 2t\frac{\partial}{\partial t} + \frac{1}{1-t^2}\frac{\partial^2}{\partial \varphi^2}$$

となり，さらにこの演算子を $\frac{f_n(t)}{r^{n+1}}$ に作用させると

$$r^2\Delta\frac{f_n(t)}{r^{n+1}} = \left\{(n+1)nf_n(t) + (1-t^2)f_n''(t) - 2tf_n'(t)\right\}\frac{1}{r^{n+1}}$$

となることがわかる．ここで，r に関するべきが変化しないから，すべての r に関して $r^2\Delta\phi(\boldsymbol{x})=0$ である条件は，各 $\frac{1}{r^{n+1}}$ の係数を零として

$$(1-t^2)f_n''(t)-2tf_n'(t)+(n+1)nf_n(t)=0$$

という各 $f_n(t)$ $(n=0,1,2,\cdots)$ に関する微分方程式で表される．この微分方程式は，**ルジャンドル (Legendre) の微分方程式**と呼ばれるもので，その解 $f_n(t)$ はルジャンドルの多項式

$$P_n(t)=\frac{1}{2^n n!}\frac{d^n}{dt^n}(t^2-1)^n=\frac{(2n+1)!}{2^n(n!)^2}\left(t^n+\cdots\right)$$

の定数倍に限ることが知られている．ここで，最初のいくつかを書くと

$$P_0(t)=1,\ \ P_1(t)=t,\ \ P_2(t)=\frac{1}{2}(3t^2-1),\ \ P_3(t)=\frac{1}{2}(5t^3-3t),\ \ \cdots$$

である．したがって，与えられた漸近形をもつラプラスの方程式の解は

$$\phi(\boldsymbol{x})=E_0z+\sum_{n=0}^{\infty}c_n\frac{P_n(\cos\theta)}{r^{n+1}}$$

と表される．ここで，導体球面 $r=a$ で $\phi=0$ という境界条件を課すと

$$0=E_0at+c_0\frac{P_0(t)}{a}+c_1\frac{P_1(t)}{a^2}+\sum_{n\geq 2}c_n\frac{P_n(t)}{a^{n+1}}$$

が $t=\cos\theta$ $(0\leq\theta\leq\pi)$ の恒等式として成り立つことになる．ところが，$P_n(t)$ は t^n の項を含む多項式であるから，$c_n=0$ $(n\geq 2)$ でなければならない．

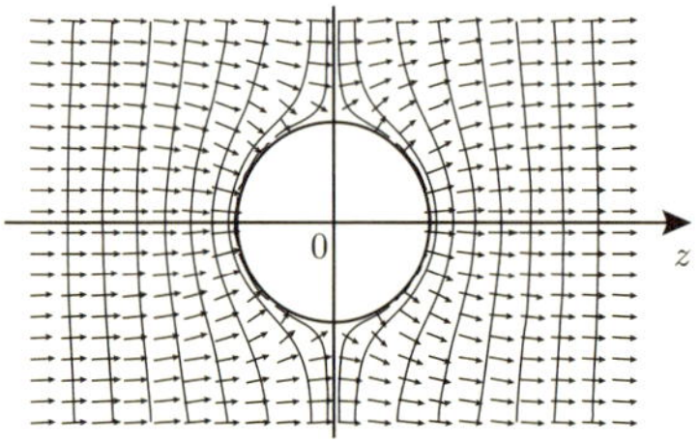

図 5.7

残りの項を整理すると

$$0=\left(E_0a+\frac{c_1}{a^2}\right)t+c_0\frac{1}{a}$$

となり，$c_0=0, c_1=-E_0a^3$ と決まる．以上より，

$$\phi(\boldsymbol{x})=E_0z\left(1-\frac{a^3}{r^3}\right)$$

か境界条件および漸近条件を満たすラプラスの方程式の解として決まる．もちろん，解の一意性をすでに示しているので，これ以外の解はない． □

5.5　電磁気学の基礎方程式

すでにこれまでにみたように，ベクトル解析は電磁気学と深く結びついている．ここでは，電磁気学の基本法則を簡単に整理しながら，マクスウエル方程式を導入する．その後，ベクトル解析の計算手法を用いると，マクスウエル方程式から「なじみのある」基本法則が導出される様子をみることにしよう．

5.5.1　電 場 と 磁 場

電磁気学では通常 MKSA 単位系という単位の集まり (M：メートル，K：キログラム, S：秒，A：アンペア) が使われる．この単位系の成り立ちは，電磁気学の基礎法則と密接に関わっているので，簡単にまとめることから始めよう．

地上で 1kg の物体に働く力は誰にでもイメージできると思われるが，MKSA 単位系ではこの力の大きさの約 $\frac{1}{10}$ 倍を 1 N と表し，1 ニュートンと呼んでいる．したがって 1 N はおよそ 0.1 kg の重さを表し，これを力の大きさを表す単位としている (正確には，地上の重力加速度 $g = 9.8\,\mathrm{m/s^2}$ の値を用いて，$1\,\mathrm{N} = 1/g\,\mathrm{kg}=$ およそ 102 g の重さ)．

2 つの平行な導線に (同じ向きに) 電流を流すとき，2 つの導線の間に引力が働くことが実験で観察される．そこで，導線を十分長くして，両者に同じ大きさの電流 I を流す．また導線の間の距離を 1 m に設定する．このとき，一方の導線 1 m 当たりに働く力の大きさが 2×10^{-7} N となるような電流の大きさ I を 1 A と表し，1 アンペアと呼ぶ．ここに現れる定数 2×10^{-7} は，しばしば登場するので記号 μ_0 を用いて $\frac{\mu_0}{2\pi}$ と表す習慣である (したがって $\mu_0 := 4\pi\times10^{-7}$)．

上のようにして 1 A の電流が決められたが，電流は電荷の流れと思うことができる．そこで，1 A の電流を導線に流しているときに，1 秒間に導線の断面を通過する電荷の総量を 1 C と表し，1 クーロンと呼ぶ (したがって，1 A = 1 C/s である)．

こうして定まる 1 C の電荷をそれぞれ 2 つの (小さな) 導体球に集め，1 m の距離だけ離して置く．このとき，2 つの導体球に働く力の大きさがニュートンの単位で測定されるが，その大きさを $\frac{1}{4\pi\epsilon_0}$ に等しいとして記号 ϵ_0 の値を定める．実験によると

$$\frac{1}{4\pi\epsilon_0} = 8.988 \times 10^9 \qquad (\mathrm{N\,m^2/C^2})$$

であることが知られている．後に導くように，この値は真空中の電磁波の速度(=光速度 c) と $4\pi\epsilon_0\mu_0 = \frac{1}{c^2}$ によって結びつくことになる．

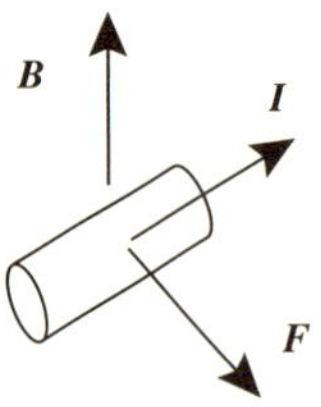

図 5.8

電磁気学で，最も基本的な量は電場 $\boldsymbol{E}(\boldsymbol{x})$ と磁場 $\boldsymbol{B}(\boldsymbol{x})$ である．電場は，1C の試験点電荷を空間の位置 $\boldsymbol{x}$ に置いたときに，この電荷が受ける力のベクトルとして定義される．したがって，その単位は N/C ということになる．磁場についても同様に，電流を流した導線に働く力を測定し，それを導線単位長さ (1 m) 当たりに換算して定義する．今，導線に流れている電流が I であるとし，長さ Δl の微小部分を位置 $\boldsymbol{x}$ に配置する．この微小部分に働く力の大きさ F を測定して $F = B\,I\,\Delta l$ によって，この点 $\boldsymbol{x}$ での磁場の大きさ (強さ) とする．ただし，磁場の向きは図に示すように中学以来おなじみのフレミングの左手の法則で定められる．長さ Δl に，流れる電流の向きを与えてベクトル記号 $\boldsymbol{\Delta l}$ で表すなら，

$$\boldsymbol{F} = I\boldsymbol{\Delta l} \times \boldsymbol{B} \tag{5.13}$$

である．1 A の電流が流れているとき，長さ Δl m の微小部分に働く力が，1 m 当たりに換算して，1 N であるような磁場の強さを 1 テスラと呼んで 1 Tesla と書く．1 Tesla はしばしば医療機器やオーディオ機器で耳にするガウスという単位と，1 Tesla = 10^4 Gauss の関係がある．

すべての現象にはエネルギーの移動が伴うが，1 N の力を出して 1 m だけ移動するときの仕事の量=エネルギーを 1 N m = 1 ジュール (joule, J) と呼んでいる．1 N はおおよそ 0.1 kg の重さであったので，0.1 kg の荷物を 1 m 持ち上げるのに必要なエネルギーがおおよそ 1 J に等しい．しばしば消費電力を表すのにワット (W) という単位をみかけるが，1 W とは 1 秒間に 1 J のエネルギーを消費することを表す単位である．

5.5.2 マクスウエル方程式

5.4 節では電場が時間的に変化しない静電場についてその境界値問題を詳しく調べたが，電場・磁場を表す空間のベクトル場 $\boldsymbol{E}(\boldsymbol{x}), \boldsymbol{B}(\boldsymbol{x})$ は，一般には時間とともに変化する．そこで，時間の関数であることを強調するときには，$\boldsymbol{E}(\boldsymbol{x},t), \boldsymbol{B}(\boldsymbol{x},t)$ などと時間の関数であることを明示する．また，文脈から明らかなときには，煩雑になることを避けて単に $\boldsymbol{E}, \boldsymbol{B}$ のようにしばしば省略する．このように時間変化する電場 $\boldsymbol{E}$, 磁場 $\boldsymbol{B}$ を決定する基礎方程式がマクスウエル方程式である．これを順に導入していこう．

(1)　5.4 節において，静電場の場合にガウスの法則を実験事実として認め，それに関連する境界値問題を調べた．実は，「閉曲面から外に向かって出ていく電気力線の総数は，閉曲面に包まれた領域に存在する電荷の総量に比例する」というガウスの法則は，電場や荷電の分布が時間的に変化したときにも各時刻ごとに正しい．これを式で表すと

$$\iint_S \boldsymbol{E}(\boldsymbol{x},t)\cdot d\boldsymbol{S} = \frac{1}{\epsilon_0}\iiint_V \rho(\boldsymbol{x},t)dV \tag{5.14}$$

が各 t について成り立つ (ガウス (Gauss) の法則)．ここで，閉じた曲面を S として，それに囲まれた (閉) 領域を V $(S=\partial V)$ と表している．また，左辺の S 上の面積分が，曲面を出ていく電気力線の総数という用語の正確な式表示である．

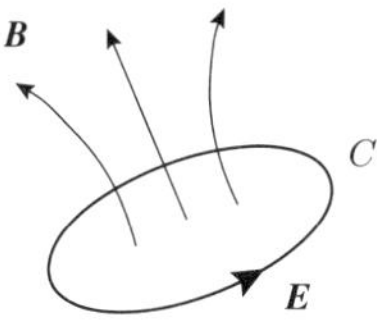

図 **5.9**

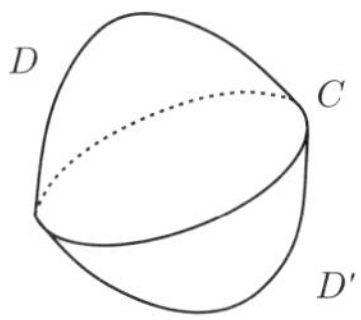

図 **5.10**

(2)　空間に電場・磁場を表すベクトル場が存在するとき，図 5.9 に示すように空間の閉曲線 C にそってベクトル場 $\boldsymbol{E}$ の線積分を考えることができる．閉曲線 C を導体線からなる回路と思えば，この線積分は回路の起電力と呼ばれるものに等しい．線積分の値が，C を境界とする曲面 D に関する磁場 $\boldsymbol{B}$ の面積分の時間変化に等しいこと，

$$\int_C \boldsymbol{E}\cdot d\boldsymbol{x} = -\frac{\partial}{\partial t}\iint_D \boldsymbol{B}\cdot d\boldsymbol{S} \tag{5.15}$$

を述べたのが**ファラデー (Faraday) の電磁誘導の法則**である．磁場 $\boldsymbol{B}$ の面積分はしばしば D を貫く磁束 (線の数) と表現されるもので，ファラデーの法則

は,「D を貫く磁束の時間変化が回路 $C = \partial D$ に (誘導) 起電力を発生させる」という実験事実を表現したものといえる．ここで，閉曲線 C を境界にもつ曲面 D はいくつもありうるので，D' を別の曲面とすると，この式が意味をもつためには,

$$\iint_D \boldsymbol{B}\cdot d\boldsymbol{S} - \iint_{D'} \boldsymbol{B}\cdot d\boldsymbol{S} = \iint_S \boldsymbol{B}\cdot d\boldsymbol{S} = \text{定数} \tag{5.16}$$

が成り立つ必要がある．ここで，曲面 S は D, D' が定める境界のない閉曲面である (図 5.10)．上の式に現れる定数は，磁気単極子がみつからないという実験事実 (N 極または S 極が単独で現れないこと) によって 定数 $= 0$ であるとされる.

(3) 次に，電流 I があるとその周りには磁場が存在するという実験事実があるが，この事実を式で表現したものが次の**アンペール–マクスウエル (Ampére-Maxwell) の法則**である：

$$\int_C \boldsymbol{B}\cdot d\boldsymbol{x} = \mu_0 \iint_D \boldsymbol{j}\cdot d\boldsymbol{S} + \epsilon_0\mu_0 \frac{d}{dt}\iint_D \boldsymbol{E}\cdot d\boldsymbol{S} \tag{5.17}$$

ここで，$\boldsymbol{j} = \boldsymbol{j}(\boldsymbol{x}, t)$ は電流密度ベクトルと呼ばれ，面積分 $\iint_D \boldsymbol{j}\cdot d\boldsymbol{S}$ が曲面 D の「内側」から「外側」へ向かって流れる電流の総量となるように定義される．左辺は，(5.15) 式の回路についての起電力に相当するもので，閉曲線 C の「起磁力」と表現できる．上の式は「閉曲線 C に関する『起磁力』が，D を貫く電流の総量に等しい」と読むことができる．右辺では，$C = \partial D$ となるような曲面を 1 つ定めているが，これが D' にとっても値が変わらないために，(5.16) 式に類似した関係式

$$\iint_S \boldsymbol{j}\cdot d\boldsymbol{S} = -\epsilon_0 \frac{d}{dt}\iint_S \boldsymbol{E}\cdot d\boldsymbol{S} = -\frac{d}{dt}\iiint_V \rho\, dV$$

が得られる．ここで，第 2 の等式ではガウスの法則 (5.14) を用いた．また，S は D, D' によって定まる閉曲面，V は S によって囲まれる閉領域である．この式は,「閉曲面 S から単位時間に外に出ていく電流の総量は V の中の電荷の減少量に等しい」と読めて，電荷保存の法則の実験事実によって自動的に満たされる．このように (5.17) 式の右辺第 2 項は，これがないと電荷保存の法則の実験事実と矛盾することから，マクスウエルによって導入されたもので電束電流と呼ばれている.

ここまでは積分を用いて電磁気学の基本法則を表現したが，ガウスの定理およびストークスの定理を用いると，これらを次のような微分演算子を用いた形に表示できる．

(5.14′)　$\mathrm{div}\boldsymbol{E} = \dfrac{1}{\epsilon_0}\rho$　(ガウスの法則)

(5.15′)　$\mathrm{rot}\boldsymbol{E} = -\dfrac{\partial}{\partial t}\boldsymbol{B}$　(ファラデーの電磁誘導の法則)

(5.16′)　$\mathrm{div}\boldsymbol{B} = 0$　(磁気単極子は存在しない)

(5.17′)　$\mathrm{rot}\boldsymbol{B} = \mu_0\boldsymbol{j} + \mu_0\epsilon_0\dfrac{\partial}{\partial t}\boldsymbol{E}$　(アンペール–マクスウエルの法則)

この 4 つの式は，**マクスウエル (Maxwell) 方程式**と呼ばれ，荷電密度 $\rho(\boldsymbol{x}, t)$ と電流密度 $\boldsymbol{j}(\boldsymbol{x}, t)$ を与えたときに，$\boldsymbol{E}(\boldsymbol{x}, t), \boldsymbol{B}(\boldsymbol{x}, t)$ を決定する (偏) 微分方程式系とみなされる．積分形で行った議論に対応して，(5.15′) の両辺で発散を取ると $\mathrm{div}(\mathrm{rot}\boldsymbol{E}) = 0$ であることから $\mathrm{div}\boldsymbol{B} = 0$ が従う．同様に，(5.17′) 式からは電荷保存の法則

$$\mathrm{div}\boldsymbol{j} + \frac{\partial\rho}{\partial t} = 0$$

が得られる．

マクスウエル方程式は，電場と磁場が入り組んでいてどのようにこの方程式を解くことができるか一見明らかではない．5.4 節で導入したポテンシャル関数 $\phi(\boldsymbol{x}, t)$, および，新たにベクトルポテンシャル $\boldsymbol{A}(\boldsymbol{x}, t)$ を導入すると解析の見通しがよくなることを次にみることにしよう．

5.5.3　ポテンシャル関数とゲージ変換

マクスウエル方程式の (5.16′) 式 ($\mathrm{div}\boldsymbol{B} = 0$) と前章の命題 4.19 を合わせると，

$$\boldsymbol{B}(\boldsymbol{x}, t) = \mathrm{rot}\boldsymbol{A}(\boldsymbol{x}, t)$$

と表すベクトル値関数が各時刻 t で決まることがわかる．これを，**ベクトルポテンシャル**と呼んでいる．これを (5.15′) 式へ代入すると $\mathrm{rot}\left(\boldsymbol{E} + \frac{\partial}{\partial t}\boldsymbol{A}\right) = \boldsymbol{0}$ が得られるが，命題 4.18 から

$$\boldsymbol{E}(\boldsymbol{x}, t) = -\boldsymbol{\nabla}\phi(\boldsymbol{x}, t) - \frac{\partial}{\partial t}\boldsymbol{A}(\boldsymbol{x}, t)$$

と表す関数 $\phi(\boldsymbol{x},t)$ が存在することがわかり，これを**スカラーポテンシャル**と呼ぶ．命題 5.1,(5) の公式 $\nabla\times(\nabla\times\boldsymbol{A})=\nabla(\nabla\cdot\boldsymbol{A})-\Delta\boldsymbol{A}$ を使って，残された 2 つの式 (5.14′),(5.17′) を表すと，

$$\begin{aligned}&\Delta\phi+\frac{\partial}{\partial t}\nabla\cdot\boldsymbol{A}=-\frac{1}{\epsilon_0}\rho\\&\Bigl\{\Delta-\mu_0\epsilon_0\frac{\partial^2}{\partial t^2}\Bigr\}\boldsymbol{A}-\nabla\Bigl\{\nabla\cdot\boldsymbol{A}+\mu_0\epsilon_0\frac{\partial}{\partial t}\phi\Bigr\}=-\mu_0\boldsymbol{j}\end{aligned}\tag{5.18}$$

となり，結局マクスウエル方程式がポテンシャル $\boldsymbol{A},\phi$ に関する 2 つの微分方程式として表されることとなる．以下では，簡単のために，ここで現れた方程式を $P_1(\boldsymbol{A},\phi)=-\frac{1}{\epsilon_0}\rho$, $P_2(\boldsymbol{A},\phi)=-\mu_0\boldsymbol{j}$ と表すことにする．

命題 5.12 (ゲージ変換) $\boldsymbol{A},\phi$ が微分方程式 $P_1(\boldsymbol{A},\phi)=-\frac{1}{\epsilon_0}\rho$, $P_2(\boldsymbol{A},\phi)=-\mu_0\boldsymbol{j}$ を満たすとき，任意の C^2 級関数 $\chi(\boldsymbol{x},t)$ を用いて

$$\boldsymbol{A}'=\boldsymbol{A}+\nabla\chi,\qquad \phi'=\phi-\frac{\partial}{\partial t}\chi\tag{5.19}$$

で表される $\boldsymbol{A}',\phi'$ は同じ微分方程式を満たす．すなわち，$P_1(\boldsymbol{A}',\phi')=-\frac{1}{\epsilon_0}\rho$, $P_2(\boldsymbol{A}',\phi')=-\mu_0\boldsymbol{j}$ を満たす．

(証明) 次のように，直接確かめればよい．

$$P_1(\boldsymbol{A}',\phi')=\Delta\bigl(\phi-\frac{\partial\chi}{\partial t}\bigr)+\frac{\partial}{\partial t}\nabla\cdot(\boldsymbol{A}+\nabla\chi)=\Delta\phi+\frac{\partial}{\partial t}\nabla\cdot\boldsymbol{A}=P_1(\boldsymbol{A},\phi)$$

同様に，

$$\begin{aligned}P_2(\boldsymbol{A}',\phi')=&\Bigl\{\Delta-\mu_0\epsilon_0\frac{\partial^2}{\partial t^2}\Bigr\}(\boldsymbol{A}+\nabla\chi)\\&-\nabla\Bigl\{\nabla\cdot(\boldsymbol{A}+\nabla\chi)+\mu_0\epsilon_0\frac{\partial}{\partial t}\bigl(\phi-\frac{\partial}{\partial t}\chi\bigr)\Bigr\}=P_2(\boldsymbol{A},\phi)\end{aligned}$$

が確かめられる．ただし，途中の計算では $\Delta(\nabla\chi)=\nabla(\Delta\chi)$ など，微分演算の順序の入れ換えを行う． □

ここで, (5.19) で表されるポテンシャル関数の取り換えを**ゲージ変換**と呼んでいる．また, 命題で述べられたようにマクスウエル方程式 $P_1=-\frac{\rho}{\epsilon_0}, P_2=-\mu_0\boldsymbol{j}$ が形を変えないことを，方程式の**ゲージ不変性**と呼んでいる．方程式が，このような不変性をもつということは，荷電分布 ρ と電流密度 $\boldsymbol{j}$ を与えても，ポテンシャル関数 $\boldsymbol{A},\phi$ は一意的には決まらないことを意味している．適当な条件

を「手で」付加して，決めてやる必要がある．このように外から条件を付加してゲージ変換の「自由度」をなくすことを，ゲージを固定するという．ゲージ固定に関して，しばしば次の 2 つの付加条件が用いられる．

命題 5.13 (ローレンツゲージ)　命題 5.12 において，$\chi(\boldsymbol{x},t)$ をうまく選んで，ポテンシャル $\boldsymbol{A},\phi$ が

$$\boldsymbol{\nabla}\cdot\boldsymbol{A}+\mu_0\epsilon_0\frac{\partial}{\partial t}\phi=0 \tag{5.20}$$

を満たすようにできる (したがってこれを付加条件として採用できる)．また，このときのマクスウエル方程式 $P_1(\boldsymbol{A},\phi)=-\frac{1}{\epsilon_0}\rho$, $P_2(\boldsymbol{A},\phi)=-\mu_0\boldsymbol{j}$ は

$$\begin{aligned}\left\{\Delta-\mu_0\epsilon_0\frac{\partial^2}{\partial t^2}\right\}\phi&=-\frac{1}{\epsilon_0}\rho\\ \left\{\Delta-\mu_0\epsilon_0\frac{\partial^2}{\partial t^2}\right\}\boldsymbol{A}&=-\mu_0\boldsymbol{j}\end{aligned} \tag{5.21}$$

と表される．

(証明)　$\boldsymbol{A},\phi$ が微分方程式 $P_1=-\frac{\rho}{\epsilon_0}, P_2=-\mu_0\boldsymbol{j}$ の解であったとき，ゲージ変換 (5.19) で定められる $\boldsymbol{A}',\phi'$ も，任意の $\chi(\boldsymbol{x},t)$ に対し，同じ微分方程式を満たす．そこで，(5.20) 式の左辺は

$$\boldsymbol{\nabla}\cdot\boldsymbol{A}'+\mu_0\epsilon_0\frac{\partial}{\partial t}\phi'=\boldsymbol{\nabla}\cdot\boldsymbol{A}+\mu_0\epsilon_0\frac{\partial\phi}{\partial t}+\left\{\Delta-\mu_0\epsilon_0\frac{\partial^2}{\partial t^2}\right\}\chi$$

と表されるので，C^2 級関数 $\chi(\boldsymbol{x},t)$ を

$$\left\{\Delta-\mu_0\epsilon_0\frac{\partial^2}{\partial t^2}\right\}\chi=-\boldsymbol{\nabla}\cdot\boldsymbol{A}-\mu_0\epsilon_0\frac{\partial\phi}{\partial t} \tag{5.22}$$

の解であるように取れば，$\boldsymbol{A}',\phi'$ に対して (5.20) 式は満たされる．偏微分方程式 (5.22) を満たす χ は一般に存在することが知られているので，(5.20) 式をポテンシャル関数に対する付加条件としてよい．また，このとき微分方程式 $P_1=-\frac{\rho}{\epsilon_0}, P_2=-\mu_0\boldsymbol{j}$ が (5.21) となることは容易に確かめられる．　□

付加条件 (5.20) をしばしば (ローレンツゲージでの) ゲージ固定条件という．しかし，上の証明の概略からもわかるように，$\boldsymbol{A},\phi$ がこのゲージ固定条件を満たしているときに，

$$\left\{\Delta - \mu_0\epsilon_0\frac{\partial^2}{\partial t^2}\right\}\chi_0(\boldsymbol{x},t) = 0$$

を満たす関数 $\chi_0(\boldsymbol{x},t)$ を用いて得られる $\boldsymbol{A}' = \boldsymbol{A} + \boldsymbol{\nabla}\chi_0$, $\phi' = \phi - \frac{\partial\chi_0}{\partial t}$ も，このゲージ固定条件を満たす．(偏) 微分方程式の理論で，このような関数 χ_0 で定数でないものが存在することが知られていて，この関数 χ_0 によって表されるゲージ変換を「残留ゲージ変換」と呼ぶこともある．このように，ローレンツゲージのゲージ固定条件 (5.20) では，完全にゲージが固定されていないことを記憶しておきたい．しかし，ローレンツゲージでは方程式 (5.21) において $\boldsymbol{A}$, ϕ を決める微分方程式が同じ微分演算子で表されることになるので，対称性を保って解析する場合に見通しがよい．

命題 5.14 (クーロンゲージ) 命題 5.12 において，$\chi(\boldsymbol{x},t)$ をうまく選んで，ポテンシャル $\boldsymbol{A},\phi$ が

$$\boldsymbol{\nabla}\cdot\boldsymbol{A} = 0 \tag{5.23}$$

を満たすようにできる (したがってこれを付加条件として採用できる)．また，このときのマクスウエル方程式 $P_1(\boldsymbol{A},\phi) = -\frac{1}{\epsilon_0}\rho$, $P_2(\boldsymbol{A},\phi) = -\mu_0\boldsymbol{j}$ は

$$\begin{aligned} \Delta\phi &= -\frac{1}{\epsilon_0}\rho \\ \left\{\Delta - \mu_0\epsilon_0\frac{\partial^2}{\partial t^2}\right\}\boldsymbol{A} &= -\mu_0\boldsymbol{j} + \mu_0\epsilon_0\frac{\partial}{\partial t}\boldsymbol{\nabla}\phi \end{aligned} \tag{5.24}$$

と表される．

(証明) ローレンツゲージの場合と議論は同じである．$\boldsymbol{A},\phi$ が微分方程式 $P_1 = -\frac{\rho}{\epsilon_0}, P_2 = -\mu_0\boldsymbol{j}$ の解であったとき，ゲージ変換 (5.19) で定められる $\boldsymbol{A}',\phi'$ も，任意の $\chi(\boldsymbol{x},t)$ に対し，同じ微分方程式を満たす．そこで，(5.23) の左辺は

$$\boldsymbol{\nabla}\cdot\boldsymbol{A}' = \boldsymbol{\nabla}\cdot\boldsymbol{A} + \Delta\chi$$

と表されるので，C^2 級関数 $\chi(\boldsymbol{x},t)$ が $\Delta\chi = -\boldsymbol{\nabla}\cdot\boldsymbol{A}$ の解であるように取れば，$\boldsymbol{\nabla}\cdot\boldsymbol{A}' = 0$ となって (5.23) 式は満たされる．微分方程式 $\Delta\chi = -\boldsymbol{\nabla}\cdot\boldsymbol{A}$ は前節で詳しく調べたポアソンの方程式で，その解は一般に存在する．したがって，(5.23) 式をポテンシャル関数に対する付加条件としてよい．また，微分方程式 $P_1 = -\frac{\rho}{\epsilon_0}, P_2 = -\mu_0\boldsymbol{j}$ が (5.24) となることは容易に確かめられる． □

上の付加条件 (5.23) を，クーロンゲージでのゲージ固定という．また，このゲージ固定を行うことを単に「クーロンゲージを取る」と表現することもある．上の命題の証明から明らかなように，クーロンゲージには「残留ゲージ変換」はないことがわかる．また，このゲージでの微分方程式 (5.24) は，ローレンツゲージに比べてやや複雑でまた対称性が少ない．しかし，(5.24) の第 1 式は，$\rho(\boldsymbol{x},t)$ が与えられたときに $\phi(\boldsymbol{x},t)$ を決める形をしていて，さらにこれは時間をパラメータとするポアソンの方程式となっている．また，ゲージ固定条件 $\boldsymbol{\nabla}\cdot\boldsymbol{A}=0$ は ϕ を含まないので，静電場の場合と同様にポアソンの方程式を解いて $\phi(\boldsymbol{x},t)$ を定め，これを (5.24) の第 2 式に代入すれば，ただちに ϕ が方程式から消去されることになる．後は，残された $\boldsymbol{A}$ に関する微分方程式を解けばよいことになる．

ローレンツゲージ，クーロンゲージともに考える問題によって，長短があるので状況に応じて使い分けて用いられる．もちろん，このようなゲージ固定の多様性が現れたのは，マクスウエル方程式をポテンシャル関数 $\boldsymbol{A},\phi$ で表して「解きやすく」したからである．もとの電場 $\boldsymbol{E}$ や磁場 $\boldsymbol{B}$ に戻れば，ゲージの取り方は結果に影響しないことはいうまでもない．

5.5.4　定 常 電 流

ここでは，電荷の分布がなく $(\rho(\boldsymbol{x},t)=0)$，時間によらない電流の流れ (定常電流) $\boldsymbol{j}=\boldsymbol{j}(\boldsymbol{x})$ のみがある場合の，空間の電磁場を決定してみよう．特に，定常解と呼ばれる時間によらない解 $\boldsymbol{A}(\boldsymbol{x}),\phi(\boldsymbol{x})$ を求めることにする．このような設定ではクーロンゲージが適している．実際，条件 $\rho=0$，$\frac{\partial}{\partial t}\phi=0$，$\frac{\partial}{\partial t}\boldsymbol{A}=\boldsymbol{0}$ の下で (5.24) 式を書き下すと

$$\Delta\phi(\boldsymbol{x})=0, \qquad \Delta\boldsymbol{A}(\boldsymbol{x})=-\mu_0\boldsymbol{j}(\boldsymbol{x})$$

が得られ，これにより $\phi=0$ と決まり，また $\boldsymbol{A}$ は前節で調べたポアソンの方程式で決められるからである．電流密度 $\boldsymbol{j}$ は空間の有界領域にのみ存在するものとすると，$A_i(\boldsymbol{x})\sim O(\frac{1}{\|\boldsymbol{x}\|})$ $(\|\boldsymbol{x}\|\to\infty)$ となるような解は，例題 5.7 と同じようにして

$$\boldsymbol{A}(\boldsymbol{x})=\frac{\mu_0}{4\pi}\iiint_{\mathbf{R}^3}\frac{\boldsymbol{j}(\boldsymbol{z})}{\|\boldsymbol{z}-\boldsymbol{x}\|}dV_z \tag{5.25}$$

と表されることがわかる.

命題 5.15 ベクトルポテンシャル (5.25) は，ゲージ条件 $\nabla\cdot\boldsymbol{A}=0$ を満たし，また磁場

$$\boldsymbol{B}(\boldsymbol{x})=\operatorname{rot}\boldsymbol{A}(\boldsymbol{x})=\frac{\mu_0}{4\pi}\iiint_{\mathbf{R}^3}\frac{(\boldsymbol{z}-\boldsymbol{x})\times\boldsymbol{j}(\boldsymbol{z})}{\|\boldsymbol{z}-\boldsymbol{x}\|^3}\,dV_z \tag{5.26}$$

を導く.

(証明) 必要に応じて，変数 $\boldsymbol{x},\boldsymbol{z}$ に関する演算子を ∇_x,∇_z と表して区別することにする．このとき，途中で命題 5.1 の公式 (2) を用いると

$$\begin{aligned}\nabla\cdot\boldsymbol{A}(\boldsymbol{x})&=\frac{\mu_0}{4\pi}\iiint_{\mathbf{R}^3}\left(\nabla_x\frac{1}{\|\boldsymbol{x}-\boldsymbol{z}\|}\right)\cdot\boldsymbol{j}(\boldsymbol{z})\,dV_z\\&=\frac{\mu_0}{4\pi}\iiint_{\mathbf{R}^3}\left(-\nabla_z\frac{1}{\|\boldsymbol{x}-\boldsymbol{z}\|}\right)\cdot\boldsymbol{j}(\boldsymbol{z})\,dV_z\\&=-\frac{\mu_0}{4\pi}\iiint_{\mathbf{R}^3}\left\{\nabla_z\cdot\left(\frac{\boldsymbol{j}(\boldsymbol{z})}{\|\boldsymbol{z}-\boldsymbol{x}\|}\right)-\frac{1}{\|\boldsymbol{z}-\boldsymbol{x}\|}\nabla_z\cdot\boldsymbol{j}(\boldsymbol{z})\right\}dV_z\end{aligned}$$

と計算される．ここで，最後の式の被積分関数の第 2 項は定常電流に関する電荷保存の法則 ($\nabla\cdot\boldsymbol{j}=0$) より消える．また第 1 項については，ガウスの定理を用いて体積積分を表面積分に表すとき，$\boldsymbol{j}(\boldsymbol{z})\neq\boldsymbol{0}$ であるのは有限の領域であることから，やはり 0 に等しいことがわかる．したがって，ゲージ条件 $\nabla\cdot\boldsymbol{A}=0$ が満たされる.

次に磁場 $\boldsymbol{B}=\nabla\times\boldsymbol{A}$ については

$$\nabla\times\boldsymbol{A}(\boldsymbol{x})=\frac{\mu_0}{4\pi}\iiint_{\mathbf{R}^3}\nabla_x\times\frac{\boldsymbol{j}(\boldsymbol{z})}{\|\boldsymbol{x}-\boldsymbol{z}\|}dV_z=\frac{\mu_0}{4\pi}\iiint_{\mathbf{R}^3}\frac{(\boldsymbol{z}-\boldsymbol{x})\times\boldsymbol{j}(\boldsymbol{z})}{\|\boldsymbol{x}-\boldsymbol{z}\|^3}dV_z$$

と計算される．ここで，命題 5.1 の公式 (3) を用いる. □

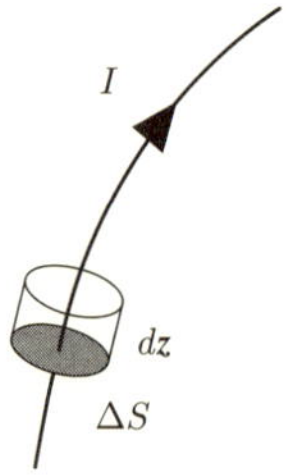

図 5.11

電流密度 $\boldsymbol{j}$ は，導体線を流れる電流 (線電流) I によって与えられることが多い．この場合，導体線の微小部分を含む微小体積を導体線に垂直な面 ΔS と導体線に沿う微小な長さに分けて考えると

$$\iint_{\Delta S}\boldsymbol{j}(\boldsymbol{z})dV_z=I\,d\boldsymbol{z}$$

の関係が導かれる．ここで，I は ΔS を貫く電流で，また $d\boldsymbol{z}$ は導体線をパラメータで表す式 $\boldsymbol{z}(t)$ によって $d\boldsymbol{z} = \frac{d\boldsymbol{z}(t)}{dt}dt$ を表し，電流 I の流れる向きを正に取る．この関係式を用いると (5.26) 式は,

$$\boldsymbol{B}(\boldsymbol{x}) = -\frac{\mu_0 I}{4\pi}\int_C \frac{(\boldsymbol{x}-\boldsymbol{z})\times d\boldsymbol{z}}{\|\boldsymbol{x}-\boldsymbol{z}\|^3} \tag{5.27}$$

となり, 線電流が曲線 $C : \boldsymbol{z}(t)$ に沿って流れるときの磁場を定める．また, (5.27) 式は**ビオ–サバール (Biot-Savart) の法則**と呼ばれている．

例題 5.16　z 軸上を正の向きに (定常) 電流 I が流れているとき，空間に生ずる磁場 $\boldsymbol{B}$ は

$$\boldsymbol{B}(\boldsymbol{x}) = \frac{\mu_0 I}{2\pi r}(\,-\sin\theta,\,\cos\theta,\,0\,) \tag{5.28}$$

と表されることを示せ．ここで，円柱座標を用いて $\boldsymbol{x} = (r\cos\theta, r\sin\theta, z)$ と表す．

(解答)　線電流が流れる直線は $\boldsymbol{z}(t) = (0,0,t)$ $(-\infty < t < \infty)$ と表される．$\boldsymbol{x} = (r\cos\theta, r\sin\theta, z)$ と表すとき,

$$(\boldsymbol{x}-\boldsymbol{z})\times\dot{\boldsymbol{z}}(t) = (r\sin\theta, -r\cos\theta, 0)$$

と決められる．積分は各ベクトル成分ごとに行うものとすると，(5.27) 式は

$$\boldsymbol{B}(\boldsymbol{x}) = -\frac{\mu_0 I}{4\pi}\int_{-\infty}^{\infty}\frac{(r\sin\theta, r\cos\theta, 0)}{(\sqrt{r^2+(z-t)^2})^3}\,dt$$

と表される．積分は $t-z = r\tan s$ と置いて $\int_{-\infty}^{\infty}\frac{r}{(\sqrt{r^2+(z-t)^2})^3}dt = \frac{2}{r}$ とただちに実行されて (5.28) が得られる．　□

(5.28) は，線電流の周りには「右ねじの法則」に従った向きの磁場が生じることを示している．また，磁場 $\boldsymbol{B}$ の中で微小線電流 $I'\Delta\boldsymbol{l}$ が受ける力は，フレミングの法則 (5.13) $\boldsymbol{F} = I'\Delta\boldsymbol{l}\times\boldsymbol{B}$ で決まり，微小線電流 $I'\Delta\boldsymbol{l}$ を z 軸に平行に正の向きを向いて置くとき，受ける力は引力でその大きさは $F = \frac{\mu_0}{2\pi}\frac{I'I\Delta l}{r}$ となる．I, I' が 1 A で $r = 1$, Δl を単位長さ (1 m) とするとき，$F = \frac{\mu_0}{2\pi} = 2\times10^{-7}$ N となり，電流 1 A の定義に戻り定義の整合性が確かめられる．

5.5.5 電　磁　波

荷電密度 $\rho = 0$, 電流密度 $\boldsymbol{j} = \boldsymbol{0}$ のマクスウエル方程式は荷電物質のない真空状態を表すと考えられる．このような状況で，平面波解と呼ばれる特別な解について調べてみよう．平面波解は，対称性を保つためにローレンツゲージで解析されることが多いが，ここでは簡単のためクーロンゲージ (5.24) で解を決めることにする．

式 (5.24) で $\rho = 0, \boldsymbol{j} = \boldsymbol{0}$ と置くと，

$$\Delta\phi = 0, \qquad \left\{\Delta - \mu_0\epsilon_0\frac{\partial^2}{\partial t^2}\right\}\boldsymbol{A} = \boldsymbol{0} \tag{5.29}$$

となる．したがって，これをゲージ条件 $\boldsymbol{\nabla}\cdot\boldsymbol{A} = 0$ の下で解くことになる．スカラーポテンシャル ϕ はゲージ条件とは関係ないので，以降 $\phi = 0$ の解を調べることにする．ベクトルポテンシャル $\boldsymbol{A}$ については，定数ベクトル $\boldsymbol{a}$ と $\boldsymbol{k}$ について

$$\boldsymbol{A}(\boldsymbol{x}, t) = \boldsymbol{a}\,\sin(\omega_k ct - \boldsymbol{k}\cdot\boldsymbol{x})$$

を仮定するとき，$\omega_k = \|\boldsymbol{k}\|$, $c^2 = \frac{1}{\mu_0\epsilon_0}$ と置くとこれが (5.29) の解となることがわかる．この解は，

$$\boldsymbol{A}\Big(\boldsymbol{x} + \tfrac{\boldsymbol{k}}{\|\boldsymbol{k}\|}c, t+1\Big) = \boldsymbol{A}(\boldsymbol{x}, t)$$

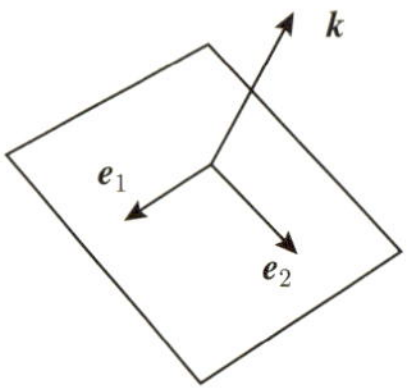

図 5.12

を満たすので，$\boldsymbol{k}$ の向きに速さ c で進む波を表すことがわかる．また，この解に対してゲージ条件 $\boldsymbol{\nabla}\cdot\boldsymbol{A} = 0$ は $\boldsymbol{k}\cdot\boldsymbol{a} = 0$ となり，定数ベクトル $\boldsymbol{a}$ は進行方向に垂直な向きであることがわかる (このような波を横波と呼んでいる)．ここで，sin 関数を用いた解を取り上げたが cos 関数を用いても性質はまったく同じである．定数ベクトル $\boldsymbol{k}$ は波数ベクトルと呼ばれ，その大きさの逆数 $\frac{2\pi}{\|\boldsymbol{k}\|}$ が波長を表す．このようにして $\sin, \cos$ 関数を用いて作られる解を，波数 $\boldsymbol{k}$ の平面波解と呼ぶ．

例題 5.17　波数 $\boldsymbol{k}$ の平面波解に対する電場・磁場は定数 A, B, δ_1, δ_2 を用いて

$$\boldsymbol{E} = \boldsymbol{e}_1 Ac\omega_k\,\cos(\omega_k ct - \boldsymbol{k}\cdot\boldsymbol{x} + \delta_1) + \boldsymbol{e}_2 Bc\omega_k\,\sin(\omega_k ct - \boldsymbol{k}\cdot\boldsymbol{x} + \delta_2)$$

$$\boldsymbol{B} = \boldsymbol{k}\times\boldsymbol{e}_1 A\,\cos(\omega_k ct - \boldsymbol{k}\cdot\boldsymbol{x} + \delta_1) + \boldsymbol{k}\times\boldsymbol{e}_2 B\,\sin(\omega_k ct - \boldsymbol{k}\cdot\boldsymbol{x} + \delta_2)$$

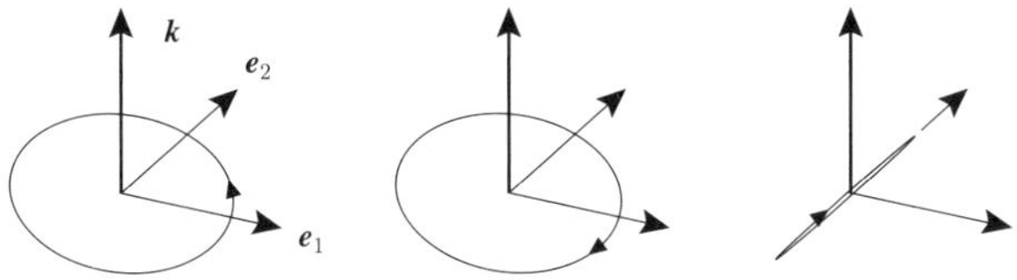

図 **5.13**　左円偏光 (左)，右円偏光 (中央)，直線偏光 (右)

と表される．ここで，$\boldsymbol{e}_1 = \boldsymbol{e}_1(\boldsymbol{k}), \boldsymbol{e}_2 = \boldsymbol{e}_2(\boldsymbol{k})$ は $\boldsymbol{k}$ に垂直な平面の基底を与えるものとする (正規直交基底かつ $\boldsymbol{e}_1 \times \boldsymbol{e}_2 = \frac{\boldsymbol{k}}{\|\boldsymbol{k}\|}$ となるように取る).

(解答)　波数 $\boldsymbol{k}$ の平面波解の最も一般の形は

$$\boldsymbol{A} = \boldsymbol{a}\sin(\omega_k ct - \boldsymbol{k}\cdot\boldsymbol{x}) + \boldsymbol{a}'\cos(\omega_k ct - \boldsymbol{k}\cdot\boldsymbol{x})$$

と表される．ここで，$\boldsymbol{a} = c_1\boldsymbol{e}_1 + c_2\boldsymbol{e}_2, \boldsymbol{a}' = d_1\boldsymbol{e}_1 + d_2\boldsymbol{e}_2$ ($c_1, c_2; d_1, d_2$ は定数) とする．$c_1\sin\theta + d_1\cos\theta = -A\sin(\theta+\delta_1)$, $c_2\sin\theta + d_2\cos\theta = B\cos(\theta+\delta_2)$ と表して，$\boldsymbol{E} = -\frac{\partial}{\partial t}\boldsymbol{A}$, $\boldsymbol{B} = \boldsymbol{\nabla}\times\boldsymbol{A}$ を計算すればよい．□

上の例題で, $\delta_1 = \delta_2, A = B$ のときの平面波解を左円偏光, $\delta_2 = \delta_1 + \pi, A = B$ のときを右円偏光と呼んでいる．また，$A = 0$ または $B = 0$ のとき直線偏光と呼んでいる．これらの特別な場合に対し，一般の δ_1, δ_2, A, B の値に対する解は楕円偏光と呼ばれる．直線偏光は，液晶ディスプレイや映画館での立体メガネなどで日常お世話になっている．

5.5.6　電磁場のエネルギー

電磁場がエネルギー (の流れ) を伴うことは身の回りの電子機器をみても明らかである．その事実を，マクスウエル方程式から導出してみよう．そのために，電荷 q をもつ荷電粒子が電磁場の中に置かれて運動している様子を考察しよう．

荷電粒子は電磁場から力を受けて運動し，荷電の流れである電流密度 $\boldsymbol{j}(\boldsymbol{x})$ を作り出し，これが電磁場を定めるマクスウエル方程式に現れるという具合に，荷電粒子と電磁場は相互に作用し合う．

荷電粒子は電場からクーロン力，磁場からはローレンツ力を受けるから，粒子の質量を m 位置を $\boldsymbol{r}(t)$ とすると，その運動を表すニュートンの運動方程式は

$$m\ddot{\boldsymbol{r}}(t) = q\boldsymbol{E}(\boldsymbol{r}(t), t) + q\dot{\boldsymbol{r}}(t)\times\boldsymbol{B}(\boldsymbol{r}(t), t)$$

と書かれる．ここで右辺第 1 項がクーロン力，第 2 項がローレンツ力である．両辺を $\dot{\boldsymbol{r}}(t)$ とともに内積を取ると，$m\ddot{\boldsymbol{r}}(t)\cdot\dot{\boldsymbol{r}}(t) = \frac{d}{dt}\frac{m}{2}\dot{\boldsymbol{r}}(t)^2$ であるから

$$\begin{aligned}\frac{d}{dt}\left(\frac{1}{2}m\dot{\boldsymbol{r}}^2\right) &= q\dot{\boldsymbol{r}}\cdot\boldsymbol{E}(\boldsymbol{r},t)+q\dot{\boldsymbol{r}}\cdot(\dot{\boldsymbol{r}}\times\boldsymbol{B})\\ &= q\dot{\boldsymbol{r}}\cdot\boldsymbol{E}(\boldsymbol{r},t) = \iiint_V \boldsymbol{j}(\boldsymbol{x},t)\cdot\boldsymbol{E}(\boldsymbol{x},t)\,dV\end{aligned} \tag{5.30}$$

が得られる．ここで，$\dot{\boldsymbol{r}}\cdot(\dot{\boldsymbol{r}}\times\boldsymbol{B}) = \boldsymbol{B}\cdot(\dot{\boldsymbol{r}}\times\dot{\boldsymbol{r}}) = \boldsymbol{0}$ を用いた．また最後の等式では，位置 $\boldsymbol{r}$ を速度 $\dot{\boldsymbol{r}}$ で動く荷電粒子が作る電流密度を $\boldsymbol{j}(\boldsymbol{x},t)$ と表し，荷電粒子を含む領域を V と表した．マクスウエルの方程式 (5.17′) を用いると

$$\boldsymbol{j}\cdot\boldsymbol{E} = \left(\frac{1}{\mu_0}\boldsymbol{\nabla}\times\boldsymbol{B}-\epsilon_0\frac{\partial}{\partial t}\boldsymbol{E}\right)\cdot\boldsymbol{E} = \frac{1}{\mu_0}(\boldsymbol{\nabla}\times\boldsymbol{B})\cdot\boldsymbol{E}-\frac{\partial}{\partial t}\left(\frac{\epsilon_0}{2}\boldsymbol{E}^2\right)$$

と書かれるが，命題 5.1, 公式 (4) とマクスウエル方程式 (5.15′) によって

$$(\boldsymbol{\nabla}\times\boldsymbol{B})\cdot\boldsymbol{E} = \boldsymbol{\nabla}\cdot(\boldsymbol{B}\times\boldsymbol{E})+\boldsymbol{B}\cdot(\boldsymbol{\nabla}\times\boldsymbol{E}) = \boldsymbol{\nabla}\cdot(\boldsymbol{B}\times\boldsymbol{E})-\boldsymbol{B}\cdot\frac{\partial}{\partial t}\boldsymbol{B}$$

であるから，

$$\boldsymbol{j}\cdot\boldsymbol{E} = -\frac{\partial}{\partial t}\left(\frac{1}{2\mu_0}\boldsymbol{B}^2+\frac{\epsilon_0}{2}\boldsymbol{E}^2\right)-\frac{1}{\mu_0}\boldsymbol{\nabla}\cdot(\boldsymbol{E}\times\boldsymbol{B})$$

と表される．したがって，(5.30) から

$$\begin{aligned}-\frac{d}{dt}\left\{\frac{1}{2}m\dot{\boldsymbol{r}}^2+\iiint_V\left(\frac{1}{2\mu_0}\boldsymbol{B}^2+\frac{\epsilon_0}{2}\boldsymbol{E}^2\right)dV\right\} &= \frac{1}{\mu_0}\iiint_V\boldsymbol{\nabla}\cdot(\boldsymbol{E}\times\boldsymbol{B})dV\\ &= \frac{1}{\mu_0}\iint_{\partial V}(\boldsymbol{E}\times\boldsymbol{B})\cdot d\boldsymbol{S}\end{aligned}$$

が得られる．この式の左辺は，荷電粒子の運動エネルギーと領域 V に含まれる電磁場のエネルギーの時間変化 (単位時間の減少量) を表すと読むことができる．他方で右辺の ∂V 上の面積分は，曲面 ∂V を外に向かって流れ出ていく電磁場のエネルギーと解釈される．

$$\mathcal{E} = \frac{1}{2\mu_0}\boldsymbol{B}^2+\frac{\epsilon_0}{2}\boldsymbol{E}^2, \qquad \boldsymbol{P} = \frac{1}{\mu_0}\boldsymbol{E}\times\boldsymbol{B}$$

と表して，順に電磁場のエネルギー密度，単位面積を単位時間に流れるエネルギーの流れを表すベクトルと理解される．エネルギーの流れを表すベクトル $\boldsymbol{P}$ はポインティング (**Poynting**) ベクトルと呼ばれている．

波数ベクトル $\boldsymbol{k}$ の平面波

$$\boldsymbol{E} = \boldsymbol{a}c\omega_k\cos(\omega_k ct-\boldsymbol{k}\cdot\boldsymbol{x}), \qquad \boldsymbol{B} = \boldsymbol{k}\times\boldsymbol{a}\cos(\omega_k ct-\boldsymbol{k}\cdot\boldsymbol{x})$$

に対するポインティングベクトルは

$$\boldsymbol{P} = \frac{1}{\mu_0}\boldsymbol{E}\times\boldsymbol{B} = \frac{c\omega_k}{\mu_0}\boldsymbol{a}\times(\boldsymbol{k}\times\boldsymbol{a})\cos^2(\omega_k ct - \boldsymbol{k}\cdot\boldsymbol{x})$$

となり，進行方向である $\boldsymbol{k}$ の向きにエネルギーが流れることがわかる．また，流れの大きさは $\|\boldsymbol{k}\| = \frac{2\pi}{\lambda}$ (λ は波長) によって，波長の短い電磁波 (光) ほどエネルギーを多く運搬することがわかる．

章末問題

1 $\boldsymbol{x} = (x, y, z)$ を空間の極座標で表すとき

$$\frac{1}{\|\boldsymbol{x}-\boldsymbol{a}\|} = \frac{1}{\sqrt{r^2 - 2ar\cos\theta + a^2}} = \frac{1}{r}\sum_{n=0}^{\infty} P_n(t)\left(\frac{a}{r}\right)^n \quad (\frac{a}{r} < 1)$$

が成り立つことを示せ．ここで，$t = \cos\theta$, $P_n(t)$ はルジャンドルの多項式である．

2 $\boldsymbol{j}(\boldsymbol{x}, t), \rho(\boldsymbol{x}, t)$ は各 t について $\|\boldsymbol{x}\| \to \infty$ で $\boldsymbol{j}(\boldsymbol{x}, t) \sim \boldsymbol{0}$, $\rho(\boldsymbol{x}, t) \sim 0$ と振る舞う ((5.7) 式参照) C^2 級関数とする．このとき，

$$\boldsymbol{A}(\boldsymbol{x}, t) = \frac{\mu_0}{4\pi}\iiint_{\mathbf{R}^3} \frac{\boldsymbol{j}(\boldsymbol{z}, \tilde{t})}{\|\boldsymbol{x}-\boldsymbol{z}\|}\, dV_z, \quad \phi(\boldsymbol{x}, t) = \frac{1}{4\pi\epsilon_0}\iiint_{\mathbf{R}^3} \frac{\rho(\boldsymbol{z}, \tilde{t})}{\|\boldsymbol{x}-\boldsymbol{z}\|}\, dV_z$$

は方程式 (5.21) を満たすことを示せ．ここで，$\tilde{t} = t - \|\boldsymbol{x}-\boldsymbol{z}\|/c \quad (\epsilon_0\mu_0 = \frac{1}{c^2})$ とする．

3 前問 2 のポテンシャル関数 $\boldsymbol{A}(\boldsymbol{x}, t), \phi(\boldsymbol{x}, t)$ がゲージ固定条件 (5.20) を満たすことを示せ．

4 前問 2,3 で $\boldsymbol{j}(\boldsymbol{x}, t)$ が曲線 C にそって流れる線電流 $I(\boldsymbol{x}, t)$ で与えられるとき，ベクトルポテンシャルは 5.5.4 項にならって

$$\boldsymbol{A}(\boldsymbol{x}, t) = \frac{\mu_0}{4\pi}\int_C \frac{I(\boldsymbol{z}, t - \|\boldsymbol{x}-\boldsymbol{z}\|/c)}{\|\boldsymbol{x}-\boldsymbol{z}\|}\, d\boldsymbol{z}$$

と表される．線電流が，原点にある z 軸方向を向いた微小な直線 Δl 上を振動する電流 $I(t) = I_0 \sin\omega t$ (I_0, ω は定数) であるとき，ベクトルポテンシャルは

$$\boldsymbol{A}(\boldsymbol{x}, t) = \frac{\mu_0}{4\pi}\frac{I(\tilde{t})}{\|\boldsymbol{x}\|}\Delta\boldsymbol{l} \qquad (\Delta\boldsymbol{l} = (0, 0, \Delta l),\ \ \tilde{t} = t - \|\boldsymbol{x}\|/c)$$

と近似される．このときの磁場 $\boldsymbol{B}(\boldsymbol{x}, t)$ および電場 $\boldsymbol{E}(\boldsymbol{x}, t)$ を求めよ．

5 前問 4 の場合にポインティングベクトル $\boldsymbol{P} = \frac{1}{\mu_0}\boldsymbol{E}\times\boldsymbol{B}$ を計算しエネルギーの流れを調べよ．

問・練習問題・章末問題の解答

第1章

問 1 $\lim_{x\to a}\{f(x)-f(a)\} = \lim_{x\to a}\frac{f(x)-f(a)}{x-a}(x-a) = f'(a)\cdot 0 = 0$ より，$\lim_{x\to a} f(x) = f(a)$ となって $x=a$ で連続．

問 2 点 (a,b) で全微分可能であるとき，定義より $f(a+k,b+l) = f(a,b)+Ak+Bl+o(\sqrt{k^2+l^2})$ と表す定数 A, B が存在する．これよりただちに $\lim_{(k,l)\to(0,0)} f(a+k,b+l) = f(a,b)$ が得られ，点 (a,b) で連続．

問 3 $F(t) = f(a+tk, b+tl)$ について，$f(x,y)$ が C^1 級であるとき $F'(0) = f_x(a,b)k+f_y(a,b)l$ となって，$F'(0)$ が存在しかつ k,l の 1 次式になる．命題 1.5 より $f(x,y)$ は点 (a,b) で全微分可能．

問 4 $F_u = f_x\frac{\partial x}{\partial u}+f_y\frac{\partial y}{\partial u}$, $F_v = f_x\frac{\partial x}{\partial v}+f_y\frac{\partial y}{\partial v}$, $F_w = f_x\frac{\partial x}{\partial w}+f_y\frac{\partial y}{\partial w}$

問 5 $\begin{pmatrix} \frac{\partial x}{\partial \xi} & \frac{\partial x}{\partial \eta} \\ \frac{\partial y}{\partial \xi} & \frac{\partial y}{\partial \eta} \end{pmatrix}\begin{pmatrix} \frac{\partial \xi}{\partial u} & \frac{\partial \xi}{\partial v} \\ \frac{\partial \eta}{\partial u} & \frac{\partial \eta}{\partial v} \end{pmatrix} = \begin{pmatrix} \frac{\partial x}{\partial \xi}\frac{\partial \xi}{\partial u}+\frac{\partial x}{\partial \eta}\frac{\partial \eta}{\partial u} & \frac{\partial x}{\partial \xi}\frac{\partial \xi}{\partial v}+\frac{\partial x}{\partial \eta}\frac{\partial \eta}{\partial v} \\ \frac{\partial y}{\partial \xi}\frac{\partial \xi}{\partial u}+\frac{\partial y}{\partial \eta}\frac{\partial \eta}{\partial u} & \frac{\partial y}{\partial \xi}\frac{\partial \xi}{\partial v}+\frac{\partial y}{\partial \eta}\frac{\partial \eta}{\partial v} \end{pmatrix} = \begin{pmatrix} \frac{\partial x}{\partial u} & \frac{\partial x}{\partial v} \\ \frac{\partial y}{\partial u} & \frac{\partial y}{\partial v} \end{pmatrix}$

問 6 (1.18) を用いて $\frac{\partial^2}{\partial x^2}+\frac{\partial^2}{\partial y^2} = \left(\cos\theta\frac{\partial}{\partial r}-\frac{\sin\theta}{r}\frac{\partial}{\partial \theta}\right)^2+\left(\sin\theta\frac{\partial}{\partial r}+\frac{\cos\theta}{r}\frac{\partial}{\partial \theta}\right)^2$ $= \frac{\partial^2}{\partial r^2}+\frac{1}{r}\frac{\partial}{\partial r}+\frac{1}{r^2}\frac{\partial^2}{\partial \theta^2}$ と計算される．

問 7 (1.19) を用いて問 6 と同様に計算する．問 6 に比べやや面倒になるが一度は導出しておきたい．

問 8 $\left|xy\sin\frac{1}{x}\right| \le |xy|$ を用いて，$\frac{\left|xy\sin\frac{1}{x}\right|}{\sqrt{x^2+y^2}} \le \frac{|xy|}{\sqrt{x^2+y^2}} \to 0$ $((x,y)\to(0,0))$．したがって，$xy\sin\frac{1}{x} = 0+0\cdot x+0\cdot y+o(\sqrt{x^2+y^2})$ となり原点で全微分可能．他方で，$f_x(0,0) = 0, f_x(x,y) = y\sin\frac{1}{x}-\frac{y}{x}\cos\frac{1}{x}$ $(x \ne 0)$．これより $f_x(t,t) = t\sin(1)-\cos(\frac{1}{t})$ となって $t\to 0$ の極限は存在せず，f_x は原点で不連続．すなわち $f(x,y)$ は C^1 級ではない．

練習問題 1.1

1 (1) 0 [$(x,y) = (r\cos\theta, r\sin\theta)$ と表す.] (2) 0 (3) 0 [$\left|x\mathrm{Sin}^{-1}\frac{x^2-y^2}{x^2+y^2}\right| \le |x|\frac{\pi}{2} \to 0$]

2 (1) $f_x = \frac{x}{\sqrt{x^2+y^2}}$, $f_y = \frac{y}{\sqrt{x^2+y^2}}$ (2) $f_x = (2x+x^2y+y^2)e^{xy}$, $f_y = (x^3+xy+1)e^{xy}$ (3) $f_x = -\frac{1}{\sqrt{y^2-x^2}}$, $f_y = \frac{x}{y\sqrt{y^2-x^2}}$ (4) $f_x = yx^{y-1}$, $f_y = (\log x)x^y$

3 (1) $X+Y-Z=1$, 法線：$(X,Y,Z)=t(1,1,-1)+(1,1,1)$ $(-\infty<t<\infty)$ (2) $2X+2Y-3Z=4-3\log 3$, 法線：$(X,Y,Z)=t(2,2,-3)+(1,1,\log 3)$ $(-\infty<t<\infty)$ (3) $X-Y+2Z=\frac{\pi}{2}$, 法線：$(X,Y,Z)=t(1,-1,2)+(1,1,\frac{\pi}{4})$ $(-\infty<t<\infty)$

4 全微分不可能． [$F(t)=f(0+tk,0+tl)=|t|\sqrt{|kl|}$．これは $t=0$ で微分可能でない.]

練習問題 1.2

1 (1) $u-v$ (2) $1-4uv$ (3) e^{2u}

2 $F(r,\theta)=f(r\cos\theta, r\sin\theta)$ とおく． (1) $\frac{\partial}{\partial\theta}F = -r\sin\theta\frac{\partial f}{\partial x}+r\cos\theta\frac{\partial f}{\partial y} = -y\frac{\partial f}{\partial x}+x\frac{\partial f}{\partial y}=0$．これより，$F(r,\theta)=F(r)$ (r だけの関数)． [章末問題 4 参照] (2) $\frac{\partial}{\partial r}F = \frac{1}{r}\left(x\frac{\partial f}{\partial x}+y\frac{\partial f}{\partial y}\right)=0$.

3 すぐ上に与えられている関数行列の逆行列を求めればよい．

練習問題 1.3

1 $f(x,y)=1+2x+\frac{1}{2}(3x^2-2xy-y^2)+o(x^2+y^2)$

2 (1) $f_x=f_y=0$ を解いて $(x,y)=(\pm\frac{1}{2},\pm\frac{1}{2}),(\pm\frac{1}{2},\mp\frac{1}{2})$, $(\pm1,0)$, $(0,\pm1)$, $(0,0)$ (複号同順)．また，$H_f=\begin{pmatrix} 6xy & 3x^2+3y^2-1 \\ 3x^2+3y^2-1 & 6xy \end{pmatrix}$．i) $(x,y)=(\pm\frac{1}{2},\pm\frac{1}{2})$ のとき $|H_f|=2>0$ かつ $f_{xx}=\frac{3}{2}>0$ より極小．極小値は $-\frac{1}{8}$．ii) $(x,y)=(\pm\frac{1}{2},\mp\frac{1}{2})$ のとき $|H_f|=2>0$ かつ $f_{xx}=-\frac{3}{2}<0$ より極大．極大値は $\frac{1}{8}$．iii) $(x,y)=(\pm1,0),(0,\pm1)$ のとき $|H_f|=-4<0$, $(x,y)=(0,0)$ のとき $|H_f|=-1<0$ より鞍点．

(2) $f_x=f_y=0$ を解いて $(x,y)=(1,-\frac{3}{2}),(-\frac{1}{3},-\frac{1}{6})$．また，$H_f=\begin{pmatrix} 6x & 2 \\ 2 & 2 \end{pmatrix}$．i) $(x,y)=(1,-\frac{3}{2})$ のとき $|H_f|=8>0$ かつ $f_{xx}=6>0$ より極小．極小値は $-\frac{5}{4}$．ii) $(x,y)=(-\frac{1}{3},-\frac{1}{6})$ のとき $|H_f|=-8<0$ より鞍点．

(3) $f_x=f_y=0$ を解いて $(x,y)=(0,0),(\frac{2b}{a+b},\frac{2a}{a+b})$．i) $(x,y)=(0,0)$ のとき $|H_f|=4ab>0$ かつ $f_{xx}=2a>0$ より極小．極小値は 0．ii) $(x,y)=(\frac{2b}{a+b},\frac{2a}{a+b})$ のとき $|H_f|=-\frac{4ab}{e^4}<0$ より鞍点．

3 正三角形

章末問題

1　定義に従って，$f_x(0,0) = \lim_{h\to 0} \frac{f(h,0)-f(0,0)}{h} = 0$, 同様に $f_y(0,0) = 0$ となって，偏微分可能．$(k,l) \neq (0,0)$ について $F(t) = f(tk, tl)$ とし，また $F(0) = 0$ と定める．$l \neq 0$ に対し $F'(0) = \lim_{t\to 0} \frac{F(t)-F(0)}{t} = \frac{k^2}{l}$ となって，k, l の 1 次式でない．したがって，全微分不可能 (命題 1.5 参照)．[別解: 例題 1.2 でみたように，$f(x,y)$ は原点で不連続．したがって全微分可能ではない (問 2 参照).]

2　(1)　$\frac{2}{x^2+y^2+z^2}$　(2)　$\frac{2}{\sqrt{x^2+y^2+z^2}}$　(3)　$\frac{-2x(y+z)}{(x^2+(y+z)^2)^2}$

3　略

4　変数 x について，平均値の定理より $f(x,y)-f(a,y) = f_x(c,y)(x-a)$ を満たす c (x と a の間の数) が存在する．仮定より $f(x,y)-f(a,y) = 0$ となって，$f(x,y) = f(a,y)$. ここで $g(y) = f(a,y)$ は C^1 級．

5　(1)　$u = x-y$, $v = x+y$ とおくと，$\frac{\partial f}{\partial u} = \frac{1}{2}(\frac{\partial f}{\partial x} - \frac{\partial f}{\partial y}) = 0$.　したがって，$f = g(v) = g(x+y)$.　(2)　$x > 0, y > 0$ の範囲で，$x = e^{\frac{u+v}{2}}, y = e^{\frac{u-v}{2}}$ とおくと $\frac{\partial f}{\partial v} = \frac{1}{2}\left(x\frac{\partial f}{\partial x} - y\frac{\partial f}{\partial y}\right) = 0$ となって $f(x,y) = g(u) = g(\log(xy))$. これを改めて $g(xy)$ と書けばよい ($x > 0, y < 0$ など他の範囲では $f(x,y) = g(u) = g(\log(|xy|))$ とする).　(3)　$z = x+ct, w = x-ct$ とおくと，$\frac{\partial}{\partial x} = \frac{\partial}{\partial z} + \frac{\partial}{\partial w}$, $\frac{1}{c}\frac{\partial}{\partial t} = \frac{\partial}{\partial z} - \frac{\partial}{\partial w}$ となり $\left(\frac{\partial^2}{\partial x^2} - \frac{1}{c^2}\frac{\partial^2}{\partial t^2}\right)u = 4\frac{\partial}{\partial z}\frac{\partial}{\partial w}u = 0$ となる．前問 4 を用いると $\frac{\partial}{\partial w}u = g_0(w)$. g_0 の不定積分を $g(w)$ として，さらに前問 4 を用いると $u = f(z)+g(w)$ と結論される．

6　(1)　$(3,3)$ で極小値 -27, $(0,0)$ で鞍点．　(2)　$(-\frac{4}{3}, 0)$ で極大値 $\frac{5}{27}$, $(0,0)$ はヘッシアンからは判定できないが，$f = -1+x\{(x+1)^2+y^2-1\}$ と書かれることから鞍点であることがわかる．　(3)　$(\pm\sqrt{2}, \pm\sqrt{2})$ (複号同順) で極小値 -8. $(0,0)$ はヘッシアンからは判定できないが，$f = -2(x-y)^2+(x^4+y^4)$ の形から鞍点であることがわかる．

7　円の中心から各頂点へ引く線分のなす角度を α, β, γ と置く．このとき三角形の面積は，$S = \frac{r^2}{2}(\sin\alpha + \sin\beta + \sin(2\pi-\alpha-\beta))$ と表される ($\alpha, \beta > 0, \alpha+\beta < 2\pi$). 極値条件と α, β の範囲から $\alpha = \beta = \frac{2}{3}\pi$ で極大値を取ることがわかる．また，定義域の 3 つの境界 $\alpha = 0$, $\beta = 0$, $\alpha+\beta = 2\pi$ では面積は 0 であり，極大値は最大値を与えることがわかる．

8　正六面体

9　$\sqrt{\frac{3}{2}}$

10　接点を $(s, t, 1-s^2-t^2)$ とする接平面の方程式は $2sx+2ty+z-s^2-t^2-1 = 0$. 座標軸との交点を決めて体積を表すと $V = \frac{1}{24}\frac{(s^2+t^2+1)^3}{|st|}$. これの最小値は 9/16.

第2章

問1 $\varepsilon > 0$ を固定するとき, $f(x)$ は $[a, c-\varepsilon], [c+\varepsilon, b]$ 上連続なので, それぞれの閉区間で一様連続であって,「$\forall \varepsilon_0 > 0, \exists \delta$ s.t. $|x-y| \leq \delta$ かつ $(x, y \in [a, c-\varepsilon]$ または $x, y \in [c+\varepsilon, b]) \Rightarrow |f(x)-f(y)| < \varepsilon_0$」が成り立つような $\delta = \delta_{\varepsilon_0}$ が存在する. 特に, $\varepsilon_0 = \varepsilon$ と取るときにもこのような δ が存在する. そこで, $\varepsilon_0 = \varepsilon$ として, $[a, b]$ の分割 $\triangle$ を $|\triangle| < \delta$ であるように取る. $\triangle$ に分点 $c-\varepsilon, c+\varepsilon$ を加えた分割を $\triangle'$ と表すとき, 定理 2.2 にならって

$$S_{\triangle'}(f) - s_{\triangle'}(f) \leq \varepsilon(c-\varepsilon-a) + \varepsilon(b-c-\varepsilon) + 2(M-m)\varepsilon$$

がすべての分割 $\triangle$ ($|\triangle| < \delta$) について成り立つ. ここで, m, M は $m \leq f(x) \leq M$ ($x \in [a, b]$) とする定数である. $\varepsilon > 0$ は任意に取れ (それに対し δ が決ま) るから, $|\triangle| \to 0$ のとき $S_{\triangle'}(f) - s_{\triangle'}(f) \to 0$ である. これより $f(x)$ は積分可能で $\int_a^b f(x)dx$ が存在することがわかる. また, 積分の値について $\left|\left(\int_a^b - \int_a^{c-\varepsilon} - \int_{c+\varepsilon}^b\right) f(x)dx\right| = \left|\int_{c-\varepsilon}^{c+\varepsilon} f(x)dx\right| \leq \int_{c-\varepsilon}^{c+\varepsilon} |f(x)|dx \leq 2\max\{|m|, |M|\}\varepsilon \to 0$ ($\varepsilon \to 0$).

問2 $f(x, y)$ は D 上一様連続であるから, 命題 2.7 の証明と同様に「$\forall \varepsilon > 0$ に対し $\exists \delta_1$ s.t. $|x-x'| \leq \delta_1 \Rightarrow |f(x, y) - f(x', y)| < \varepsilon$」. これより $|G(x) - G(x')| \leq \varepsilon|\psi_2(x) - \psi_1(x)| + M|\psi_2(x) - \psi_2(x')| + M|\psi_1(x) - \psi_1(x')|$ ($M := \max_{(x,y)\in D}|f(x, y)|$ とする). ψ_1, ψ_2 は $[\alpha, \beta]$ 上連続であるから, δ_2 が存在して $|x-x'| \leq \delta_2 \Rightarrow |\psi_2(x) - \psi_2(x')|, |\psi_1(x) - \psi_1(x')| < \varepsilon$ となる. したがって, $|x-x'| < \delta$ ($\delta := \min\{\delta_1, \delta_2\}$) ならば $|G(x) - G(x')| \leq \varepsilon(m_1 + m_2) + 2\varepsilon M$ ($m_i := \max_{[\alpha,\beta]}|\psi_i(x)|$) となり, $G(x)$ は $[\alpha, \beta]$ 上連続である.

問3 $\frac{d}{dt}x(t) \neq 0$ である区間では, $x = x(t)$ の逆関数 $t = t(x)$ が決まる. このとき $y = y(t)$ へ代入すれば x の関数によって $y = f(x)$ と表され, 長さは $\int \sqrt{1+f'(x)^2}dx = \int \sqrt{(\frac{dx}{dt})^2 + (\frac{dy}{dt})^2}\frac{dt}{dx}dx = \int \sqrt{(\frac{dx}{dt})^2 + (\frac{dy}{dt})^2}dt$ と表される. $\frac{d}{dt}x(t) = 0$ である区間では, x, y を入れ換えて同じ議論をすればよい.

問4 ∂D に現れる曲線 C の長さを l とする. l を n 等分するような C 上の点を $\mathrm{P}_1, \mathrm{P}_2, \cdots, \mathrm{P}_n$ とする. 各 P_i を中心にして一辺の長さが $\frac{2l}{n}$ である座標軸に平行な正方形を n 個描く. このとき,「P_i から距離が $\frac{l}{2n}$ 以下である C 上の点を中心とする半径 $\frac{l}{2n}$ の円周は, P_i を中心にする正方形の内部に含まれる」ことがわかる. このことは両隣の $\mathrm{P}_{i-1}, \mathrm{P}_{i+1}$ についてもそれぞれ当てはまる性質で, 結局「曲線 C 上の任意の点を中心とする半径 $\frac{l}{2n}$ の円周は, 上述の n 個の正方形のいずれかの内部に含まれる」ことになる.

領域 D の特性関数 φ_D について, 面積確定の定義 2.11 に従って $S_\triangle(\varphi_D)-s_\triangle(\varphi_D) = \sum_{E_{ij}\in E^*_\triangle} |E_{ij}|$ を調べる. 分割 $\triangle$ を $|\triangle| < \frac{l}{2n}$ であるように取るとき, $E_{ij} \in E^*_\triangle$ はすべて $C = \partial D$ からの距離が $\frac{l}{2n}$ の部分に含まれるので, $\sum_{E_{ij}\in E^*_\triangle} |E_{ij}| \leq \left(\frac{2l}{n}\right)^2 \times n$ が成り立つ. $n \to 0$ とすれば $S_\triangle(\varphi_D)-s_\triangle(\varphi_D) \to 0$ $(|\triangle| \to 0)$ となって面積が確定するとわかる.

練習問題 2.1

1 (1) $\lim_{n\to\infty} \frac{1}{n}\left(\frac{1}{1+\frac{1}{n}} + \frac{1}{1+\frac{2}{n}} + \cdots + \frac{1}{1+\frac{n}{n}}\right) = \int_0^1 \frac{1}{1+x}dx = \log 2$

(2) $\lim_{n\to\infty} \frac{1}{n}\left((\frac{1}{n})^{a-1} + (\frac{2}{n})^{a-1} + \cdots + (\frac{n}{n})^{a-1}\right) = \int_0^1 x^{a-1}dx = \frac{1}{a}$

2 $\int_1^{N+1} f(x)dx < \sum_{n=1}^N f(n) < f(1) + \int_1^N f(x)dx$. (i) $\int_1^\infty f(x)dx$ が収束するとき, $a_N = \sum_{n=1}^N f(n)$ は有界な単調数列. したがって収束する. (ii) $\sum_{n=1}^\infty f(n)$ が収束するとき, $c_N = \int_1^{N+1} f(x)dx$ は有界な単調数列であるから収束する. このとき, $c_{N-1} \leq \int_1^b f(x)dx \leq c_N$ ($N = [b] = b$ を越えない最大の整数) であるから, はさみうちによって $\lim_{b\to\infty} \int_1^b f(x)dx$ は収束する.

3 部分積分によって, $I_n = \int_0^{\pi/2} \sin x(\sin x)^{n-1}dx = (n-1)\int_0^{\pi/2} \cos^2 x$ $(\sin x)^{n-2}\ dx = (n-1)I_{n-2} - (n-1)I_n$. これより $\frac{I_n}{I_{n-2}} = \frac{n-1}{n}$ $(n = 2, 3, \cdots)$. また, $I_0 = \frac{\pi}{2}, I_1 = 1$. この漸化式を解く.

練習問題 2.2

1 (1) $\int_0^1 \left\{\int_{1-\sqrt{1-y}}^{1+\sqrt{1-y}} f(x,y)dx\right\}dy$

(2) $\int_{-1}^0 \left\{\int_{-y}^1 f(x,y)dx\right\}dy + \int_0^1 \left\{\int_{y^2}^1 f(x,y)dx\right\}dy$

(3) $\int_0^{\log 2} \left\{\int_{e^y}^2 f(x,y)dx\right\}dy$ (4) $\int_0^1 \left\{\int_{-\mathrm{Tan}^{-1}y}^{\mathrm{Tan}^{-1}y} f(x,y)dx\right\}dy$

2 (1) $\frac{1}{4}(\frac{1}{e} - e + 2)$ (2) 2 (3) $\frac{242}{15}$ (4) $\frac{a^4}{4!}$ (5) $\frac{a^6}{6!}$

3 被積分関数が奇関数なので $I_{2n+1} = 0$. $I_{2n} = (-1)^n \frac{d^n}{da^n} \int_{-\infty}^\infty x^{2n}e^{-ax^2}dx$. $\int_{-\infty}^\infty e^{-ax^2}dx = \sqrt{\frac{\pi}{a}}$ (例題 2.18) を用いて, $I_{2n} = \frac{(2n-1)!!}{2^n}a^{-(n+\frac{1}{2})}\sqrt{\pi}$.

練習問題 2.3

1 (1) $s = \sqrt{x}$, $t = \sqrt{y}$ と変数変換して $\iint_D xdxdy = \iint_{s,t\geq 0, s+t\leq 1} s^2 \times 4stdsdt = \frac{1}{30}$. (2) 極座標で領域を表すと $D: 1 \leq r \leq \sqrt{2}, 0 \leq \theta \leq \frac{\pi}{4}$. 積分は $\iint_D \frac{\sin\theta}{\cos\theta(1+r^2)} rdrd\theta = \frac{1}{4}(\log 2)(\log\frac{3}{2})$. (3) 変数変換 $x+y = u, x-y = v$ を行うと $D: -1 \leq u, v \leq 1$. 積分は 8. (4) 極座標で領域を表すと $D: 0 \leq r \leq 2\sin\theta, 0 \leq \theta \leq \pi$. 積分は $\frac{32}{9}$.

2 変数変換 $x+y = u$, $x-y = v$ を行うと, 積分は $I = \iint_D \left(\frac{v}{u}\right)^s \frac{1}{2}dudv = \frac{1}{2}\int_\epsilon^1 \left\{\int_\varepsilon^u \left(\frac{v}{u}\right)^s dv\right\}du$ $(\varepsilon \to 0)$. これは $s+1 > 0$ で収束する.

練習問題 2.4

1 曲線をパラメータを用いて表し計算する．(1) $-\frac{9}{4}$ (2) $-\frac{19}{4}$ (3) $-\frac{27}{5}$

2 $a=2$ [条件から任意の 2 つの曲線 C, C' について $I_C - I_{C'} = 0$. $I_C - I_{C'}$ にグリーンの定理を当てはめる.]

3 直接面積分を計算してもよいが，ガウスの定理を用いると計算がやさしい．(1) $\frac{1}{2}$ (2) $\frac{16}{15}\pi$

章末問題

1 $\int\cdots\int_D dx_1\cdots dx_n = \int_0^1\left\{\int_0^{1-x_1}\left\{\int_0^{1-x_1-x_2}\cdots\left\{\int_0^{1-x_2-x_2\cdots-x_{n-1}} dx_n\right\}\cdots dx_3\right\}dx_2\right\}dx_1$ を直接計算すると，$\frac{1}{n!}$．なお，次問にならって漸化式を作るのもよい．

2 B_n の体積は $B'_n : x_1,\cdots,x_n \geq 0, x_1^2+\cdots+x_n^2 \leq r^2$ の 2^n 倍．B'_n について，$r^2t_i = x_i^2$ と変換すると $V_n = r^n\int\cdot\cdot\int_{t_1+\cdots+t_n\leq 1, t_1,\ldots,t_n\geq 0}\frac{1}{\sqrt{t_1t_2\cdots t_n}}dt_1\cdots dt_n = c_nr^n$．このとき，$V_n = \int_{-r}^{r}\left\{\int\cdot\cdot\int_{x_1^2+\cdots+x_{n-1}^2\leq r^2-x_n^2}dx_1..dx_{n-1}\right\}dx_n = 2\int_0^r c_{n-1}(r^2-x_n^2)^{\frac{n-1}{2}}dx_n = 2rI_nV_{n-1}$．ここで，積分 $I_n = \int_0^{\pi/2}(\cos\theta)^n d\theta$ の値は練習問題 2.1 の 3 で扱った．漸化式 $V_n = 2rI_nV_{n-1}$ を，$V_1 = 2r$ を用いて解くと V_{2n}, V_{2n+1} が得られる．

3 (1) 極座標で領域を表すと，$r^2 \leq 2a^2\cos 2\theta$, $-\frac{\pi}{4} \leq \theta \leq \frac{\pi}{4}$．これを使って累次積分を実行すると，その値は $2a^2$． (2) 交点は $(\pm\frac{ab}{\sqrt{a^2+b^2}}, \pm\frac{ab}{\sqrt{a^2+b^2}})$ (順不同) の 4 点．$a > b$ より，極座標で $r^2 \leq \frac{a^2b^2}{a^2\cos^2\theta+b^2\sin^2\theta}$, $-\pi/4 \leq \theta \leq \pi/4$ と表される領域が全体の 1/4. この領域上の積分を実行し，全体では $4ab\,\mathrm{Tan}^{-1}(\frac{b}{a})$.

4 部分積分によって $I_n = \frac{x}{(x^2+1)^{n+1}}\Big|_{-\infty}^{\infty} + (n+1)\int_{-\infty}^{\infty}\frac{2x^2}{(x^2+1)^{n+2}}dx$．これから漸化式を得る．$I_n = \frac{(2n-1)!!}{(2n)!!}\pi$.

5 (1) $\frac{\pi}{6}(8\sqrt{2}-7)$. [領域を $x^2+y^2 \leq z \leq \sqrt{2-x^2-y^2}$, $x^2+y^2+(x^2+y^2)^2 \leq 2$ と表す．$\iint_{x^2+y^2+(x^2+y^2)^2\leq 2}\left\{\int_{x^2+y^2}^{\sqrt{2-x^2-y^2}}dz\right\}dxdy$ を極座標で表して計算する.] (2) $(\frac{2\pi}{3}-\frac{8}{9})a^3$. [$\iint_{x^2+y^2\leq ax}\left\{\int_{-\sqrt{a^2-x^2-y^2}}^{\sqrt{a^2-x^2-y^2}}dz\right\}dxdy$] (3) $\frac{16}{3}-\frac{3}{2}\pi$. [$\iint_{x^2+y^2\leq 2x}\left\{\int_{x^2+y^2}^{2x}dz\right\}dxdy$]

6 (1) $16a^2$ [曲面 $z = \sqrt{a^2-x^2}$ $(x^2+y^2 \leq a^2)$ と同じ曲面が合計 4 つ．公式 (2.20) を計算する.] (2) $\frac{2\pi}{3}(\sqrt{a^2+1}^3-1)$ (3) $\frac{\pi}{6}(\sqrt{4a^2+1}^3-1)$

7 (1) 0 (2) $-\frac{3\pi}{4}a^2$ [変数変換 $X = x^{\frac{1}{3}}, Y = y^{\frac{1}{3}}$ をすると，$\iint_D dxdy = \iint_{X^2+Y^2\leq a^{\frac{2}{3}}} 9X^2Y^2dXdY$.]

第3章

問 1 $g : \mathbf{R}^2 \to \mathbf{R}^2$ を $\begin{cases} x=x(\xi,\eta) \\ y=y(\xi,\eta) \end{cases}$, また $f : \mathbf{R}^2 \to \mathbf{R}^2$ を $\begin{cases} \xi=\xi(u,v) \\ \eta=\eta(u,v) \end{cases}$ と表すとき，$g \circ f$ は $\begin{cases} x=x(\xi(u,v),\eta(u,v)) \\ y=y(\xi(u,v),\eta(u,v)) \end{cases}$ と表される．関係式 $D_g D_f = D_{g\circ f}$ は第1章，問5で示した関係式に他ならない．

練習問題 3.1

1 関数行列 D_f について $|D_f| = 1-4x_1x_2$ は原点の近くでは零にならず，逆関数定理によって逆関数が存在する．また，$\begin{pmatrix} \frac{\partial x_1}{\partial y_1} & \frac{\partial x_1}{\partial y_2} \\ \frac{\partial x_2}{\partial y_1} & \frac{\partial x_2}{\partial y_2} \end{pmatrix} = \frac{1}{1-4x_1x_2}\begin{pmatrix} 1 & -2x_2 \\ -2x_1 & 1 \end{pmatrix}$.

練習問題 3.2

1 与えられた関係式を $f(x,y)=0$ と書くとき $\frac{\partial f}{\partial y}(1,1) \neq 0$. $(x,y)=(1,1)$ で $\frac{dy}{dx} = -1$, $\frac{d^2y}{dx^2} = -16$.

2 $\frac{\partial f}{\partial z}(1,1,1) \neq 0$, $(x,y,z)=(1,1,1)$ で $\frac{\partial z}{\partial x} = -1$, $\frac{\partial z}{\partial y} = 1$.

3 与えられた関係式を $f_1(x,y,u,v)=0, f_2(x,y,u,v)=0$ と書くとき $\begin{vmatrix} \frac{\partial f_1}{\partial u} & \frac{\partial f_1}{\partial v} \\ \frac{\partial f_2}{\partial u} & \frac{\partial f_2}{\partial v} \end{vmatrix}$ の値は $(x,y,u,v)=(1,1,1,-1)$ で 8. また，$u_x=-1, u_y=0\,; v_x=0, v_y=1$.

練習問題 3.3

1 $x^2+y^2-1=0$ は特異点をもたないので，ラグランジュの未定係数ですべての極値が現れる．$F_x=F_y=F_\lambda=0$ の解は $(x,y,\lambda)=(0,1,-3),(0,-1,3),(\pm1,0,1),(\pm\frac{2\sqrt{2}}{3},-\frac{1}{3},1)$ と求められる．例題3.8 にならって，極大・極小を判定すると，点 $(0,1)$ で最小値 -2, 点 $(0,-1)$ で最大値 2, 点 $(\pm1,0)$ で極大値 1, 点 $(\pm\frac{2\sqrt{2}}{3},-\frac{1}{3})$ で極小値 $\frac{26}{27}$ をとる．

2 $x^2(x+1)-y^2=0$ は特異点 $(0,0)$ をもつ．この点以外では前問と同様にして $F_x=F_y=F_\lambda=0$ から $(x,y,\lambda)=(-1,0,-2)$ を得る．命題3.8 と同様にして，$(-1,0)$ では極大値 1．特異点 $(0,0)$ の近くで条件は $x^2(x+1)-y^2 \approx (x+y)(x-y)=0$ と表されるので，$(0,0)$ は $x^2-y^2=-x^3$ の極値を与えない．

3 $2x^3+6xy+3y^2=0$ は特異点 $(0,0)$ をもつ．この点以外では前問と同様にして $F_x=F_y=F_\lambda=0$ から $(x,y,\lambda)=(1,-1\pm\frac{1}{\sqrt{3}},\pm\frac{1}{2\sqrt{3}})$(複号同順) を得る．例題3.8 と同様にして，$(1,-1+\frac{1}{\sqrt{3}})$ では極大値 $\frac{1}{\sqrt{3}}$, $(1,-1-\frac{1}{\sqrt{3}})$ では極小値 $-\frac{1}{\sqrt{3}}$. 特異点 $(0,0)$ の近くで条件は $2x^3+6xy+3y^2 \approx 3y(2x+y)=0$ と表され，$y=0$ または $y=-2x$ と解かれる．それぞれに対し $x+y=x$, $-x$ と表されるが，どちらも $x=0$ で極値をもたない．したがって，$(0,0)$ は極値でない．

章末問題

1　関係式を $f_1(x,y,z)=0, f_2(x,y,z)=0$ と書くとき，これが y,z について解ける条件は $\frac{\partial(f_1,f_2)}{\partial(y,z)}=-4yz\neq 0$. このとき陰関数定理 (定理 3.4) より，$\frac{\partial y}{\partial x}=-\frac{1}{2y}$, $\frac{\partial z}{\partial x}=\frac{1}{2z}(1-2x)$.

2　$\frac{\partial(x,y)}{\partial(u,v)}=\frac{1}{(u^2+v^2)^2}$

3　$f(x,y,z)=0$ を，z をパラメータと思って固定し $\frac{\partial}{\partial y}$ 微分すると $f_y+f_x\frac{\partial x}{\partial y}=0$. 同様にして y をパラメータと思い $\frac{\partial}{\partial x}$ より $f_x+f_z\frac{\partial z}{\partial x}=0$, x をパラメータと思い $\frac{\partial}{\partial z}$ より $f_z+f_y\frac{\partial y}{\partial z}=0$. 3 つの式を用いると $f_xf_yf_z\frac{\partial x}{\partial y}\frac{\partial y}{\partial z}\frac{\partial z}{\partial x}=-f_xf_yf_z$ が得られる.

4　$f(x,y)=0$ が表す曲線上の通常点で，$f_x=0$ となるところでは曲線は x 軸に平行となり，また $f_y=0$ となるところでは曲線の接線は y 軸に平行となる (4.2.3 項参照).

(1)　$f_x=f=0$ から決まる $(x,y)=(-1,\pm\sqrt{2})$ で x 軸に平行，また $f_y=f=0$ から決まる $(0,0),(\pm\sqrt{3},0)$ で y 軸に平行．また特異点はない．グラフの概形は，$Y=x(x^2-3)$ のグラフを書き，次に $y=\sqrt{Y}$ を考えるとよい.

(2)　$f_x=f_y=f=0$ を満たす特異点が $(0,0)$ に現れる．これを除いて，曲線は $f_x=f=0$ から決まる $(x,y)=(2,-2)$ で x 軸に平行，また $f_y=f=0$ から決まる $(3,0)$ で y 軸に平行．前問と同様にグラフの概形は，$Y=2x^2(x-3)$ のグラフを書き，次に $y=\sqrt[3]{Y}$ を考える.

(3)　$(0,0)$ に特異点．$\pm(3^{\frac{1}{8}},3^{\frac{3}{8}})$ で x 軸に平行．$\pm(3^{\frac{3}{8}},3^{\frac{1}{8}})$ で y 軸に平行．原点の近くでは 2 直線 $x^4-4xy+y^4\approx -4xy=0$，また曲線は第 2,4 象限にはない.

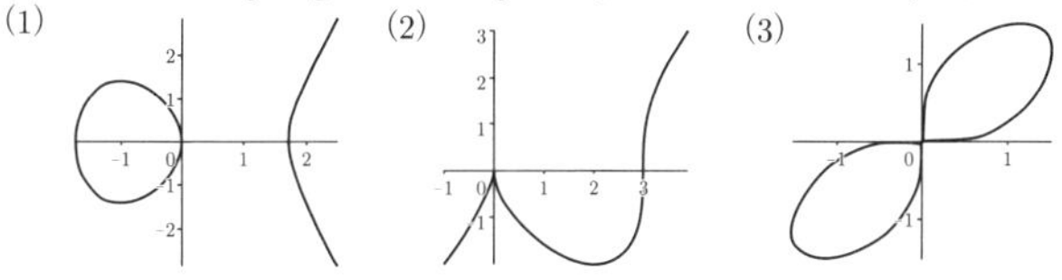

5　$\Gamma(c)$ の特異点は，$f(x,y)=x^4-4xy+y^2$ の極値または鞍点（一般に臨界点）に対応して現れる．$f(x,y)$ は $(0,0)$ で鞍点，$\pm(\sqrt{2},2\sqrt{2})$ で極小値 -4 を取る．これらに対応して，$c=0,-4$ のとき $\Gamma(c)$ は特異点をもつ．$\Gamma(-4)$ の特異点は孤立した 2 点．$\Gamma(0)$ の特異点 $(0,0)$ の近くでは $f(x,y)\approx y(-4x+y)$ であるので，特異点で交わる 2 直線の概形をしている.

6　$f_x=-\frac{F_x(x,y,f(x,y))}{F_z(x,y,f(x,y))}, f_y=\frac{F_y(x,y,f(x,y))}{F_z(x,y,f(x,y))}$ を微分する.

7　条件は $\frac{\partial(f_1,f_2)}{\partial(x,y)}(a,b,\alpha,\beta)=-G_{xv}(\alpha,\beta)\neq 0$. 後半は $x_u=\frac{1}{G_{xv}}, x_v=-\frac{G_{vv}}{G_{xv}}$, $y_u=\frac{G_{xx}}{G_{xv}}, y_v=-\frac{G_{xx}G_{vv}}{G_{xv}}+G_{xv}$ を導いて計算する (このように関数 $G(x,v)$ を与えて決められる座標変換は，古典力学で正準変換と呼ばれている).

第4章

問 1 (1) ベクトルの成分ごとに計算するとよい．$\boldsymbol{a}\times(\boldsymbol{b}\times\boldsymbol{c})$ の第 1 成分は $a_2(\boldsymbol{b}\times\boldsymbol{c})_3-a_3(\boldsymbol{b}\times\boldsymbol{c})_2 = a_2(b_1c_2-b_2c_1)-a_3(b_3c_1-b_1c_3) = (a_2c_2+a_3c_3)b_1-(a_2b_2+a_3b_3)c_1=(\boldsymbol{a}\cdot\boldsymbol{c})b_1-(\boldsymbol{a}\cdot\boldsymbol{b})c_1$．他も同様． (2) (1) の結果を用いる． (3) $(\boldsymbol{a}\times\boldsymbol{b})\cdot(\boldsymbol{c}\times\boldsymbol{d})=(\boldsymbol{b}\times(\boldsymbol{c}\times\boldsymbol{d}))\cdot\boldsymbol{a}$ と表し (1) の結果を用いる．

問 2 (1),(2) ベクトルを成分で書いて直接確かめる．
(3) $\|\boldsymbol{x}(t)\|^n = \left(\sqrt{\boldsymbol{x}(t)\cdot\boldsymbol{x}(t)}\,\right)^n$ を微分して，$\frac{d}{dt}\|\boldsymbol{x}(t)\|^n = n\|\boldsymbol{x}(t)\|^{n-1}\boldsymbol{x}(t)\cdot\dot{\boldsymbol{x}}(t)/\sqrt{\boldsymbol{x}(t)\cdot\boldsymbol{x}(t)}$.

問 3 例題 4.4,(2) の式と $\frac{ds}{dt}=\|\dot{\boldsymbol{x}}\|$ を用いる．$|\kappa|=\left\|\frac{d^2\boldsymbol{x}}{ds^2}\right\|=\frac{dt}{ds}\left\|\frac{d\boldsymbol{t}}{dt}\right\|=\frac{1}{\|\dot{\boldsymbol{x}}\|}\left\|\boldsymbol{t}\times\left(\boldsymbol{t}\times\frac{\ddot{\boldsymbol{x}}}{\|\dot{\boldsymbol{x}}\|}\right)\right\|=\frac{1}{\|\dot{\boldsymbol{x}}\|}\left\|\boldsymbol{t}\times\frac{\ddot{\boldsymbol{x}}}{\|\dot{\boldsymbol{x}}\|}\right\|=\frac{\|\dot{\boldsymbol{x}}\times\ddot{\boldsymbol{x}}\|}{\|\dot{\boldsymbol{x}}\|^3}$.

問 4 $z=f(x,y)$ のグラフは $\boldsymbol{x}(u,v)=(u,v,f(u,v))$ で表される．$\boldsymbol{x}_u=(1,0,f_u),\boldsymbol{x}_v=(0,1,f_v)$ より $\boldsymbol{x}_u\times\boldsymbol{x}_v=(-f_u,-f_v,1)$. $\|\boldsymbol{x}_u\times\boldsymbol{x}_v\|=\sqrt{1+f_u^2+f_v^2}$ となって (2.20) 式に一致.

問 5 $\boldsymbol{F}_u\cdot\boldsymbol{x}_v=\sum_{i=1}^3(\boldsymbol{F}_u\text{の第 }i\text{ 成分})\frac{\partial x_i}{\partial u}=\sum_{i=1}^3\left(\sum_{j=1}^3\frac{\partial f_i}{\partial x_j}\frac{\partial x_j}{\partial u}\right)\frac{\partial x_i}{\partial v}$ を用いて，$\boldsymbol{F}_u\cdot\boldsymbol{x}_v-\boldsymbol{F}_v\cdot\boldsymbol{x}_u=\sum_{i,j=1}^3\frac{\partial f_i}{\partial x_j}\left(\frac{\partial x_j}{\partial u}\frac{\partial x_i}{\partial v}-\frac{\partial x_j}{\partial v}\frac{\partial x_i}{\partial u}\right)$. $\left(\frac{\partial x_j}{\partial u}\frac{\partial x_i}{\partial v}-\frac{\partial x_j}{\partial v}\frac{\partial x_i}{\partial u}\right)$ は i,j について反対称であるから和は問の形にまとめられる．これを具体的に書けば (4.14) が得られる.

問 6 (4.16), (4.17), (4.18) それぞれについて外微分 d が 0 となることを確かめればよい．たとえば $d(df)=d\left(\frac{\partial f}{\partial x_1}dx_1+\frac{\partial f}{\partial x_2}dx_2+\frac{\partial f}{\partial x_3}dx_3\right)=-\left(\frac{\partial^2 f}{\partial x_1\partial x_2}-\frac{\partial^2 f}{\partial x_2\partial x_1}\right)dx_1\wedge dx_2-\left(\frac{\partial^2 f}{\partial x_2\partial x_3}-\frac{\partial^2 f}{\partial x_3\partial x_2}\right)dx_2\wedge dx_3-\left(\frac{\partial^2 f}{\partial x_3\partial x_1}-\frac{\partial^2 f}{\partial x_1\partial x_3}\right)dx_3\wedge dx_1$．これは f が C^2 級であるとき 0 である．他も同様.

章末問題

1 グラフを $\boldsymbol{x}(t)=(t,f(t),0)$ と表し問 3 の式に当てはめると $|\kappa|=\frac{|f''(t)|}{(1+f'(t)^2)^{\frac{3}{2}}}$ が得られる．平面曲線では，曲線が左に曲がる場合に $\kappa>0$ となるように定義されたので $\kappa(t)=\frac{f''(t)}{(1+f'(t)^2)^{\frac{3}{2}}}$.

2 空間曲線について κ は $\kappa=\left\|\frac{d\boldsymbol{e}_1}{ds}\right\|$ によって定義されるので，$\boldsymbol{e}_2=\frac{1}{\kappa}\frac{d\boldsymbol{e}_1}{ds}$ は単位ベクトル．$\boldsymbol{e}_1\cdot\boldsymbol{e}_1=1$ を s で微分すると $\boldsymbol{e}_1\cdot\boldsymbol{e}_2=0$ が得られ $\boldsymbol{e}_1$ と $\boldsymbol{e}_2$ は直交する．したがって $\boldsymbol{e}_3=\boldsymbol{e}_1\times\boldsymbol{e}_2$ は $\boldsymbol{e}_1,\boldsymbol{e}_2$ に直交する単位ベクトルである．以下順に問題の 3 つの式を導出する：(i) 第 1 式は $\boldsymbol{e}_2$ の定義式. (ii) $\boldsymbol{e}_3\cdot\boldsymbol{e}_3=1$ を微分することから $\frac{d\boldsymbol{e}_3}{ds}\cdot\boldsymbol{e}_3=0$ が得られるので，$\frac{d\boldsymbol{e}_3}{ds}=\alpha\boldsymbol{e}_1+\beta\boldsymbol{e}_2$ と書かれる．このとき，$\alpha=\boldsymbol{e}_1\cdot\frac{d\boldsymbol{e}_3}{ds}=$

$\frac{d}{ds}(\boldsymbol{e}_1\cdot\boldsymbol{e}_3)-\frac{d\boldsymbol{e}_1}{ds}\cdot\boldsymbol{e}_3=-\kappa\boldsymbol{e}_2\cdot\boldsymbol{e}_3=0$．$\beta=-\tau$ と書いて $\frac{d}{ds}\boldsymbol{e}_3=-\tau\boldsymbol{e}_2$ を得る．(iii) $\boldsymbol{e}_2\cdot\boldsymbol{e}_2=1$ を微分することにより，(ii) と同様にして $\frac{d}{ds}\boldsymbol{e}_2=A\boldsymbol{e}_1+B\boldsymbol{e}_3$ と表されることがわかる．このとき，$A=\boldsymbol{e}_1\cdot\frac{d\boldsymbol{e}_2}{ds}=-\frac{d\boldsymbol{e}_1}{ds}\cdot\boldsymbol{e}_2=-\kappa$, $B=\boldsymbol{e}_3\cdot\frac{d\boldsymbol{e}_2}{ds}=-\frac{d\boldsymbol{e}_3}{ds}\cdot\boldsymbol{e}_2=\tau$ となって第 2 式が得られる．

3　$\boldsymbol{e}_1=\frac{\dot{\boldsymbol{x}}}{\|\dot{\boldsymbol{x}}\|}$, $\boldsymbol{e}_2=\frac{1}{\kappa}\frac{d\boldsymbol{e}_1}{ds}=\frac{1}{\kappa}\frac{1}{\|\dot{\boldsymbol{x}}\|^4}\left\{\|\dot{\boldsymbol{x}}\|^2\ddot{\boldsymbol{x}}-(\dot{\boldsymbol{x}}\cdot\ddot{\boldsymbol{x}})\dot{\boldsymbol{x}}\right\}$, $\boldsymbol{e}_3=\boldsymbol{e}_1\times\boldsymbol{e}_2=\frac{1}{\kappa}\frac{\dot{\boldsymbol{x}}\times\ddot{\boldsymbol{x}}}{\|\dot{\boldsymbol{x}}\|^3}$ と表され，これらを用いて $\tau=\boldsymbol{e}_3\cdot\frac{d\boldsymbol{e}_2}{dt}\frac{dt}{ds}$ を計算する．ここで，$\frac{d\boldsymbol{e}_2}{dt}=(t\text{ の関数})\boldsymbol{e}_2+\frac{1}{\kappa}\frac{1}{\|\dot{\boldsymbol{x}}\|^4}\frac{d}{dt}\left\{\|\dot{\boldsymbol{x}}\|^2\ddot{\boldsymbol{x}}-(\dot{\boldsymbol{x}}\cdot\ddot{\boldsymbol{x}})\dot{\boldsymbol{x}}\right\}$ に注意するとほとんどが $\boldsymbol{e}_3$ との内積で 0 となることがわかる．問 3 で求めた κ と合わせると求める式が得られる．

4　包絡線 $(x(\lambda),y(\lambda))$ は曲線 $\Gamma_\lambda: f(x,y,\lambda)=0$ の上の点であるので，$f(x(\lambda),y(\lambda),\lambda)=0$ がすべての λ について成立する．λ で微分すると，$(\dot{x}(\lambda),\dot{y}(\lambda))\cdot\mathrm{grad}\,f+\frac{\partial f}{\partial\lambda}=0$．ここで，包絡線の接ベクトル $(\dot{x}(\lambda),\dot{y}(\lambda))$ は Γ_λ に接するので，第 1 項の内積は 0 となり $\frac{\partial f}{\partial\lambda}=0$ を得る．

5　$f(x,y,\lambda)=f_\lambda(x,y,\lambda)=0$ から λ を消去すれば包絡線の方程式が得られる．
(1)　$4y=x^2$　(2)　$y=3x^2$

(1)
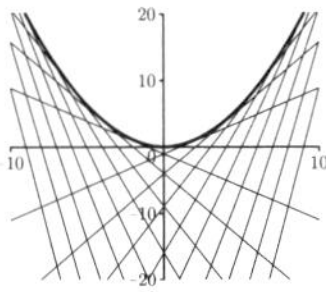

(2)
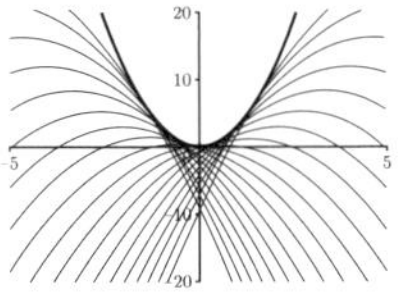

6　$d\omega=0$ を確かめる．$\boldsymbol{F}=\mathrm{grad}\,V$ と表すスカラーポテンシャルは命題 4.18 に従って $V(\boldsymbol{x})=\int_0^1\{f_1(t\boldsymbol{x})x+f_2(t\boldsymbol{x})y+f_3(t\boldsymbol{x})z\}dt$ から決められる．　(1)　$V(\boldsymbol{x})=xy+xz+yz$　(2)　$V(\boldsymbol{x})=x^3+x^2y+yz^2$　(ω の具体形は省略)

7　$d\omega=0$ を確かめる．$\boldsymbol{F}=\mathrm{rot}\,\boldsymbol{A}$ と表すベクトルポテンシャルは，命題 4.19 に従って $A_1(\boldsymbol{x})=\int_0^1\{f_2(t\boldsymbol{x})z-f_3(t\boldsymbol{x})y\}tdt$ などによって決められる．($\boldsymbol{A}$ の形は一意的でない)　(1)　$\boldsymbol{A}=\frac{1}{5}(zx^3+3yzx^2-4y^3z,3xy^2z-4x^3z,-x^4+yx^3+y^3x)$
(2)　$\boldsymbol{A}=\frac{1}{4}(z^3+x^2z-y^2z+6xyz,-9zx^2-2yzx,-x^3+3yx^2+3y^2x-z^2x)$ (ω の具体形は省略)

8　弧長パラメータを s とし，平面曲線を $\boldsymbol{x}(s)=(x(s),y(s),0)$ と表す．z 軸方向の単位ベクトルを $\boldsymbol{e}_3$ とすると，単位法線ベクトルは $\boldsymbol{n}=\frac{d\boldsymbol{x}}{ds}\times\boldsymbol{e}_3=(\frac{dy}{ds},-\frac{dx}{ds},0)$ と表される．これを用いて線積分を表すと，グリーンの定理より，$\int_{\partial D}\boldsymbol{F}\cdot\boldsymbol{n}ds=\int_{\partial D}\left(F_1\frac{dy}{ds}-F_2\frac{dx}{ds}\right)ds=\iint_D\left\{\frac{\partial F_1}{dx_1}+\frac{\partial F_2}{\partial y}\right\}dxdy$.
(1)　$\frac{3\pi}{2}$　(2)　0

第5章

問 1 $\|\boldsymbol{x}\| = \sqrt{x^2+y^2+z^2}$ であるから $\boldsymbol{\nabla}\|\boldsymbol{x}\| = (\frac{x}{\sqrt{x^2+y^2+z^2}}, \frac{y}{\sqrt{x^2+y^2+z^2}}, \frac{z}{\sqrt{x^2+y^2+z^2}}) = \frac{\boldsymbol{x}}{\|\boldsymbol{x}\|}$. 合成関数の微分則とともにこの関係を用いるとよい.

問 2 (5.11) 式. テイラーの定理から $f(\boldsymbol{x}) = f(\boldsymbol{a}) + (\boldsymbol{x}-\boldsymbol{a})\cdot\boldsymbol{\nabla}f(\boldsymbol{c})$ とするベクトル $\boldsymbol{c}$ ($\|\boldsymbol{c}-\boldsymbol{a}\| < \|\boldsymbol{x}-\boldsymbol{a}\|$) が存在する. このとき, $\left|\frac{1}{4\pi}\iint_{S_\varepsilon}\{f(\boldsymbol{x})-f(\boldsymbol{a})+(\boldsymbol{x}-\boldsymbol{a})\cdot\boldsymbol{\nabla}f(\boldsymbol{x})\}\sin\theta d\theta d\varphi\right| \leq \frac{1}{4\pi}\iint_{S_\varepsilon}|(\boldsymbol{x}-\boldsymbol{a})\cdot(\boldsymbol{\nabla}f(\boldsymbol{c})+\boldsymbol{\nabla}f(\boldsymbol{x}))|\sin\theta d\theta d\varphi \leq \varepsilon M\frac{1}{4\pi}\iint_{S_\varepsilon}\sin\theta d\theta d\varphi \to 0$ ($\varepsilon \to 0$) となって (5.11) 式が示される. ここで, $|\boldsymbol{\nabla}f(\boldsymbol{c})+\boldsymbol{\nabla}f(\boldsymbol{x})|$ の S_ε 上の最大値を M とした.

(5.12) 式. f は C^2 級であるから B_ε 上で $|\triangle f|$ は最大値をもち, これを m とする. このとき, $\left|\iiint_{B_\varepsilon}\phi_a\triangle f dV\right| \leq m\iiint_{B_\varepsilon}|\phi_a|dV = m\int_0^\varepsilon r dr \to 0$ ($\varepsilon \to 0$) となって (5.12) が示される.

問 3 4点 $(1,1,0), (1,-1,0), (-1,1,0), (-1,-1,0)$ を順に $\boldsymbol{a}_0, \boldsymbol{a}_1, \boldsymbol{a}_2, \boldsymbol{a}_3$ と表すとき, $\phi(\boldsymbol{x}) = \frac{1}{4\pi}\frac{1}{\|\boldsymbol{x}-\boldsymbol{a}_0\|} - \frac{1}{4\pi}\frac{1}{\|\boldsymbol{x}-\boldsymbol{a}_1\|} - \frac{1}{4\pi}\frac{1}{\|\boldsymbol{x}-\boldsymbol{a}_2\|} + \frac{1}{4\pi}\frac{1}{\|\boldsymbol{x}-\boldsymbol{a}_3\|}$ が境界条件を満たす.

章末問題

1 $\cos\theta = s + \frac{1}{s}$ ($s = \cos\theta + i\sin\theta$), $u = \frac{a}{r}$ と置くと

$$\frac{r}{\sqrt{r^2-2ar\cos\theta+a^2}} = \frac{1}{\sqrt{1-su}}\frac{1}{\sqrt{1-s^{-1}u}} = \left(\sum_{n=0}^\infty a_n s^n u^n\right)\left(\sum_{m=0}^\infty a_m \frac{u^m}{s^m}\right) \quad (*)$$

とテイラー級数を用いて表される ($a_n = \frac{(2n-1)!!}{(2n)!!}, a_0 = 1$). ここで, 級数表示 $\frac{1}{\sqrt{1-x}} = \sum_{n=0}^\infty a_n x^n$ の収束半径は1であり, $|x| < 1$ であるすべての x について収束するので, $(*)$ に現れる2つの級数はともに $0 \leq \theta \leq 2\pi, |u| < 1$ の範囲で収束する. このような収束域の内部では等式 $\sum_{n=0}^\infty a_n s^n u^n \cdot \sum_{m=0}^\infty a_m \frac{u^m}{s^m} = \sum_{n=0}^\infty \left(\sum_{k=0}^n a_{n-k}a_k s^{n-2k}\right)u^n (=: \sum_{n=0}^\infty Q_n u^n)$ が成り立ち, Q_n は $s \leftrightarrow \frac{1}{s}$ の対称性から $t = s + \frac{1}{s}$ の多項式であることがわかる. 以上から, $\frac{1}{\|\boldsymbol{x}-\boldsymbol{a}\|} = \frac{1}{r}\sum_{n=0}^\infty Q_n(t)\left(\frac{a}{r}\right)^n$ ($\frac{a}{r} < 1, |t| < 1$) が成立する. 右辺の級数は, $u = \frac{a}{r}$ の級数, t のべき級数どちらと思っても $\frac{a}{r} < 1, |t| \leq 1$ で収束しているので, 収束域の範囲で微分演算子と $\sum_{n=0}^\infty$ は交換することができて $0 = r^2\triangle\frac{1}{\|\boldsymbol{x}-\boldsymbol{a}\|} = \sum_{n=0}^\infty\{(n+1)nQ_n + (1-t^2)Q_n'' - 2tQ_n'\}\left(\frac{a}{r}\right)^n\frac{1}{r}$ となり, $Q_n(t)$ はルジャンドルの微分方程式を満たす n 次の多項式であることがわかる. また, $\theta = 0 (t = 1)$ では $\frac{1}{\|\boldsymbol{x}-\boldsymbol{a}\|} = \frac{1}{r-a} = \frac{1}{r}\sum_{n=0}^\infty\left(\frac{a}{r}\right)^n$ であるから $Q_n(1) = 1$ である. 他方で, ルジャンドルの多項式 $P_n(t)$ は, ルジャンドルの微分方程式を満たす n 次の多項式で $P_n(1) = 1$ を満たし, かつこのような多項式は1つしかないことが知られている. この事実を用いると $Q_n(t) = P_n(t)$ が結論される.

2 (概略) $\boldsymbol{\nabla}_x \frac{\rho(\boldsymbol{z},\tilde{t})}{\|\boldsymbol{x}-\boldsymbol{z}\|} = \boldsymbol{\nabla}_x\left(\frac{1}{\|\boldsymbol{x}-\boldsymbol{z}\|}\right)\rho - \frac{1}{c}\frac{\boldsymbol{x}-\boldsymbol{z}}{\|\boldsymbol{x}-\boldsymbol{z}\|^2}\frac{\partial\rho}{\partial t}$，さらに

$\boldsymbol{\nabla}_x\cdot\boldsymbol{\nabla}_x \frac{\rho(\boldsymbol{z},\tilde{t})}{\|\boldsymbol{x}-\boldsymbol{z}\|} = \boldsymbol{\nabla}_x\cdot\boldsymbol{\nabla}_x\left(\frac{1}{\|\boldsymbol{x}-\boldsymbol{z}\|}\right)\rho + \frac{1}{c^2}\frac{1}{\|\boldsymbol{x}-\boldsymbol{z}\|}\frac{\partial^2\rho}{\partial t^2}$

のように $\tilde{t} = t - \frac{1}{c}\|\boldsymbol{x}-\boldsymbol{z}\|$ に注意して計算される．$\triangle_x = \boldsymbol{\nabla}_x\cdot\boldsymbol{\nabla}_x$ であるから，$\left\{\triangle_x - \frac{1}{c^2}\frac{\partial^2}{\partial t^2}\right\}\frac{\rho(\boldsymbol{z},\tilde{t})}{\|\boldsymbol{x}-\boldsymbol{z}\|} = \triangle_x\left(\frac{1}{\|\boldsymbol{x}-\boldsymbol{z}\|}\right)\rho(\boldsymbol{x},\tilde{t})$ となる．ここで，命題 5.5 で導出したように体積積分は $\phi(\boldsymbol{x},t) = \lim_{\varepsilon\to 0}\frac{1}{4\pi\epsilon_0}\iiint_{V_\varepsilon}\frac{\rho(\boldsymbol{z},\tilde{t})}{\|\boldsymbol{x}-\boldsymbol{z}\|}dV_z$ で定義される広義積分である．極限と微分演算を交換すると $\triangle_x\left(\frac{1}{\|\boldsymbol{x}-\boldsymbol{z}\|}\right) = 0\ (\boldsymbol{x}\neq\boldsymbol{z})$ であるから $\left\{\triangle_x - \frac{1}{c^2}\frac{\partial^2}{\partial t^2}\right\}\phi = 0$ となる．実は極限と微分演算の交換は正当化されず，右辺には $\iiint_{B_\varepsilon}\triangle_x\left(\frac{1}{\|\boldsymbol{x}-\boldsymbol{z}\|}\right)\rho dV_z$ $(B_\varepsilon = \{\boldsymbol{z}|\ \|\boldsymbol{x}-\boldsymbol{z}\| < \varepsilon\})$ が現れ，これは命題 5.5 にならって $S_\varepsilon = \partial B_\varepsilon$ 上の面積分を通して，$-4\pi\rho(\boldsymbol{x},t)$ に等しいことが示される (この事実は，ディラックのデルタ関数を用いて $\triangle_x\left(\frac{1}{\|\boldsymbol{x}-\boldsymbol{z}\|}\right) = -4\pi\delta^3(\boldsymbol{x}-\boldsymbol{z})$ と簡潔に表される)．以上を認めることにすると，$\left\{\triangle_x - \frac{1}{c^2}\frac{\partial^2}{\partial t^2}\right\}\phi = -\frac{1}{\epsilon_0}\rho(\boldsymbol{x},t)$ が得られる．ベクトルポテンシャルに関しても同じ議論が各成分 A_i に当てはまり (5.21) 式の解であることが確かめられる．

3 $\frac{\partial}{\partial x_k}A_k$ について，$\frac{\partial}{\partial x_k}\frac{1}{\|\boldsymbol{x}-\boldsymbol{z}\|} = -\frac{\partial}{\partial z_k}\frac{1}{\|\boldsymbol{x}-\boldsymbol{z}\|}$ に注意して計算すると，

$\frac{\partial}{\partial x_k}A_k = \frac{\mu_0}{4\pi}\iiint\left\{-\frac{\partial}{\partial z_k}\left(\frac{j_k}{\|\boldsymbol{x}-\boldsymbol{z}\|}\right) + \frac{1}{\|\boldsymbol{x}-\boldsymbol{z}\|}\frac{\partial}{\partial z_k}j_k(\tilde{t}) + \frac{1}{\|\boldsymbol{x}-\boldsymbol{z}\|}\frac{\partial\tilde{t}}{\partial x_k}\frac{\partial j_k}{\partial t}\right\}dV_z$

が得られる．ここで，$\frac{\partial j_k(x,t)}{\partial x_k}\Big|_{t=\tilde{t}}$ を $\frac{\partial j_k}{\partial x_k}$ と表すことにすると，$\frac{\partial}{\partial x_k}A_k = \frac{\mu_0}{4\pi}\iiint\left\{-\frac{\partial}{\partial z_k}\left(\frac{j_k}{\|\boldsymbol{x}-\boldsymbol{z}\|}\right) + \frac{1}{\|\boldsymbol{x}-\boldsymbol{z}\|}\frac{\partial j_k}{\partial x_k}\right\}dV_z$ と表される．$\sum_{k=1}^3$ の後，$\frac{1}{c^2}\frac{\partial}{\partial t}\phi = \frac{\mu_0}{4\pi}\iiint\frac{1}{\|\boldsymbol{x}-\boldsymbol{z}\|}\frac{\partial\rho}{\partial t}dV_z$ $(\frac{1}{c^2} = \mu_0\epsilon_0)$ と足し合わせる．このとき電荷の保存則 $\boldsymbol{\nabla}\cdot\boldsymbol{j} + \frac{\partial\rho}{\partial t} = 0$ を用い，また体積積分をガウスの定理を使って無限遠での表面積分に表すと，$\boldsymbol{\nabla}\cdot\boldsymbol{A} + \frac{1}{c^2}\frac{\partial}{\partial t}\phi = 0$ が得られる．

4 $\boldsymbol{B} = \boldsymbol{\nabla}\times\boldsymbol{A}, \boldsymbol{E} = -\boldsymbol{\nabla}\phi - \frac{\partial}{\partial t}\boldsymbol{A}$ を計算する．スカラーポテンシャルは，電流 $I(t)$ に伴う電荷密度 $\rho(t)$ によって (5.21) から決められるものであるが，(ローレンツ) ゲージの条件 $\frac{1}{c^2}\frac{\partial}{\partial t}\phi = -\boldsymbol{\nabla}\cdot\boldsymbol{A}$ を手掛かりにすることもできる．ゲージ条件は，$\frac{1}{c^2}\frac{\partial}{\partial t}\phi = \frac{\mu_0}{4\pi}\left\{\frac{\boldsymbol{x}\cdot\Delta\boldsymbol{l}}{\|\boldsymbol{x}\|^3}I(\tilde{t}) + \frac{1}{c}\frac{\boldsymbol{x}\cdot\Delta\boldsymbol{l}}{\|\boldsymbol{x}\|^2}\frac{\partial I}{\partial t}\right\}$ と表され，これを t に関して積分すると $4\pi\epsilon_0\phi = \frac{\boldsymbol{x}\cdot\Delta\boldsymbol{l}}{\|\boldsymbol{x}\|^3}q(\tilde{t}) + \frac{1}{c}\frac{\boldsymbol{x}\cdot\Delta\boldsymbol{l}}{\|\boldsymbol{x}\|^2}I(\tilde{t})$ $\quad(q(t) = \int_{t_0}^t I(\tau)d\tau)$ が得られる．ここで，任意の時間によらない関数 $F(\boldsymbol{x})$ を付け加える「積分定数」は定まらないが，$\{\triangle - \frac{1}{c^2}\frac{\partial^2}{\partial t^2}\}\phi = \frac{\mu_0}{4\pi}\triangle\left(\frac{\boldsymbol{x}\cdot\Delta\boldsymbol{l}}{\|\boldsymbol{x}\|^3}\right)q(\tilde{t}) = 0(\boldsymbol{x}\neq\boldsymbol{0})$ が確かめられるので，この形の ϕ がスカラーポテンシャルを与えることがわかる．本文中問 1 の公式を用いて計算すると，

$\boldsymbol{B} = \frac{\mu_0}{4\pi}\left\{\frac{1}{\|\boldsymbol{x}\|^2}I(\tilde{t}) + \frac{1}{c}\frac{1}{\|x\|}\frac{\partial I}{\partial t}\right\}(\Delta\boldsymbol{l}\times\hat{\boldsymbol{x}})$．同様に，

$\boldsymbol{E} = \frac{1}{4\pi\epsilon_0}\left\{\frac{q(\tilde{t})}{\left\|\boldsymbol{x}^3\right\|} + \frac{1}{c}\frac{I(\tilde{t})}{\left\|\boldsymbol{x}^2\right\|}\right\}\left\{\hat{\boldsymbol{x}}\times(\hat{\boldsymbol{x}}\times\Delta\boldsymbol{l}) + 2(\hat{\boldsymbol{x}}\cdot\Delta\boldsymbol{l})\hat{\boldsymbol{x}}\right\} + \frac{\mu_0}{4\pi}\frac{\hat{\boldsymbol{x}}\times(\hat{\boldsymbol{x}}\times\Delta\boldsymbol{l})}{\|\boldsymbol{x}\|}\frac{\partial I}{\partial t}$ と決められる．ここで，$\hat{\boldsymbol{x}} = \frac{\boldsymbol{x}}{\|\boldsymbol{x}\|}$ と定めた (単位ベクトル)．

5 前問 4 の結果を，$\boldsymbol{E} = f(\boldsymbol{x})\hat{\boldsymbol{x}}\times(\hat{\boldsymbol{x}}\times\Delta\boldsymbol{l}) + g(\boldsymbol{x})(\hat{\boldsymbol{x}}\cdot\Delta\boldsymbol{l})\hat{\boldsymbol{x}}$, $\boldsymbol{B} = h(\boldsymbol{x})(\Delta\boldsymbol{l}\times\hat{\boldsymbol{x}})$ と表す．このとき $\left\{\hat{\boldsymbol{x}}\times(\hat{\boldsymbol{x}}\times\Delta\boldsymbol{l})\right\}\times(\Delta\boldsymbol{l}\times\hat{\boldsymbol{x}}) = \|\Delta\boldsymbol{l}\times\hat{\boldsymbol{x}}\|^2\,\hat{\boldsymbol{x}}$ を用いて

$\boldsymbol{P} = \frac{1}{\mu_0}f(\boldsymbol{x})h(\boldsymbol{x})\,\|\Delta\boldsymbol{l}\times\hat{\boldsymbol{x}}\|^2\ \hat{\boldsymbol{x}} + \frac{1}{\mu_0}g(\boldsymbol{x})h(\boldsymbol{x})(\Delta\boldsymbol{l}\cdot\hat{\boldsymbol{x}})\left(\hat{\boldsymbol{x}}\times(\Delta\boldsymbol{l}\times\hat{\boldsymbol{x}})\right)$.

特に，$\|\boldsymbol{x}\| \to \infty$ では $f \sim \frac{\mu_0}{4\pi}\frac{1}{\|\boldsymbol{x}\|}\frac{\partial I}{\partial t}$, $g \sim 0$, $h \sim \frac{\mu_0}{4\pi}\frac{1}{c}\frac{1}{\|\boldsymbol{x}\|}\frac{\partial I}{\partial t}$ と振る舞うので

$$\boldsymbol{P} = \frac{1}{\mu_0}\boldsymbol{E}\times\boldsymbol{B} \quad \sim \quad \frac{\mu_0}{(4\pi)^2 c}\frac{1}{\|\boldsymbol{x}\|^2}\left(\frac{\partial I(\tilde{t})}{\partial t}\right)^2 \|\Delta \boldsymbol{l}\times\hat{\boldsymbol{x}}\|^2\ \hat{\boldsymbol{x}}$$

が得られ，放射状に電磁波のエネルギーが伝播する様子がわかる．また，極座標で表すと $\|\Delta \boldsymbol{l}\times\hat{\boldsymbol{x}}\|^2 = \sin^2\theta\,(\Delta l)^2$ であるから，微小な直線に垂直な方向に電磁波が強く出ることがわかる．さらに，エネルギーの流れは距離の 2 乗に逆比例して小さくなり光の場合におなじみの性質をみることができる．

参考文献

本書の執筆にあたっては，多くの解析学の良書を参考にさせていただいたが，その中でも，特に以下の書をたびたび参考にさせていただいた．

1)　齋藤正彦，『微分積分学』，東京図書 (2006)

2)　金子　晃，『基礎と応用 微分積分 I, II』(ライブラリ理工新数学 1,2)，サイエンス社 (2000, 2001)

3)　遠木幸成 編，『解析概論』，学術図書 (1972)

また，1 変数関数の微分積分については既知として扱わなかったが上の文献や，この現代基礎数学シリーズの 1 分冊としてすでに出版されている

4)　浦川　肇，『微積分の基礎』，朝倉書店 (2006)

を参照していただきたい．また，解析学の演習書としては

5)　杉浦光夫，清水英男，金子　晃，岡本和夫 共著，『解析演習』，東京大学出版会 (1989)

がよい．収録された問題を必要に応じて「拾い解き」するのがよいと思われる．

本書での逆関数定理の扱いは，

6)　M. スピヴァック (齋藤正彦 訳)，『多変数の解析学』，東京図書 (2007)

に従っている．多くの教科書では，ε-δ 論法を使った局所的な議論によって陰関数定理を先に示し，それを使って逆関数定理を示すという手順が採用されているが，ここでは 6) に従って ε-δ 論法を避けて先に逆関数定理を扱った．「微積分学の発展」として多様体論などへの応用を考えたとき，逆関数定理の方が大切と思われ，関数のいくつかの性質は認めて逆関数定理を先に示すのが妥当と思われるからである．

後半では，ベクトル解析入門と，それの応用を扱った．執筆にあたって

7)　清水勇二，『基礎と応用 ベクトル解析』(ライブラリ理工新数学 5)，サイエンス社 (2006)

8) 落合卓四郎，高橋勝雄 共著，『多変数の初等解析入門』，東京大学出版会 (2002)

を参考にさせていただいた．文献 7) には，ベクトル解析の歴史に関する「よもやま話」がコラムに登場している．ベクトル解析が発展してきた様子が垣間見られて楽しい．本書では，ベクトル解析の応用として主に電磁気学への応用を扱った．取り上げた題材は，

9) 砂川重信，『理論電磁気学』，紀伊國屋書店 (1999)
10) 後藤憲一，山崎修一郎 共編，『詳解電磁気学演習』，共立出版 (1970)

によるところが大きい．しかし，電磁気学の題材を「数学の題材として取り上げる」のではなくて，ベクトル解析の数学を「電磁気学へ応用する」という立場を忘れないよう心がけた．

ベクトル解析の応用として，曲線論や曲面論への応用や微分形式の理論へのつながりが大切であるが，これらについては最小限の扱いに止めた．引き続いて学ぶために

11) 細野　忍，『微分幾何』(応用数学基礎講座)，朝倉書店 (2001)
12) R. ボット，L.W. トゥー 共著 (三村　護 訳)，『微分形式と代数トポロジー』，シュプリンガー・ジャパン (1996)
13) 森田茂之，『微分形式の幾何学』，岩波書店 (2005)

などを参照されたい．11) は曲線論・曲面論から始まっているので予備知識もスムーズにつながると思う．12), 13) はさらに進んで幾何学を勉強するのにお勧めの良書である．

最後に，本文中のいくつかの箇所で現れたグラフは数式処理ソフトウエア

14) "Maple 11", Waterloo Maple Inc. (2007)
15) "Mathematica 6", Wolfram Research, Inc. (2007)

のうち 14) を用いて描いてある．このようなソフトウエアを用いると，2 変数関数 $z=f(x,y)$ や陰関数 $f(x,y)=0$ さらにベクトル場 $\boldsymbol{F}=(F_1(x,y),F_2(x,y))$ などは容易に視覚化される．さらに，微分積分はもちろん高度な代数演算の計算もこなしてくれる．一昔前は，微分積分の複雑な計算などにはそれなりの忍耐が必要であったが，今では計算のほとんどの部分を計算機にさせることも可能である．複雑な計算から開放される分，理論の全体的な描像を学ぶことに時間を当てることができるものと思う．

索　　引

著者略歴

細野(ほその)　忍(しのぶ)

1962 年　岐阜県に生まれる
1989 年　名古屋大学大学院理学研究科
　　　　博士課程修了
現　在　東京大学大学院数理科学研究科准教授
　　　　理学博士

現代基礎数学 8
微積分の発展　　　　定価はカバーに表示

2008 年 6 月 25 日　初版第 1 刷

著　者　細　野　　忍
発行者　朝　倉　邦　造
発行所　株式会社　朝　倉　書　店

東京都新宿区新小川町6－29
郵便番号　162－8707
電　話　03(3260)0141
FAX　03(3260)0180
http://www.asakura.co.jp

〈検印省略〉

東京書籍印刷・渡辺製本

ISBN 978-4-254-11758-5　C 3341　　Printed in Japan

現代基礎数学

新井仁之・小島定吉・清水勇二・渡辺　治　[編集]

1	数学の言葉と論理	渡辺　治（編著）	
2	計算機と数学	高橋正子	
3	線形代数の基礎	和田昌昭	
4	線形代数と正多面体	小林正典	
5	多項式と計算代数	横山和弘	
6	初等整数論と暗号	内山成憲・藤岡　淳・藤崎英一郎	
7	微積分の基礎	浦川　肇	本体 3300 円
8	微積分の発展	細野　忍	
9	複素関数論	柴　雅和	
10	応用微分方程式	小川卓克	
11	フーリエ解析とウェーブレット	新井仁之	
12	位相空間とその応用	北田韶彦	本体 2800 円
13	確率と統計	藤澤洋徳	本体 3300 円
14	離散構造	小島定吉	
15	数理論理学	鹿島　亮	
16	圏と加群	清水勇二	
17	有限体と代数曲線	諏訪紀幸	
18	曲面と可積分系	井ノ口順一	
19	群論と幾何学	藤原耕二	
20	ディリクレ形式入門	竹田雅好・桑江一洋	
21	非線形偏微分方程式	柴田良弘	

上記価格（税別）は 2008 年 5 月現在